陆相致密油高效开发基础研究丛书

陆相致密油储层
甜点成因机制及精细表征

闫 林 侯加根 罗 群 陈福利 等 著

科学出版社

北 京

内 容 简 介

本书依托国家重点基础研究发展计划项目"陆相致密油高效开发基础研究"的子课题"陆相致密油甜点成因机制及精细表征"（2015CB250901），以新疆吉木萨尔凹陷芦草沟组致密油为重点解剖对象，介绍中国陆相致密油储层的沉积特征与模式、储层储集空间特征与形成机理、储层裂缝成因机理与分布规律、致密油富集规律及甜点分布模式、储层甜点表征方法与技术，以及致密油储层甜点分布模式与表征技术的应用，进而系统形成了中国陆相致密油储层甜点成因机制及分布规律的理论认识，以及致密油储层精细表征的特色技术，为我国致密油开发实践提供了有力支撑，是一部将陆相致密油储层理论认识、技术方法及典型实例紧密结合，对致密油勘探开发有借鉴意义的参考书。

本书可供从事石油与天然气勘探开发的研究人员及相关院校师生参考阅读。

图书在版编目（CIP）数据

陆相致密油储层甜点成因机制及精细表征／闫林等著．—北京：科学出版社，2020.11
（陆相致密油高效开发基础研究丛书）
ISBN 978-7-03-064199-1

Ⅰ.①陆… Ⅱ.①闫… Ⅲ.①陆相油气田-致密砂岩-砂岩油气藏-油气成因-研究 Ⅳ.①P618.130.2

中国版本图书馆 CIP 数据核字（2020）第 023918 号

责任编辑：焦　健　李亚佩／责任校对：张小霞
责任印制：赵　博／封面设计：北京图阅盛世

科 学 出 版 社 出版
北京东黄城根北街 16 号
邮政编码：100717
http://www.sciencep.com
北京建宏印刷有限公司印刷
科学出版社发行　各地新华书店经销
*
2020 年 11 月第　一　版　开本：787×1092　1/16
2025 年 2 月第二次印刷　印张：15 1/2
字数：367 000
定价：198.00 元
（如有印装质量问题，我社负责调换）

《陆相致密油高效开发基础研究丛书》
编 委 会

《陆相致密油储层甜点成因机制及精细表征》
编写人员名单

闫　林　　侯加根　　罗　群　　陈福利　　冉启全

王少军　　刘冬冬　　马　克　　张　晨　　杨雯泽

王志平　　李　宁　　袁大伟　　张云钊　　刘效妤

序

致密油作为一种非常规油气资源类型被人们认识已有半个世纪的历史，但由于其储层的致密性、渗流的特殊性、开采的经济性，长期以来学界对其重视和研究程度较低。2005年以来，北美通过采用"水平井+体积压裂+工厂化"的开发方式，实现了规模效益开发，近年来致密油产量逐年攀升，随之致密油开发理念、主体技术、工程水平有了快速发展。

我国致密油属于陆相沉积环境下形成的致密油，与北美海相致密油完全不同，它具有资源总量较大但纵横向分布较分散、储量资源丰度小、储层非均质性极强、原油气油比低黏度高等突出特点，陆相致密油储层甜点成因机制及精细表征成为制约油气有效开发的关键。

在陆相致密油类型多、规模开发实例少、经验积累不足、国外理论技术无法完全借鉴的情况下，作者依托国家重点基础研究发展计划项目，围绕陆相致密油储层甜点成因机制及分布规律这一科学问题，通过精心的科学研究和多学科联合技术攻关，建立了陆相致密油储层甜点成因及分布模式，形成了多项致密油储层精细表征特色方法，有力支撑了国内致密油的开发实践。

作者在系统整理总结理论与技术研究成果、生产实践宝贵经验和重要认识的基础上，编写了《陆相致密油储层甜点成因机制及精细表征》。该书包括六个方面的主要内容：致密油储层沉积特征与模式、致密油储层储集空间特征与形成机理、致密油储层裂缝成因机理与分布规律、致密油富集规律及甜点分布模式、致密油储层甜点表征方法与技术、致密油储层甜点分布模式与表征技术的应用。

该书针对我国陆相致密油储层的地质特点，在多源混合沉积模式、致密储层成岩演化、差异化含油规律等方面取得了创新性的理论认识，自主研发了致密油测井多信息融合甜点识别与评价等多项特色技术，理论认识和特色方法在芦草沟组致密油、长7致密油水平井部署及压裂优化设计中得到应用，已见到良好生产实效。

《陆相致密油储层甜点成因机制及精细表征》一书内容丰富，在陆相致密油储层甜点成因的理论认识和特色技术方面颇有建树，创新性、方法性和实用性强。我相信，该书的出版将对我国陆相致密油储层的研究具有重要的参考价值，对类似复杂油藏的开发也有借鉴作用。

中国科学院院士

2020 年 6 月

前　言

致密油作为非常规油气的重要组成部分和典型代表，拥有巨大可采的资源基础、逐步成熟的开发技术、不断攀升的工业产量，已成为全球非常规油气开发的亮点。自 2010 年以来，我国致密油勘探开发研究与实践也快速发展，目前勘探发现了数十亿吨的储量资源，开发进入了工业化开发试验阶段，致密油已成为我国原油增储建产的最现实资源，在石油工业中占有越来越重要的地位。

我国致密油属于陆相沉积环境下形成的致密油，与北美海相致密油相比，它的储层非均质性极强、原油品质差异大、单井产量及采收率低等。由于中国陆相致密油地质条件的特殊性，北美海相致密油开发的理念、技术、工艺无法全部直接应用，必须与实际相结合，进行创新和发展。2015 年 1 月，我国科技部启动国家重点基础研究发展计划项目"陆相致密油高效开发基础研究"，针对我国陆相致密油的开发开展基础理论、特色方法技术的攻关研究。该项目设六个课题，其中课题一"陆相致密油甜点成因机制及精细表征"（课题编号：2015CB250901），由中国石油集团科学技术研究院有限公司牵头承担，中国石油大学（北京）参与，中国石油集团科学技术研究院有限公司闫林任课题负责人，课题研究起止时间为 2015 年 1 月至 2019 年 12 月。

团队依托"陆相致密油甜点成因机制及精细表征"课题，重点开展了五个方面的研究工作：第一是致密油储层沉积特征与模式，第二是致密油储层储集空间特征与形成机理，第三是致密油储层裂缝成因机理与分布特征，第四是致密油富集规律及甜点分布模式，第五是致密油储层甜点表征方法与技术。通过理论创新，从沉积、成岩、裂缝、含油性四个方面揭示了陆相致密油储层甜点的成因机制及分布规律，建立成因及分布模式，通过技术攻关，自主研发形成了多项致密油储层甜点表征特色方法。

课题研究历时 5 年，开展了地质、实验、测井、地震等相结合的综合研究，先后完成了 8 处 16km 的野外露头考察，12 口井的 900m 岩心描述，432 块次的实验测试，46 口井的测井解释，58.7km² 的地震解释预测，294 张图件的编绘等，取得了三方面重要成果：①揭示了准噶尔盆地吉木萨尔凹陷芦草沟组致密油多源混合沉积、两期成岩演化、源储互层共存的基本特征，明确了储层甜点成因机制；②形成了致密油测井多信息融合甜点识别与评价等多项致密油储层表征方法，为深入认识储层甜点提供了手段；③建立了芦草沟组致密油储层甜点分类体系和储层甜点成因及分布模式，指导了开发有利区优选和水平井部署。研究形成的理论认识、方法技术在新疆芦草沟组致密油、长庆长 7 致密油等典型陆相致密油的开发实践中，取得了良好的应用实效。同时我们也清楚地认识到，受限于资料获取、研究手段、地质认识方面存在的不足，目前形成的陆相致密油储层甜点成因机制及分布规律的理论认识，以及建立的致密油储层精细表征方法仅是阶段性成果，还有待于不断的改进、深化和完善。

本书由闫林负责组织编写与定稿，侯加根、罗群、陈福利参与统稿。前言由闫林编写；绪论由闫林、冉启全编写；第一章和第二章由侯加根、马克、杨雯泽编写；第三章由罗群、刘冬冬、张晨、张云钊、刘效好编写；第四章由闫林、李宁、袁大伟编写；第五章由闫林、罗群、陈福利、刘冬冬编写；第六章由闫林、冉启全、王少军、王志平编写。

本次研究得到了中国石油天然气集团公司科技管理部的大力支持，中国石油集团科学技术研究院给予了全方位的支持，参与研究的科技人员付出了艰辛的劳动，参与指导的专家组给予了严格的技术把关和细致的技术指导，为顺利完成任务做出了重要贡献。此外在研究过程中我国著名开发地质学专家裘怿楠教授、中国科学院郭尚平院士，以及新疆油田的相关领导专家给予了悉心指导和帮助，在此，向他们一并表示衷心的感谢！

鉴于中国陆相致密油地质条件的复杂性和研究的挑战性，致密油甜点成因机制及精细表征研究的不少难题还需要通过进一步探索来解决。由于编写时间较短、人员水平有限，书中存在不妥之处在所难免，敬请读者评判指正。

作　者
2020 年 6 月于北京

目　　录

序

前言

绪论 ··· 1

 第一节　基本概念 ··· 1

  一、致密油定义 ··· 1

  二、致密油甜点 ··· 2

 第二节　致密油主要地质特征及实例 ··· 4

  一、北美海相致密油主要地质特征 ··· 4

  二、我国陆相致密油主要地质特征 ··· 7

 第三节　致密油储层表征技术现状 ·· 8

  一、致密油储层表征的难点 ·· 8

  二、国外致密油储层表征的技术现状及进展 ····································· 9

  三、国内致密油储层表征的技术现状及进展 ···································· 10

  四、致密油储层表征的技术发展趋势 ·· 11

 参考文献 ··· 12

第一章　致密油储层沉积特征与模式 ·· 13

 第一节　岩相识别与分类 ·· 13

  一、岩石学基本特征 ··· 13

  二、岩相定性定量识别 ·· 15

  三、岩相平面分布 ·· 18

 第二节　沉积微相识别与划分 ··· 19

  一、现代咸化湖沉积微相类型 ··· 19

  二、芦草沟组沉积微相识别与划分 ·· 20

 第三节　沉积微相空间展布特征 ·· 22

  一、芦一段 2 砂组沉积微相分布 ·· 22

  二、芦二段 2 砂组沉积微相分布 ·· 22

 第四节　多源混合沉积模式 ··· 23

  一、混积岩类型 ··· 23

  二、混积层系 ··· 24

  三、混合沉积成因类型 ·· 26

  四、古盐度 ·· 29

  五、湖平面变化 ··· 31

  六、混合沉积模式 ·· 33

参考文献 ······ 35

第二章　致密油储层储集空间特征与形成机理 ······ 39

　第一节　储层孔喉类型及基本特征 ······ 39
　　一、孔隙类型及特征 ······ 39
　　二、喉道类型及特征 ······ 42

　第二节　不同类型孔喉定量表征 ······ 43
　　一、高压压汞表征 ······ 43
　　二、恒速压汞表征 ······ 46
　　三、微纳米 CT 三维表征 ······ 48

　第三节　成岩作用类型及成岩演化序列 ······ 49
　　一、成岩作用类型 ······ 50
　　二、成岩演化序列 ······ 55

　第四节　成岩作用对有效储层形成的作用机理 ······ 58
　　一、压实作用对储层物性的影响 ······ 58
　　二、胶结作用对储层物性的影响 ······ 59
　　三、溶蚀作用对储层物性的影响 ······ 62
　　四、成岩对有效储层的控制作用机理 ······ 63

　第五节　成岩相类型及特征 ······ 65
　　一、成岩相类型 ······ 66
　　二、成岩相物性特征 ······ 68
　　三、成岩相分布特征 ······ 69

　参考文献 ······ 71

第三章　致密油储层裂缝成因机理与分布规律 ······ 76

　第一节　裂缝类型与基本特征 ······ 76
　　一、致密油储层裂缝类型 ······ 76
　　二、致密油储层裂缝基本特征 ······ 78

　第二节　裂缝成因机理及主控因素 ······ 82
　　一、裂缝成因机理 ······ 82
　　二、裂缝发育的主控因素 ······ 84

　第三节　裂缝发育期次及演化 ······ 90
　　一、裂缝发育期次识别 ······ 90
　　二、裂缝演化模式 ······ 100

　第四节　裂缝分布规律 ······ 103
　　一、分布规律 ······ 103
　　二、裂缝与沉积微相的关系 ······ 107

　参考文献 ······ 109

第四章　致密油富集规律及甜点分布模式 ······ 113

　第一节　致密油差异化含油特征 ······ 113

一、宏观差异化含油特征 ……………………………………………… 115

二、岩心尺度差异化含油特征 ………………………………………… 115

三、油藏性质体现差异化含油 ………………………………………… 116

四、单井产量体现差异化含油 ………………………………………… 117

五、芦草沟组致密油差异化含油特征 ………………………………… 118

第二节　微观赋存状态及可动用性 …………………………………… 127

一、致密油赋存形式 …………………………………………………… 127

二、致密油可流动喉道直径下限 ……………………………………… 129

三、致密油可动用程度 ………………………………………………… 134

第三节　储层差异化含油主控因素 …………………………………… 138

一、致密油储层含油差异性控制因素 ………………………………… 138

二、差异化含油主控因素 ……………………………………………… 144

第四节　致密油富集规律及甜点分布模式 …………………………… 153

一、陆相致密油富集规律 ……………………………………………… 153

二、陆相致密油甜点分布模式 ………………………………………… 155

第五节　致密油储层甜点分类体系及分布特征 ……………………… 159

一、甜点综合分类评价体系 …………………………………………… 159

二、致密油甜点分布特征 ……………………………………………… 163

参考文献 ………………………………………………………………… 166

第五章　致密油储层甜点表征方法与技术 …………………………… 169

第一节　致密油拟油藏条件可流动性实验评价方法 ………………… 169

一、致密油可流动性实验评价方法现状 ……………………………… 169

二、基于微纳米 CT 扫描的致密油可流动性实验评价方法 ………… 170

三、致密油拟油藏条件可流动性实验评价方法实践 ………………… 176

第二节　致密油储层裂缝表征方法 …………………………………… 186

一、新型玫瑰花图法 …………………………………………………… 187

二、单井裂缝识别与评价 ……………………………………………… 190

三、裂缝综合评价指数 ………………………………………………… 196

第三节　致密油测井多信息融合甜点识别评价方法 ………………… 200

一、研究现状及挑战 …………………………………………………… 200

二、方法原理和技术流程 ……………………………………………… 201

三、生产实践效果 ……………………………………………………… 207

四、结论 ………………………………………………………………… 213

第四节　致密油效益开发动态判别指数评价新方法 ………………… 213

一、致密油"甜点" …………………………………………………… 214

二、效益开发动态判别指数评价技术 ………………………………… 214

三、效益开发动态判别指数评价图版及其应用 ……………………… 217

四、结论 ………………………………………………………………… 219

　　参考文献 ……………………………………………………………………………………… 220
第六章　致密油储层甜点分布模式与表征技术的应用 ……………………………… 223
　第一节　陆相致密油主要类型 …………………………………………………………… 223
　第二节　芦草沟组致密油储层主要特征 ……………………………………………… 224
　　一、具有咸化湖多源同期混合沉积背景 ………………………………………… 224
　　二、历经三大成岩作用及两期成岩改造 ………………………………………… 225
　　三、原油具高黏度特点且空间差异化分布 …………………………………… 225
　第三节　开发有利区的评价与预测 …………………………………………………… 226
　　一、单井储层甜点识别与评价 …………………………………………………… 226
　　二、储层甜点的空间分布 ………………………………………………………… 227
　　三、开发有利区分级评价 ………………………………………………………… 229
　第四节　致密油开发优化与设计 ……………………………………………………… 229
　参考文献 …………………………………………………………………………………… 233

绪　　论

目前全球已进入非常规油气快速发展阶段。致密油作为非常规油气的重要组成部分和典型代表，拥有巨大可采的资源基础、逐步成熟的开发技术、不断攀升的工业产量，正成为全球非常规油气开发的亮点，是继页岩气突破后的又一热点领域（贾承造等，2012）。

中国致密油藏主要为陆相致密油藏，具有有利区分布面积相对偏小，储集层类型多、物性较差、非均质性强，含油饱和度差异大，原油密度、气油比、压力系数分布范围宽，岩石脆性、地应力差变化大等特点。目前致密油藏地质评价方法已经基本成熟，在储集层类型、源储关系、甜点主控因素及致密油聚集类型等方面已形成较系统的认识；建立了以水平井"压采"开发为主导技术的一体化开发模式（杜金虎等，2014），2018年底已累计建成300万t以上产能。

致密油储层甜点成因机制及精细表征一直是致密油开发工作中的一项重要技术工作，特别是在当前陆相致密油资源品质整体较差、单井产量较低、单井投资高、国际油价较低的时期，如何客观认识陆相致密油储层甜点、快速准确地表征和预测储层甜点，支撑井位部署，提高储层钻遇率和原油产量，降低开发成本，对于陆相致密油实现高效开发至关重要。

第一节　基本概念

一、致密油定义

致密油作为一般性的描述词在20世纪40年代就已出现在 *AAPG Bulletin* 杂志中，被用于描述含油的致密砂岩（刘新等，2013）。但是致密油开始作为一种非常规油气资源类型，并有明确的定义却是21世纪以来的事。目前，国内外对致密油的含义存在不同的理解和定位，但同时也形成了一些共识，普遍认为致密油的原油品质与常规油藏差异不大，甚至密度更小、气油比更高、品质更好，整体属于成熟原油，不同的是致密油储层岩石颗粒更细、储层更致密、基质渗透性更低，用常规的技术不能实现经济效益开发，需要利用长水平井、分段多簇体积压裂等技术才能提高单井产量，实现效益开发。

国内外不同时期、不同国家和不同油田公司对致密油的定义都存在差异。美国国家石油委员会（National Petroleum Council，NPC）在2011年9月发布的《北美地区油气资源评价》中有关致密油的表述是"一般来说，致密油蕴藏在那些埋藏很深，不易开采的沉积岩层中，这些岩层具有极低的渗透率（故称其为"致密"）；有的致密油区，石油直接产自页岩层，不过大多数的致密油则是产自与作为烃源岩的页岩具有密切关系的砂岩、粉砂岩和碳酸盐岩中"。美国能源信息署（Energy Information Administration，EIA）在其发布的《世界能源展望2012》报告中，对致密油的定义是"利用水平钻井和多段水力压裂技术从页岩或其他低渗透性储层中开采出的石油"。世界能源委员会（World Energy Council, WEC）2013 年对致密油的定义是"致密油，也称页岩油或轻质致密油，是指赋存富集于低渗页岩或致密砂岩含油层系中的轻质原油，需要采用页岩气开发中使用的水力压裂和水平井技术才能获得经济产量"。挪威国家石油公司 2013 年将致密油定义为"致密油指产自孔隙度和渗透率都相当低的储层中的石油，储层可以是页岩或其他致密岩石类型"。

我国开始对致密油开展有针对性的研究工作始于 2010 年前后。2012 年，我国学者贾承造等在《中国致密油评价标准、主要类型、基本特征及资源前景》一文中，指出致密油是指以吸附或游离状态赋存于生油岩中，或与生油岩互层、紧邻的致密砂岩、致密碳酸盐岩等储集岩中，未经过大规模长距离运移的石油聚集，储集层覆压基质渗透率小于或等于 0.1mD[①] 的石油资源。邹才能等（2012）认为，致密油是指与生油岩层系共生的、在各类致密储集层聚集的石油；油气经过短距离运移；储集层岩性主要包括致密砂岩和致密灰岩；覆压基质渗透率小于或等于 0.1mD。赵政璋等（2012）认为致密油是指夹在或紧邻优质生油层系的致密碎屑岩或者碳酸盐岩储层中，未经大规模长距离运移而形成的石油聚集，一般无自然产能，需通过大规模压裂技术才能形成工业产能。2017 年 11 月中华人民共和国国家质量监督检验检疫总局和中国国家标准化管理委员会发布了《致密油地质评价方法》（GB/T 34906—2017），将致密油定义为储集在覆压基质渗透率小于或等于 0.1mD 的致密砂岩、致密碳酸盐岩等储集层中的石油，或非稠油类流度小于或等于 0.1mD/（mPa·s）的石油。考虑到致密油勘探开发的实际，国内各盆地对致密油的定义也有所差异。例如，鄂尔多斯盆地将储集层地面的空气渗透率小于 0.3mD，赋存于油页岩及其互层共生的致密砂岩储层中，未经过大规模长距离运移的石油称为致密油，大于 0.3mD 的石油归为低渗透油藏。

致密油与常规油在分布范围、储层特征、源储关系及生产动态等方面存在较大差别，一般具有以下几方面的特点：一是致密储层大面积分布，二是发育大范围分布的成熟优质生油层，三是致密储层与优质生油岩具有紧密接触的共生关系，四是致密储层内原油一般油质较轻，五是需采用水平井及大型体积压裂等开发方式才能获得经济产量。

二、致密油甜点

非常规油气勘探开发领域"甜点"这一概念被广泛使用，不同学者或机构对其定位或理解不同，但共性的认识是甜点指非常规、低品质油气聚集背景下相对优质部分。目前甜点已成为非常规油气勘探开发的核心。所谓致密油甜点，就是致密油相对富集、在当前经济技术条件下可以有效开发的区域或层段。如何确定甜点，提高开发效率，成为致密油勘探开发的重要研究课题。

1. 前人对甜点的定位和理解

国内外学者先后从不同角度提出了非常规油气甜点的定义及内涵，Surdam（1997）提出甜点指致密油气中可获取开发效益的优质储渗体（强调优质储渗体）；美国地质调查局

---

① 1mD = 0.986923×10⁻³ μm²

(United States Geological Survey，USGS) 认为甜点是可以持续提供 30 年产量的致密砂岩气区块（依据产量判别）；张金川等（2000）提出甜点指致密砂岩气藏内部孔、渗物性相对发育处的天然气富集区带（强调孔渗好）；刘丽芳等（2006）认为甜点是根缘气藏内部孔、渗物性较好的局部天然气富集（强调孔渗好）；邹才能等（2006）提出局部构造薄弱带，如断层裂缝发育带、变形相对强烈带等成为大面积低孔渗背景中高渗透的甜点（裂缝的贡献）；Roxana Vargal 等认为页岩油气区的甜点必须具有足够的游离气量、渗透性好、脆性好（易压裂）（强调多种要素时空匹配）；季泽普等（2013）根据各页岩类型特性及脆性矿物含量，认为钙质页岩"脆而不甜"，砂质页岩"既脆又甜"，黑色黏土质页岩"甜而不脆"（兼顾物性、可压性、含油性）。

由于勘探开发对象的差异、产能主控因素的不同，从前人对甜点的定义和内涵的理解来看，前人提出的甜点可归为强调储层品质的地质甜点、注重可压性的工程甜点、以产能为依据的产能甜点、多因素控制的复合甜点四种类型。但本质来说都是从不同角度描述影响致密油产能和采收率的单个因素，不具有开发经济效益评价能力，仅可作为甜点特征的必要条件，而非充要条件。

依据文献调研，前人对甜点尺度的认识也有所差异，有人将勘探阶段的富集区称甜点，其平面延伸可达数十千米，有人将平面延伸千米级的开发区块称为甜点，也有人将米级至百米级的优质储层分布部位称为甜点，还有人提出岩心尺度厘米级的微甜点。对于致密油开发而言，重点是研究致密油开发区内甜点的成因、识别、预测及分布等，为开发井网部署、水平井优化设计等提供依据，为实现有效开发奠定基础。

2. 致密油甜点的内涵

致密油甜点是指致密油中具有开发效益的储层体，致密油开发甜点受含油性、储层物性、天然裂缝、储层可压性、经济性及其他多种因素控制，不同盆地、不同区块的主控因素不同。致密油甜点是具有诸多有利于开发优势参数的集合体，能够满足现有经济技术条件下效益开发的需要，其具体特征可分为地质、油藏、工程、产能等核心特征。致密油开发效益的实现取决于石油供需平衡油价、生产成本、监管和政府财政政策、油田技术服务能力等多种变量，因此其具有较高的不确定性。

国内外学者通过生产实践和经验总结，得出致密油甜点区的形成一般有两个关键地质因素：①成熟度是致密油甜点区分布的首要影响因素，具有重要的控制作用。一般海相致密油 R_o 大于 0.85%、陆相致密油 R_o 大于 0.9% 的层系具有规模的生烃量。②一定的构造背景和流体可流动性是形成致密油甜点区的先决条件。例如，美国得克萨斯州西南部白垩系鹰滩（Eagle Ford）页岩层系液态烃的高产甜点区集中分布在继承性发育古隆起脊部及西南翼，这些区域具有更好的油质、更高的气油比、更高的地层压力和更发育的天然裂缝。

广义上，致密油甜点区被细分为三类：地质甜点区、工程甜点区和经济甜点区。每类甜点区的分类依据不一致，评价标准和对比也有所不同。其中，地质甜点区关注烃源岩、储集层、天然裂缝、地层能量（压力系数、气油比）、局部构造等综合评价；工程甜点区关注岩石可压性、地应力各向异性等综合评价；经济甜点区关注资源丰度、资源规模、石油品质、埋深、地面条件等综合评价。

致密油甜点往往具有较好的孔隙度-渗透率-饱和度，且烃源岩与储层连续性较好。在细粒沉积体中发育的较粗的沉积单元具有较高的孔隙度和渗透率，在优质成熟源岩提供充足的油源条件下能够形成高含油饱和度储层，如具有相对连续的储层分布，有利于提供较优质的致密油开发可动用储量，有利于致密油开发中单井高初产和高累产的实现。

结合国内致密油开发实践，本书认为致密油甜点内涵如下：在致密油大范围分布背景下，基质孔渗较高、天然裂缝较发育、含油气性好、可流动性强、地层压力系数较高、储层有利于规模压裂改造等一种关键属性或多种优势属性叠合的有利区域，应用"水平井+体积压裂+工厂化作业"等新技术可获得工业油流。致密油甜点是致密油中在现有的技术和经济条件下可实现效益开发的部分，随开发技术的进步和油价的变化具有动态可变性。

第二节　致密油主要地质特征及实例

一、北美海相致密油主要地质特征

北美致密油主体上是海相沉积环境形成的致密轻质油，具有储层连续稳定分布、烃源岩品质好、原油性质好、储层超压四方面主要特征。

（一）储层连续稳定分布

海相致密油又被称为连续型资源，形成于相对稳定的海相沉积环境，横向分布面积大，纵向连续性好，储层连续稳定分布是北美海相致密油的显著特征之一。威利斯顿（Willinston）盆地巴肯（Bakken）组致密油储层为中巴肯云质粉砂岩和白云岩，储层厚度 5～55m，平均厚度 15～20m，横向连续性好，盆地横跨美国、加拿大两国，面积 $34 \times 10^4 km^2$，致密油有利面积 $7 \times 10^4 km^2$，对应的巴肯中段致密油层为北美主要致密油产区，EIA 评估技术可采资源量 36 亿桶（2011 年）（图 0.1）。

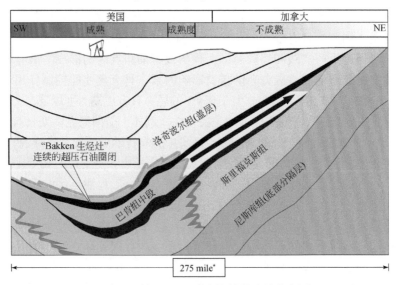

图 0.1　北美 Bakken 致密油储层连续分布图
*1mile＝1.609344km

Eagle Ford 致密油位于得克萨斯 Maverick 盆地，分布在平缓的斜坡上，含油面积约 $4 \times 10^4 km^2$，Eagle Ford 页岩是主要致密油气层，随储层埋深增加依次为凝析油气、凝析气、干气区，呈带状分布，EIA 评估技术可采资源量 34 亿桶（2011 年）。

（二）烃源岩品质好

北美致密油源岩品质好，有机质类型以 Ⅱ 型、Ⅰ 型为主，具有有机质类型好、丰度高、成熟度高、生烃能力强、排烃潜力大、生烃源岩压力高等特点。Bakken 致密油烃源岩有机质类型为 Ⅱ 型，总有机碳（total organic carbon，TOC）为 5%～30%，其中，上 Bakken 页岩碳酸盐岩含量为 10%，TOC 为 5.36%～21.4%，平均为 14.3%，下 Bakken 页岩碳酸盐岩含量为 6%，TOC 为 8.87%～24.7%，平均为 15.17%，R_o 为 0.6～1.0，处于主力生油期（图 0.2）。

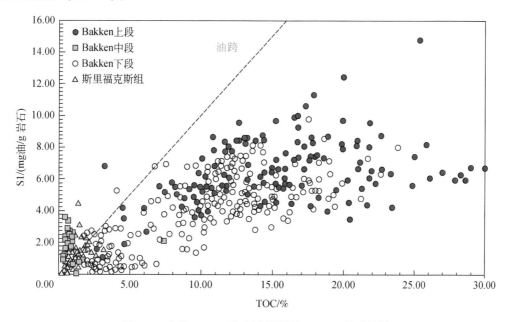

图 0.2　北美 Bakken 致密油烃源岩 TOC-S1 关系特征

Eagle Ford 致密油烃源岩有机质类型为 Ⅱ 型，TOC 为 3.0%～9.2%，平均为 5%，R_o 为 0.7～2.0，平均值大于 1.2，以生气为主。

（三）原油油质轻、品质好

北美海相致密油原油性质整体较好，具有原油密度较小、黏度低、气油比高、流动能力较强等特征，因此海相致密油也被称为轻质致密油（light tight oil，LTO）。北美致密油开发区块原油性质好，重度为 20～55API[①]，典型致密油重度为 40～45API，原油密度以 $0.81～0.87g/cm^3$ 为主，属于轻质原油、凝析油。根据 EIA 原油分类重度为 35～50API，硫

---

① 　API 重度 =（141.5÷油在 15.6℃ 的相对密度）-131.5。

含量小于 0.3% ，为轻甜油。Bakken 致密油为 40 ~ 43API，硫含量为 0.1% ，为轻甜油；Eagle Ford 致密油为 40 ~ 59API，硫含量为 0.04% ，为轻质油和凝析油，在储层条件下，原油黏度为 0.15 ~ 0.61cP[①]，平均原油黏度为 0.3cP。北美致密油气油比为 70 ~ 15000m^3/m^3，原油地层体积系数为 1.2 ~ 2.7，弹性能量大。

Eagle Ford 致密油储层流体气油比变化大，整体覆盖黑油–挥发油–凝析油–湿气–干气。现有经济技术条件下，气油比小于 400scf/bbl[②] 不作为致密油开发目标区，湿气、干气区也由于气价偏低，经济效益差，不作为致密油开发目标区，主要开发目标区为气油比 400 ~ 3200scf/bbl 的轻质油–挥发油–凝析油区。

北美致密油流动能力较强，储层条件下原油流度为 0.03 ~ 5mD/cP，平均流度为 0.5mD/cP（图 0.3）。Bakken 原油流度为 0.03 ~ 2mD/cP，Eagle Ford 流度为 0.6 ~ 5mD/cP。

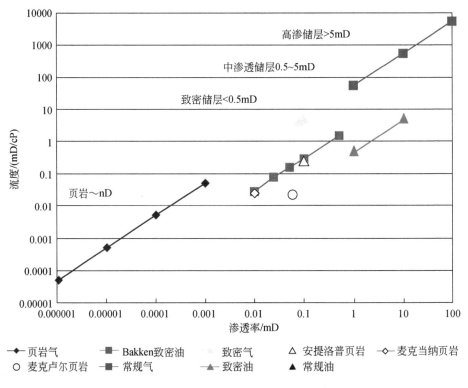

图 0.3 北美致密油气流度特征（据贝克休斯）

（四）致密油储层超压

北美致密油具有相对超压特征。北美已开发的 28 个致密油产区，超压占 46.4% ，轻微超压占 28.6% ，常压占 25% ，没有低压型致密油。Bakken、Eagle Ford 均为超压型致密

---

① cP 为厘泊，1cP = 1mPa·s；流度单位 mD/cP 也作 mD/(mPa·s)。

② scf 为标准立方英尺，1scf = 0.02832m^3；bbl 为桶，1bbl = 0.159m^3。

油。Bakken 致密油核心区一般具有高孔隙压力超压特征（压力系数可达 1.75 以上），边缘趋于正常；Eagle Ford 致密油随着埋深增大孔隙压力增大，压力系数可达 1.85 以上（图 0.4）。海相致密油储层超压是北美致密油准天然能量衰竭式开发和长期稳产的重要条件之一。

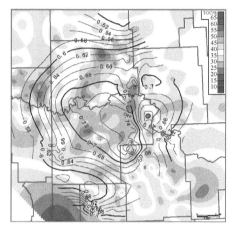

图 0.4　Bakken 致密油压力系数-TOC 分布图

二、我国陆相致密油主要地质特征

与北美海相致密油相比，中国陆相致密油整体资源品质较差。以我国最具代表性的鄂尔多斯盆地延长组 7 油层组（长 7）致密油、准噶尔盆地芦草沟组致密油、松辽盆地扶余致密油为例，在致密油平面分布范围、纵向厚度、原油性质、地层压力等方面，在较北美海相致密油相对差的大背景下，又各自有鲜明的特点，如新疆吉木萨尔凹陷芦草沟组致密油资源丰度较高，但黏度高，流度低；长庆长 7 致密油流体性质较好，但储层压力系数低，能量不足；松辽盆地扶余致密油充注不足，含水饱和度较高。

（一）宏观分布范围较广，有效油层分布散

中国致密油整体分布面积较广，但单层厚度小、纵向不集中、横向不连续，最为典型的是松辽盆地扶余油层致密油藏，其分布范围达 $8\times10^4 \sim 9\times10^4 km^2$，储集层为大型河流-三角洲沉积体系中的多种沉积相类型的河道砂体，单一砂体规模较小，纵向分散，横向不连续。2014 年蒙启安、白雪峰等通过对致密油开发区储集层精细解剖发现，不同类型的储集体发育规模存在一定的差异，其中，曲流河道砂体厚度为 4 ~ 12m，砂体宽度为 300 ~ 1000m；网状河道砂体厚度为 3 ~ 6m，砂体宽度为 200 ~ 500m；分流河道砂体厚度为 3 ~ 4m，砂体宽度为 100 ~ 300m，纵向上跨度大但单个油层薄，砂地比一般为 15% ~ 45%。

（二）原油性质差异大，分布范围较宽

从原油性质统计看，陆相致密油原油性质差异大（表 0.1），渗流机理差异大，流动能力弱。海相致密油（页岩油）藏普遍地层压力系数较高（75% 的致密油藏为异常高

压），原油品质好，具有低黏度、高气油比的特点。陆相致密油（页岩油）藏不同区块的地层压力系数、原油黏度、气油比及含油饱和度明显不同，分布范围较宽。

表0.1　中国典型陆相致密油流体性质统计表

致密油	新疆吉木萨尔凹陷芦草沟组	长庆长7	松辽盆地青山口组	青海扎哈泉凹陷
气油比/(m³/m³)	17	105	40	—
地层原油黏度/(mPa·s)	11.7~21.5 (16.6)	0.7~1.27 (0.97)	0.8~5.2 (2.2)	1.14~1.24 (1.19)
流度/[mD/(mPa·s)]	0.0013~0.0060	0.11~0.16	0.08~0.25	0.49~0.53
原油密度/(g/cm³)	0.89~0.92	0.83~0.88	0.78~0.87	0.84~0.88

注：括号中数值为平均值。

（三）陆相致密油储层脆性差，应力差异大

陆相致密油岩石矿物类型多，结构复杂，脆性矿物含量较低，整体脆性中等偏差，脆性指数为24~58，平均值小于50。由于陆相致密油纵向、横向非均质性较强，储层–非储层呈现互层状发育，进一步降低了致密油的整体脆性。此外，中国陆相致密油埋深差异大，应力差异大，受沉积、成岩、构造演化、埋深等综合作用，储层应力变化大，水平应力差较大，并且储层天然裂缝发育中等偏差至较不发育，导致水平井水力压裂不易形成复杂缝网，体积压裂造成复杂缝网实现难度大（表0.2）。

表0.2　中国典型陆相致密油区脆性与应力统计

致密油区	脆性指数范围	脆性平均值/%	水平应力差/MPa
新疆萨尔凹陷芦草沟组	24~58	41.2	7~12
长庆长7	30~40	35	2~7
松辽盆地扶余	30~55	50	5.5~10

第三节　致密油储层表征技术现状

一、致密油储层表征的难点

陆相致密油源储组合关系多，以源内致密油为主，源上、源下均有发现；陆相致密油储层类型多样，沉积环境变化快，从淡水到咸水沉积均有发育，沉积岩石类型复杂，主要岩石类型有页岩类、泥岩类、砂岩类、灰岩类、云岩类及其过渡类型的细粒沉积岩，多呈薄互层混杂分布；受构造演化、气候变化、沉积物源、烃源岩分布等因素影响，储层横向连续性差，纵向薄互层变化快，厚度变化大；致密油储层基质以亚微米级、纳米级孔喉为主，发育多成因多尺度天然裂缝，储层多尺度多成因孔缝共存；致密油大面积连续分布背景下差异化含油，从厘米级含油条带到几十米厚层致密油，非均质性极强。

陆相致密油储层强烈的非均质性、纵横向变化的复杂性、电测曲线上的微差性、三维地震分辨率的局限性导致致密油储层表征难度大，导致传统常规储层表征方法不能准确有效地描述致密油储层特征，无法完全满足生产需求。

二、国外致密油储层表征的技术现状及进展

国外以北美为代表，2005 年以来伴随着致密油规模效益开发进程的不断提速，在致密油储层微观孔隙结构研究手段、特殊测井装备及技术、储层可压性评价等方面取得了重要进展，在地质甜点、工程甜点、产能甜点识别评价及预测方面形成了相应的技术方法。

在致密油地质甜点评价与表征方面，应用环境扫描电镜、微纳米计算机断层扫描（computed tomography，CT）、气体吸附等先进显微技术开展微纳米孔缝成因、孔隙结构及油气赋存状态评价研究；应用元素俘获、阵列声波、微电阻率成像、核磁等先进测井进行单井致密油储层识别与评价；通过地震频率属性识别与预测确定开发有利区，通过慢/快剪切波速度比确定储层发育优势区；基于沉积环境、颗粒粒度与 TOC 等研究确定源储配置有利区；通过成像测井、地应力预测等多手段识别与预测裂缝发育区；采用生排烃法预测含油性，应用核磁测井、动态监测等方式开展致密油流体特性评价与预测；通过多学科融合（全球定位系统、地理信息系统和遥感技术相结合，为 3S）交叉叠置方法开展致密油地质条件综合研究和评价。在致密油工程甜点评价与表征方面，主要采用致密油储层脆性矿物统计预测、致密油储层力学参数评价与预测、压裂缝检测与描述等技术对致密油储层可压性进行评价和预测，支撑提高和改善压裂效果。在致密油产能甜点评价与表征方面，一般采用致密油水平井累产（cumulative production，CP）统计预测方法、水平井估计最终可采量（estimated ultimate recovery，EUR）评价与预测技术、水平井产能风险分级评价等技术，从产能角度确定开发甜点区。

致密油甜点预测是各大石油公司勘探开发研究工作的重点，近年来在地质、物探、测井等各大领域都出现了相关新技术、新方法。主要有以下几种技术类型：一是甜点地质综合识别技术，多利用地震、测井等地球物理方法，联合微地震及岩心数据识别致密油甜点的综合研究方法；二是油藏随钻测绘系统方法，以斯伦贝谢公司 GeoSphere 油藏随钻测绘服务系统为代表，该系统能够对 30m 的地层进行全方位的连续成像，可在井眼四周较大范围内探测油藏甜点；三是基于大数据的人工神经网络法，将已知井的数据应用于训练集，根据工作流程生成模型，通过神经网络模型预测未钻井地区的储层甜点。

整体而言，以北美为代表的国外致密油储层表征及甜点预测研究，强调产能（累产 IP、EUR），注重开发经济效益因素，多通过"多资料应用、多学科融合"的方式来确定甜点，提高预测精度，如建立大量有机碳、孔隙度、产层厚度静态地质模型，与产量统计模型结合识别储层甜点。在致密油甜点评价研究中，利用甜点特征因素的相似性原理，可以在一个致密油藏中确定出致密油甜点的主要参数，采用聚类分析表征致密油甜点，可在同一个油藏内推广并预测相关致密油甜点。在较为成熟的致密油区，可根据致密油甜点特征参数研究评价结果，建立定量表征致密油甜点的参数标准。

三、国内致密油储层表征的技术现状及进展

国内近年来转变了致密油储层的评价理念，形成了综合考虑致密油烃源岩品质、储层品质、工程品质的评价及预测方法技术，开展了系统评价研究，有力支撑了陆相致密油的开发实践。

首先，致密油储层表征或评价理念实现了转变，由以往常规储层评价围绕储层，以储层品质为核心，以储层四性关系为核心，逐步转变为强调系统，整体考虑致密油储层品质、烃源岩品质、工程品质三类品质，将致密油储层岩性、物性、电性、含油气性、烃源岩特征、脆性、地应力各向异性"七性"作为评价核心。

国内典型致密油区块储层表征主要围绕储层地质条件、储层流体性质、储层工程品质三个方面开展研究工作。

在陆相致密油储层地质条件评价方面，从微观到宏观分为三个层次：一是运用微纳米CT、环境扫描电镜及高压压汞等方法，表征致密油微观孔隙结构及微裂缝，揭示致密油储层孔、喉、缝的类型、大小及分布；二是针对致密油储层致密性和地球物理响应微差特点，基于常规和核磁测井系列识别与评价致密微差储层，并进行储层孔隙度、渗透率等参数解释，基于多组分分析及数据驱动反演预测致密微差储层物性参数，搞清陆相致密油储层物性参数的空间分布；三是对于宏观裂缝、天然裂缝采用测井识别和地震预测的方法进行识别和评价，压裂缝采用微地震监测技术识别，对于微裂缝采用前述微裂缝表征成果刻度测井曲线，构建裂缝指数定性识别单井微裂缝，进而标定地震资料，通过敏感属性分析和裂缝指数反演，预测微裂缝发育程度和分布。如长庆油田针对鄂尔多斯盆地长7致密油储层具有多尺度、多类型孔隙、孔隙结构复杂的特点，通过微纳米CT、环境扫描电镜、高压压汞等定量分析，揭示盆地致密油储层大于 $2\mu m$ 的孔隙体积比例占97%以上，储层喉道半径分布范围窄，主要分布于 $100 \sim 750nm$；致密油储层孔隙配位数较低，主要为 $1 \sim 4$，平均值为2.5，孔喉网络系统由多个独立连通孔喉体构成。在致密油储层综合地质研究基础上，优选沉积类型、砂体结构、沉积厚度、孔渗参数、孔喉参数及裂缝密度等作为储层评价的关键要素，通过聚类分析的方法建立储层分类评价标准，指导储层评价工作。

在陆相致密油储层流体特性评价方面，从三个层次开展整体评价：一是通过露头、岩心观察及荧光薄片、铸体薄片、环境扫描等综合研究，揭示致密油基质孔隙的含油性及赋存状态，通过密闭取心、高压物性测试、核磁共振等实验测试致密油的含油饱和度、原油黏度、气油比、可动流体饱和度等参数；二是针对致密油复杂的含油性表现形式，建立各种含油类型的岩性、物性、电性识别标志，形成致密油含油性分类识别图版，进行分类识别；三是针对致密储层含油的非均质性和微差特性，根据岩石物理模型和烃类对纵波、横波的影响差异，利用叠前资料反演岩石弹性参数和含油饱和度，预测致密储层的含油性。例如，吉林油田针对松辽盆地南部致密油属于源下型致密油、充注程度低且分异差、流体识别难的问题，基于分析测试及试油结果，建立了各种含油类型的岩性、物性、电性识别标志，形成了致密油流体识别图版，揭示了油水同层的参数判别界限为 $RLLD>18\Omega \cdot m$；$AC>215\mu s/m$；$DEN<2.56g/cm^3$，有效提高了测井含油饱和度的解释精度，支撑了含油性空间

的分布预测，指导了水平井的部署和井轨迹设计。

在陆相致密油储层工程条件评价方面，包含三方面评价重点：一是脆性评价，通过岩石矿物组分、结构构造、杨氏模量、泊松比等岩石力学参数测试，评价储层的岩石脆性、预测压裂效果；二是致密油地应力评价，通过岩石声发射法、钻孔井臂崩落法、古地磁定向岩石差应变法及岩石压缩等实验方法，揭示致密油层水平地应力的大小、方向及差值，指导确定水平井的布井方向，预测压裂缝形态；三是采用岩石物理实验和黏弹性参数反演方法，预测脆性甜点和地应力分布特征。例如，大庆油田基于松辽盆地北部 7 口井 54 块样品的岩石力学实验结果和 XMAC 井资料，建立了常规曲线预测横波模型，实现了在缺少横波测井的情况下估算岩石力学参数。在此基础上开展了工程品质测井评价，采用弹性参数法进行测井脆性解释，解释结果的平均绝对误差为 4.1%，相对误差为 7.9%，储层的脆性好于围岩，含泥越重脆性指数越低；利用地震信息进行脆性指数预测，QP1 井脆性指数约 35%；通过地应力和各向异性分析，明确了齐家地区最大主应力方向为近东西向，水平井钻探方向为近南北向，储层的破裂压力普遍低于围岩，且最大、最小水平主应力差值较小，有利于形成近井地带网状缝，具有较好的储层改造条件。

总体而言，陆相致密油储层表征技术近年来快速发展，在烃源岩品质表征与评价方面，初步形成了致密油储层烃源岩特性评价技术、烃源岩品质测井识别与评价技术、致密油烃源岩品质地震分类预测技术；在致密油储层品质表征与评价方面，初步形成了致密储层岩性评价与预测技术、致密砂体成因及结构分析方法、致密储层微纳米孔喉评价技术、致密储层物性评价与预测技术、致密储层裂缝地震预测技术、致密储层含油性评价技术；在工程品质表征与评价方面，初步形成了致密储层地层压力地震预测技术、致密储层地应力各向异性评价技术、致密储层脆性评价与预测技术。上述技术有力支撑了陆相致密油开发实践，但由于陆相致密油储层条件的复杂性和特殊性，其表征技术的攻关和发展仍然任重而道远。

四、致密油储层表征的技术发展趋势

国内近年来转变了致密油储层的评价理念，初步形成了致密油烃源岩品质、储层品质、工程品质评价及预测方法技术，开展了系统评价研究，有力支撑了陆相致密油的开发实践，推动了鄂尔多斯盆地和松辽盆地等多个盆地的致密油开发工业化试验进程，仅中国石油矿权范围内就累计建成产能规模 300 万 t 以上。

但陆相致密油储层表征与评价既面临多尺度致密储层，尤其微纳米级孔缝系统的表征、致密储层裂缝形成机理及对致密储层的贡献、致密储层特征与油气分布的关系等共性挑战，又面临各盆地由构造、沉积背景存在差异，成岩演化过程与强度不同等因素导致的个性化研究难点，如吉木萨尔凹陷芦草沟组致密油岩性识别难度大、松辽盆地扶余低充注型致密油含油饱和度解释难度大等。

基于目前致密油的开发状况及技术现状，致密油储层表征的技术发展趋势大致有以下三方面：一是深化致密油源-储-采整体系统性的认识，将致密油烃源岩、储层、流体可动用性作为一个体系整体考虑，不仅要关注致密油有效储层如何形成、演化及分布，还需考虑有效储层中原油蕴含量是多少、赋存状态如何、能开采的有多少；二是发展致密油地质-工程-油藏一体化评价技术，充分利用岩心、测井、地震、压裂、井生产资料等，通过多信息综合、优势互补提高预测精度；三是针对不同盆地不同类型致密油个性化的储层表征难点，创新不同类型的陆相致密油储层特色表征技术。

现阶段非常规油气甜点预测方法主要集中于传统的地质分析、地震、测井等方法，未来的发展方向会更倾向于高精度、大数据、人工智能及特色软件开发等方面。

参 考 文 献

杜金虎，刘合，马德胜，等.2014.试论中国陆相致密油有效开发技术 [J].石油勘探与开发，41 (2)：198-205.

季泽普.2013.泌阳凹陷湖相页岩的岩相特征及其脆性甜点区的选取原则 [J].录井工程，24 (2)：8-13.

贾承造，邹才能，李建忠，等.2012.中国致密油评价标准、主要类型、基本特征及资源前景 [J].石油学报，33 (3)：343-350.

刘丽芳，张金川，卞昌蓉.2006.根缘气"甜点"资源结构预测方法 [J].天然气工业，26 (2)：49-51.

刘新，张玉纬，张威，等.2013.全球致密油的概念、特征、分布及潜力预测 [J].大庆石油地质与开发，32 (4)：168-174.

邹才能，陶士振，谷志东.2006.中国低丰度大型岩性油气田形成条件和分布规律 [J].地质学报，80 (11)：1739-1751.

邹才能，朱如凯，吴松涛，等.2012.常规与非常规油气聚集类型、特征、机理及展望——以中国致密油和致密气为例 [J].石油学报，2：173-187.

赵政璋，杜金虎，等.2012.致密油气非常规油气资源现实的勘探开发领域 [M].北京：石油工业出版社.

Surdam R C. 2997. A new paradigm for gas exploration in anomalously pressured "tight gas sands" in the rocky mountain laramide basins [J]. AAPG Memoir, (67)：283-298.

第一章　致密油储层沉积特征与模式

准噶尔盆地吉木萨尔凹陷芦草沟组致密油混合沉积特点突出，除具重要沉积学意义外，还与油气储层具有密切的关系。由于准噶尔盆地二叠纪火山活动频繁，火山碎屑组分促进了混合沉积的发生，并且大大增加了芦草沟组岩性、沉积特征、沉积模式等方面的研究难度（蒋宜勤等，2015；邵雨等，2015）。

第一节　岩相识别与分类

陆相混积岩致密油开发整体处于起步发展阶段，该类油藏储层具有强非均质性、组分含量变化大等复杂性，加之国内外没有成熟的理论、配套的技术可以借鉴，因此该类油藏的岩相、沉积相等相关地质研究面临诸多挑战。

一、岩石学基本特征

（一）岩石组分特征

通过 6 口井 566.98m 岩心观察，233 张铸体薄片、岩石薄片及 230 块样品的 X 射线全岩矿物资料分析，可以看出吉木萨尔凹陷二叠系芦草沟组致密油岩性复杂，地层中包含陆源碎屑组分、碳酸盐组分和火山碎屑组分，且在不同层位含量差异极大，粉细砂、泥质及碳酸盐富集层呈厘米级互层状分布，整体表现为混合沉积岩石类型，具有矿物成分多样、成分成熟度低的特点。整体上，芦草沟组岩石组分类型有三类，按含量从大到小分别为陆源碎屑组分、碳酸盐组分、火山碎屑组分（图 1.1）。

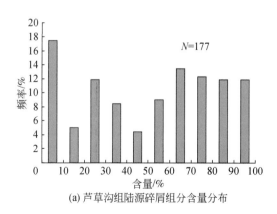

(a) 芦草沟组陆源碎屑组分含量分布

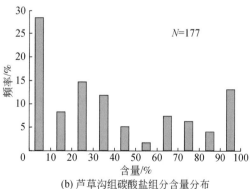

(b) 芦草沟组碳酸盐组分含量分布

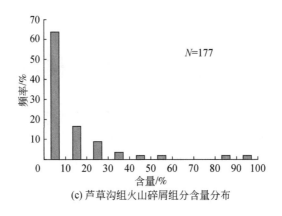

(c) 芦草沟组火山碎屑组分含量分布

图 1.1 芦草沟组岩石组分类型及含量分布

1. 陆源碎屑组分

通过铸体薄片观察，芦草沟组石英及长石颗粒并不具有火山碎屑中典型的包裹体、溶蚀边、破裂纹等结构，属于典型的陆源碎屑。陆源碎屑组分相对含量分布范围宽，在不同层段陆源碎屑组分含量变化大，平均含量达到 50% 以上，是芦草沟组岩石组分的主要类型。整体上以粉砂为主，含少量细砂和泥。长石和岩屑的平均含量分别达到了 48.5% 和 28.4%，而石英及黏土矿物的含量较少，平均含量不足 15%。在陆源碎屑岩为主的层段内，灰色粉砂岩广泛分布，局部靠近物源区发育少量细砂岩，缺乏生物化石，发育平行层理、板状交错层理，反映其波浪作用明显。

2. 碳酸盐组分

研究区碳酸盐组分十分发育，以泥晶白云石为主，局部可见少量粉晶白云石，可见水平状或波状纹层。在局部层段泥晶白云石相对含量可达 90% 以上，粒间填隙物主要为泥晶胶结物。芦草沟组地层内泥晶或粉晶白云石成因主要为同生及准同生期形成的多呈微层状富集的碳酸盐层（文石及高镁方解石）发生白云石化。同期的中基性火山岩岩屑提供了大量的钙、镁离子。在表生条件下，中基性火山岩中赋存的辉石、角闪石等暗色矿物及玻璃质中的镁离子在表生条件下更易流失，有利于提高云质岩中镁、钙离子的比例。同时咸化湖的高盐度条件也有利于白云石的形成。

3. 火山碎屑组分

蒋宜勤等（2015）认为准噶尔盆地二叠纪火山活动明显，火山碎屑组分在整个凹陷均有分布。火山碎屑组分主要通过风力搬运在湖盆范围内形成降落型火山碎屑沉积。火山碎屑组分相对含量分布范围广，但不同层段火山碎屑物质的含量差异很大，局部层段含量可达 50% 以上，含量主要为 0~30%，颗粒分选、磨圆较好，玻屑含量高，粒度在 0.01~2.00mm，以沉凝灰岩为主（图 1.1）。

（二）岩石类型划分

匡立春等（2013）认为吉木萨尔凹陷芦草沟组致密油储层岩性复杂，垂向变化快，组成岩石的矿物成分多样，整体以碎屑岩类、碳酸盐岩类为主。岩石中碎屑粒径普遍较细，粉细砂、泥质及碳酸盐富集层多呈互层状分布，多为过渡性岩类。通过岩石薄片镜下观察，岩石类型可达50余种，其中砂岩主要包括含白云质含泥质岩屑长石砂岩、白云质砂屑砂岩、白云质粉砂岩、含灰质粉砂岩、泥质粉砂岩等，白云岩以砂屑白云岩、泥晶白云岩、微晶白云岩为主，泥岩则包含粉砂质泥岩、白云质泥岩、灰质泥岩、纯泥岩等。

碎屑岩和碳酸盐岩共生体现了吉木萨尔凹陷芦草沟组陆源碎屑岩与湖相化学沉积岩共生的特点。统计表明，不同岩石类型在芦草沟组地层内的频率、物性、含油性等方面存在较大的差异，说明不同岩性对于物性的控制作用不尽相同。岩心实测孔隙度及油田生产实践表明，芦草沟组储层岩性以粉砂岩、白云岩为主。粉砂岩中白云质粉砂岩物性、含油性最好，孔隙度为4.5%~16.7%，含油性主要为油迹-油斑，泥质粉砂岩较差，孔隙度为1.1%~11.1%，含油性主要为荧光-油斑；白云岩中以砂屑白云岩的物性、含油性最好，孔隙度为3.1%~18.3%，含油性以油斑、油迹为主，泥晶白云岩、微晶白云岩的物性、含油性较差，孔隙度较低，含油性中荧光部分占比较大。

对于有岩性描述数据的取心井，可直接进行岩性识别，对于非取心井则要采取测井曲线资料进行岩性识别。以全井段取心的吉174井为基础，通过宏观岩心观察及855块薄片鉴定岩性定名，共识别出50余种岩石类型，利用常规测井资料研究取心井岩性与测井曲线响应特征之间的关系，根据岩石成分相近，物性、含油性特征相近，电性特征相近，易于指导沉积物源的岩石相分类合并原则，将50余种岩石类型归为四大类，分别是陆源碎屑岩类、碳酸盐岩类、火山碎屑岩类和正混积岩类，进一步将储层岩石相划分为8种岩性，分别是沉凝灰岩、灰质/白云质粉砂岩、泥晶白云岩、粉砂质白云岩、灰岩、凝灰质粉砂岩、泥岩和正混积岩，并利用Fisher判别法建立各类岩石相对应的不同测井系列的测井响应特征和识别标准，将其应用于非取心井的岩性识别与划分，最后对研究区测井曲线齐全的非取心井进行单井岩性识别。

在岩性识别与划分过程中采用了四项岩石相分类合并原则：①岩石成分相近；②物性、含油性特征相近；③电性特征相近；④易于指导沉积物源。通过以上四项分类合并原则使复杂岩性的特征分类能够达到沉积相及后续研究所需的要求。通过岩石相分类合并原则将岩性合并归类为如上所属的四大类8种，其中陆源碎屑岩类3种，碳酸盐岩类3种，火山碎屑岩类1种，正混积岩类1种。具体的岩石类型划分过程将岩屑长石砂岩、白云质砂屑砂岩、白云质粉砂岩、灰质粉砂岩等归为白云质粉砂岩相；将泥质粉砂岩、灰泥质粉砂岩及其他类型的砂岩归为泥质粉砂岩相；将砂质白云岩、粒屑白云岩、灰质白云岩、白云质灰岩、生屑白云岩等归为砂屑白云岩相；将粉晶白云岩、微晶白云岩、泥晶白云岩等归为泥晶白云岩相；将白云质泥岩、灰质泥岩、粉砂质泥岩、碳质泥岩等归为泥岩相。

二、岩相定性定量识别

致密油储层岩性多变、矿物多变、过渡性岩类多的岩石学特征，造成了常规测井反映的岩性不确定性增大，通常对岩性反应敏感的自然电位、自然伽马和三孔隙度曲线无法有效地识别岩性。通过对7种反映岩性的常规测井曲线数值统计，GR、RT、DEN、AC、

CNL 曲线对火山碎屑岩类、陆源碎屑岩类、碳酸盐岩类岩性敏感度较高，测井可识别性较强。在上述五种测井曲线中，AC-CNL 曲线交汇可将沉凝灰岩、灰质/白云质粉砂岩、凝灰质粉砂岩、灰岩、泥晶白云岩较好地区分出来，RT-GR 曲线交汇可将泥晶白云岩、粉砂质白云岩、凝灰质粉砂岩、泥岩区分出来，CNL-DEN 曲线则可将灰岩与云岩类区分（图 1.2）。

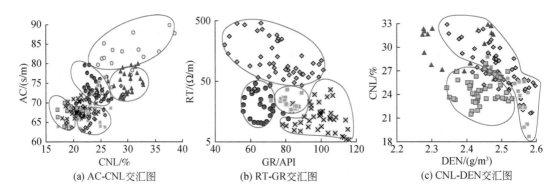

(a) AC-CNL交汇图　　　　　(b) RT-GR交汇图　　　　　(c) CNL-DEN交汇图

图 1.2　测井曲线岩性识别交会图

在岩性划分及常规测井敏感性分析的基础上，采用测井 Fisher 判别法进行非取心井单井岩性识别。测井曲线数据处理过程如下：第一步对测井曲线进行去尖峰化，第二步进行单一岩性段曲线读值，第三步进行测井曲线标准化。该方法以取心资料为依据，在深入分析和提取不同岩性测井响应差异的基础上完成非取心井段的岩性识别（图 1.3）。

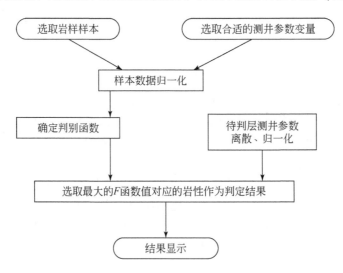

图 1.3　Fisher 判别法流程

Fisher 判别法的基本思路就是投影，针对 P 维空间中的某点 $x = (x_1, x_2, x_3, \cdots, x_j)$ 寻找一个能使它降为一维数值的线性函数 $y(x)$：

$$y(x) = \sum C_j x_j \tag{1.1}$$

然后应用这个线性函数把 P 维空间中的已知类别总体及未知类别归属的样本都变换为一维数据，再根据其间的亲疏程度把未知归属的样本点判定其归属。这个线性函数在把 P 维空间中的所有点转化为一维数值之后，既能最大限度地缩小同类中各个样本点之间的差异，又能最大限度地扩大不同类别中各个样本点之间的差异，这样可获得较高的判别效率。在这里借用了一元方差分析的思想，即依据组间均方差与组内均方差之比最大的原则来进行判别。

使用 Fisher 判别法对线性可分的样本总能找到一个投影方向，使得降维后的样本仍然线性可分，而且可分性更好，即不同类别的样本之间的距离尽可能远，同一类型的样本尽可能集中分布。

由于采用的是多数据类型的 Fisher 判别法，为了消除不同曲线的量纲影响，对所有曲线进行归一化处理，所使用的公式为

$$X = (x-M)/(x_{max}-x_{min}) \tag{1.2}$$

式中，X 为归一化结果；x 为原始数据；M 为原始数据平均值；x_{max} 为原始数据最大值；x_{min} 为原始数据最小值。

鉴于常规测井曲线的分辨率，对于 0.5m 以下的岩性段测井曲线难以进行有效识别，因此在岩性归类基础上选取厚度 0.5m 以上的典型岩性段作为样本点，最终筛选出 5 种常规测井曲线共计 3174 个样本点作为样本数据。运用 IBM SPSS19 数理统计软件，将样本数据输入，选择 Fisher 判别法，通过调节运行参数可得到多个判断结果，优选正判率最高的函数作为岩相判别函数。结果如下。

沉凝灰岩：

$$-315.513-4.264X_1-0.087X_2-0.901X_3+3.006X_4-0.998X_5 \tag{1.3}$$

灰质/白云质粉砂岩：

$$-252.807-3.520X_1-0.077X_2-0.925X_3+3.341X_4-1.062X_5 \tag{1.4}$$

粉砂质白云岩：

$$-207.203-2.956X_1-0.061X_2-0.953X_3+3.133X_4-0.667X_5 \tag{1.5}$$

灰岩：

$$-331.496-3.641X_1-0.073X_2-0.856X_3+3.932X_4-1.328X_5 \tag{1.6}$$

泥晶白云岩：

$$-354.378-4.589X_1-0.097X_2-0.899X_3+3.686X_4-1.729X_5 \tag{1.7}$$

凝灰质粉砂岩：

$$-302.564-3.123X_1-0.082X_2-0.971X_3+3.738X_4-1.072X_5 \tag{1.8}$$

泥岩：

$$-271.218-3.261X_1-0.067X_2-0.824X_3+3.496X_4-1.639X_5 \tag{1.9}$$

式中，X_1 为 GR；X_2 为 RT；X_3 为 DEN；X_4 为 AC；X_5 为 CNL（均为标准化后数据），依据每种岩相判别结果最大值进行岩性归类。

通过上述判别函数对吉 174 井已知数据样本进行检验，判别结果见表 1.1。岩石类型识别符合率分别是：沉凝灰岩 75.6%、灰质/白云质粉砂岩 78.7%、凝灰质粉砂岩 79.7%、泥岩 86.1%、粉砂质白云岩 69.7%、泥晶白云岩 81.2%、灰岩 79.4%。同时对其他取心井进行岩性识别验证，整体识别率为 70%~81%。

表 1.1 芦草沟组岩相定性识别符合率统计表

岩相	岩心厚度/m	识别厚度/m	识别符合率/%
沉凝灰岩	4.16	3.14	75.6
灰质/白云质粉砂岩	18.30	14.40	78.7
粉砂质白云岩	37.58	26.19	69.7
灰岩	20.61	16.36	79.4
泥晶白云岩	49.44	40.14	81.2
凝灰质粉砂岩	48.63	38.76	79.7
泥岩	67.98	58.53	86.1
综合	246.7	197.53	80.1

同时对未参与建立 Fisher 判别函数的其他取心井进行判别，芦二段取心段综合岩相识别符合率为 77.3%，芦一段取心段综合岩相识别符合率为 80.4%。

从整体上看，Fisher 判别函数预测岩性剖面、录井岩性剖面和取心岩性剖面吻合较好，符合率较高。但单井岩性识别结果与录井岩心剖面对照，局部存在一定的差异，可能是以下几种原因造成：①岩性过于复杂，岩性过渡层较为发育，难以进行详细区分，易出现偏差；②各岩性之间存在一定的相似性；③这种 Fisher 判别法具有一定的局限性，对厚度 50cm 以下的薄层并不敏感，单一岩性层厚越小，识别结果越不明显。

三、岩相平面分布

通过对研究区岩相划分归类及其分布特征分析，沉凝灰岩、灰质/白云质粉砂岩、泥晶白云岩、粉砂质白云岩、灰岩、凝灰质粉砂岩、泥岩和正混积岩等岩性在平面上呈现出差异性分布特征。芦二段 2 砂组储层发育阶段，北部及西北部边缘区域大范围分布泥岩，南部靠近物源的区域灰质/白云质粉砂岩发育程度最高，分布面积最大，占据研究区岩石相分布面积的主要地位，但具有分布较为分散，以短条带状为主的特点；粉砂质白云岩的分布面积接近灰质/白云质粉砂岩，以片状分布最为典型，是芦二段 2 砂组储层的主要岩石相类型；泥晶白云岩在该段储层中分布范围较小，集中分布于研究区西南部，呈宽条带状分布；砂屑粉砂岩在芦二段 2 砂组的分布范围小于其他岩石相，主要发育在研究区中部，呈土豆状分布（图 1.4）。

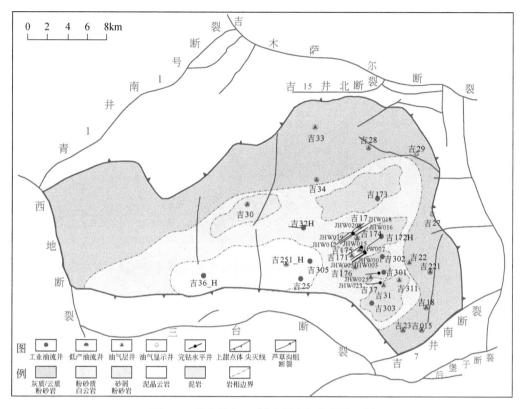

图 1.4　芦草沟组 $P_2l_2^{2-2}$ 小层岩相分布平面图

第二节　沉积微相识别与划分

一、现代咸化湖沉积微相类型

青海湖是中国最大的内陆湖泊和咸水湖，长 105km，宽 63km，湖面海拔 3196m，地处青藏高原的东北部，是我国西北内陆干旱区典型的山间断陷湖盆。青海湖与我国西北一些含油气盆地的沉积特征十分相似，可见一系列有利于油气储集的沉积体系。王新民等（1997）认为对青海湖沉积体系的研究，可以为陆相含油气盆地咸化湖的沉积研究提供一定的借鉴。

青海湖东岸发育着一系列独特的水下砂堤（水下砂坝）、砂坝、砂嘴-潟湖、砂丘沉积体系，陆源碎屑物质来源于四种途径：甘子河和哈里根河汇入；西北风将甘子河和哈里根河三角洲泥砂吹入；湖流带至；强拍岸浪侵蚀湖岸，冲刷得到的沉积物。湖的南部郎剑明显表现出砂嘴尖部西北侧被侵蚀，而东南侧湖湾和西侧平行于湖岸的特征。郎剑砂嘴西迎风侧波浪作用明显，携带泥砂并在砂嘴西侧平行于东西向湖岸的区域堆积，而背风侧波浪作用弱，湖流将泥砂输运至此处堆积。布哈河入湖口随着湖平面的下降，三角洲不断向湖延伸，在湖泊西岸形成了三角洲沉积体系，三角洲前缘沉积物在湖流的改造下，形成沿岸展布的滩坝，滨湖沉积特征明显，滨湖浅水带发育很多不同规模的水下砂滩和水下砂坝，湖东岸发育有一系列典型的水下滩坝-砂坝、砂嘴-潟湖-砂丘沉积体系（图1.5）。

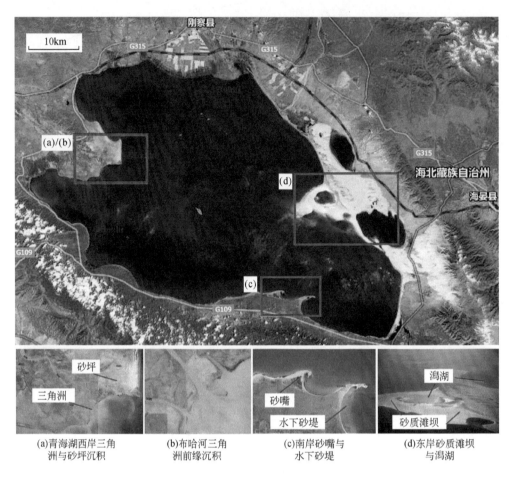

(a)青海湖西岸三角　　　(b)布哈河三角　　　(c)南岸砂嘴与　　　(d)东岸砂质滩坝
洲与砂坪沉积　　　　洲前缘沉积　　　　水下砂堤　　　　与潟湖

图1.5　现代青海湖沉积体系

二、芦草沟组沉积微相识别与划分

通过对研究区岩相划分归类及沉积物源分析，沉凝灰岩、灰质/白云质粉砂岩、泥晶白云岩、粉砂质白云岩、灰岩、凝灰质粉砂岩、泥岩和正混积岩 8 种岩性体现出了明显的沉积物源差异性。研究分析认为，吉木萨尔凹陷芦草沟组共存在三种沉积物源，分别是火山喷发活动的火山物源、陆源物源及咸化湖盆自身的碳酸盐岩物源，三种沉积物源分别提供了芦草沟组的火山碎屑岩、陆源碎屑岩及碳酸盐岩沉积物，在盆地某些部位三种物源所提供的沉积物同时以一定比例沉积时，则会形成正混积岩。

从芦一段 2 砂组（下甜点体）粉砂岩粒度概率曲线上来看，由悬浮总体和跳跃总体两部分组成，反映了河流与波浪或沿岸流交汇处的沉积环境。C-M 图则表现出具有牵引流的特征，滚动组分不多，均匀悬浮的物质主要为粉砂和泥的混合物，粗粒级颗粒含量很低。岩心上脉状层理、槽状交错层理、包卷层理比较常见（图1.6），反映了沉积时期芦一段在一定程度上受波浪作用的影响，结合前人对芦草沟组沉积的研究，认为研究区芦一段2砂组（下甜点体）以湖泊-三角洲沉积环境为主，参考青海湖沉积微相类型，将芦一段2砂组（下甜点体）沉积微相类型划分为湖泊火山降落、远砂坝、席状砂、砂质滩、灰质滩、浅湖泥6种微相。

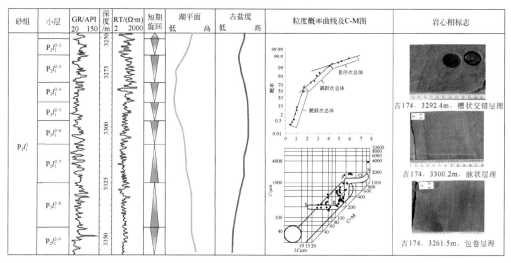

图1.6 吉木萨尔凹陷芦草沟组下甜点体沉积微相标志

芦二段2砂组（上甜点体）粒度概率曲线由3个粒度次总体构成，分选性很好，跳跃总体为主要成分，悬浮次总体含量较多，说明物源悬浮物质含量多，整体类似于波浪带滩砂粒度概率图，反映水体较浅的波浪带沉积环境。C-M图数据点较为分散，说明牵引流作用并不明显（图1.7）。岩心上水平层理、波状层理比较常见，在岩心能够观察到明显暴露的干裂纹及干裂层面构造。在铸体薄片镜下观察具有粒状硬石膏部分溶解形成的铸模孔，表明芦二段存在蒸发暴露的沉积环境，认为研究区芦二段2砂组（上甜点体）以湖泊-

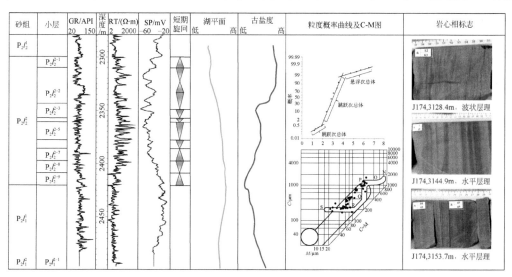

图1.7 吉木萨尔凹陷芦草沟组上甜点体沉积微相标志

滨岸沉积体系为主,将微相类型划分为云砂坪、云泥坪、砂质坝、砂质滩、潟湖、水下砂堤、浅湖泥 7 种。

第三节　沉积微相空间展布特征

沉积相的相关基础研究明确了吉木萨尔凹陷芦草沟组优势岩石相、优势微相的类型,进而通过有效储层厚度图、砂地比等值线图进行物源分析,再结合岩石相判别、有效储层厚度图、单井相识别等结果综合绘制沉积微相平面图,并揭示芦草沟组储层发育段沉积微相的演化规律。

一、芦一段 2 砂组沉积微相分布

芦一段 2 砂组储层发育段在 $P_2l_1^{2-7}$ 小层沉积期湖平面整体较高,三角洲发育规模小,砂质滩沿物源两侧发育,随着湖平面开始下降,北部陆源碎屑开始逐渐注入,在 $P_2l_1^{2-5}$ 小层沉积期陆源碎屑开始大量注入,南部三角洲前缘向湖盆中心发展,$P_2l_1^{2-4}$ 小层至 $P_2l_1^{2-2}$ 小层沉积期湖平面处于最低位置,三角洲前缘亚相中远砂坝、席状砂微相最为发育,随着湖平面的上升,三角洲前缘席状砂、砂质滩迅速缩小,远砂坝不发育。芦一段 2 砂组(下甜点体)经历了湖平面逐渐下降-低位波动-快速上升 3 个阶段,共有南北两个物源,其中南部三角洲陆源碎屑注入量最大,砂体最厚[图 1.8 (a) (b)]。

二、芦二段 2 砂组沉积微相分布

芦二段 2 砂组在 $P_2l_2^{2-6}$ 小层沉积期以云泥坪大范围分布、砂质滩局部发育为主,$P_2l_2^{2-5}$ 小层沉积期湖平面较低并继续下降,砂质滩、砂质坝大面积发育,沿物源两侧湖岸发育有云泥坪,$P_2l_2^{2-2}$ 小层沉积期湖平面处于最低,陆源碎屑注入程度最高,砂质滩、砂质坝广泛发育,局部发育云泥坪,$P_2l_2^{2-2}$ 小层沉积期后湖平面开始迅速上升,陆源碎屑注入程度最低,云泥坪广泛发育,砂质滩坝不发育。芦二段储层发育段整体上经历了湖平面下降-低位停滞-上升 3 个阶段,其中在 $P_2l_2^{2-2}$ 小层湖平面最低时期,陆源碎屑发育最为广泛[图 1.8 (c) (d)]。

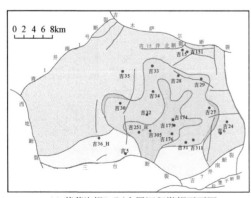
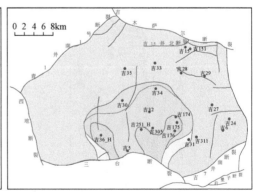

(a) 芦草沟组 $P_2l_1^{2-5}$ 小层沉积微相平面图　　　(b) 芦草沟组 $P_2l_1^{2-3}$ 小层沉积微相平面图

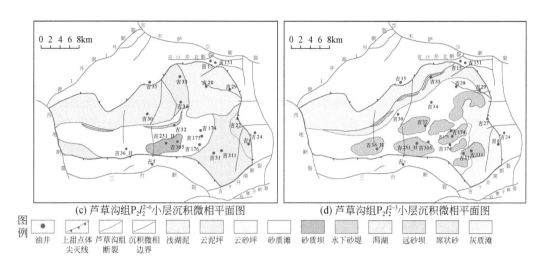

(c) 芦草沟组P$_2$l$_2^{2-6}$小层沉积微相平面图　　(d) 芦草沟组P$_2$l$_2^{2-3}$小层沉积微相平面图

图例　油井　上甜点体尖灭线　芦草沟组断裂　沉积微相边界　浅湖泥　云泥坪　云砂坪　砂质滩　砂质坝　水下砂堤　潟湖　远砂坝　席状砂　灰质滩

图 1.8　芦草沟组上下甜点体不同层位沉积微相分布

第四节　多源混合沉积模式

张锦泉和叶红专（1989）认为对碳酸盐与陆源碎屑的混合沉积研究具有重要意义。目前针对混合沉积模式的研究主要集中于滨海台地、淡水湖盆等陆源碎屑沉积与碳酸盐沉积并存的相带内。本节针对芦草沟组混合沉积具有多因素、多物源、空间变化频繁的特征，在混合沉积类型及主控因素研究的基础上，提出了芦草沟组多源同期、混合沉积的规律，以期能够为咸化湖致密储层不同岩性的空间分布预测提供理论支持。

一、混积岩类型

混积岩是混合沉积最为典型的产物。在吉木萨尔凹陷芦草沟组中，正混积岩是最具代表性的多物源混合沉积产物。除正混积岩外，芦草沟组也大量发育三组分两两混合所形成的混积岩，垂向上在各个层段内均有分布，具有多种沉积构造和沉积特征，矿物组分的含量受优势沉积物源控制作用明显。同一沉积期内，在湖盆的不同位置受沉积物源的控制可沉积各组分含量差异很大的岩性。在近陆源物源区，陆源碎屑组分含量高，碳酸盐组分含量低；靠近湖盆物源区则反之，而火山物源则受到间歇性活动火山喷发事件的影响。白云质粉砂岩、凝灰质粉砂岩、粉砂质白云岩都属于典型的双组分混积岩。

白云质粉砂岩：代表了以陆源物源为主，盆内物源为辅的沉积特征，陆源物源作为优势物源，向湖盆注入陆源碎屑组分的同时，咸化湖盆沿岸暴露蒸发环境下的毛细管白云石化作用又提供了碳酸盐岩组分，构成了芦草沟组致密油储层甜点的主要岩性［图 1.9（a）］。

凝灰质粉砂岩：凝灰质组分全部来自经风力搬运的火山碎屑物质，此种岩性表明两种物源所供给的碎屑组分在湖盆中同时沉积，在近陆源物源区主要发育凝灰质粉砂岩，当凝灰质组分在湖盆中沉降时，则会沉积形成正混积岩。

粉砂质白云岩：咸化湖盆内部沉积的文石及高镁方解石所形成的微层状碳酸盐层在有少量陆源碎屑沉积的条件下即可形成，在上甜点体干旱环境大面积蒸发时，如果沉积期陆源碎屑供给程度弱或沉积位置距离陆源物源区较远，优势物源转变为盆内物源，则会大量生成含长石、岩屑的粉砂质白云岩［图1.9（b）］。

生物灰岩基本不受陆源物源和火山物源的影响，而泥灰岩更多的是体现出一种浅湖-半深湖沉积环境下细粒陆源碎屑组分与碳酸盐岩组分的混积和过渡，黏土岩随着陆源碎屑的注入以悬浮方式在浅湖-半深湖沉积环境与碳酸盐岩同时沉积，体现出了湖盆物源和陆源物源共同控制的混合沉积特征［图1.9（c）］。

沉凝灰岩及粉砂质沉凝灰岩以火山物源为主，经风力搬运火山碎屑物质形成［图1.9（d）］。

(a) 白云质粉砂岩夹纹层状薄层粉晶
白云岩,吉251井,3766.29m,铸体薄片

(b) 纹层状含陆屑粉砂质泥晶白云岩,
吉31井,2719.7m,铸体薄片

(c) 含陆屑泥灰岩,吉174井,3113.34m,
铸体薄片

(d) 含陆屑粉砂质沉凝灰岩,吉174井,
3190.57m,铸体薄片

图1.9 芦草沟组混积岩发育特征

二、混积层系

整体上看，芦草沟组在垂向上体现出一套完整的湖退-湖侵序列，自下而上湖平面首先逐渐降低，使得芦一段2砂组整体上以入湖三角洲沉积为主，随后湖平面快速上升，在芦一段1砂组沉积大套泥岩，至芦二段2砂组沉积期湖平面开始缓慢下降，湖盆周缘沉积微相转变为滩坝、云坪等。

岩心及岩石薄片观察表明，芦一段 2 砂组、芦二段 2 砂组岩性垂向转换极快，单一岩性层通常为厘米级，且不同岩性间接触关系复杂（图 1.10）。除芦一段 2 砂组不同层位出现火山碎屑组分外，其余主要受盆内物源及陆源物源的控制，体现出陆源碎屑与碳酸盐交互沉积的特征。芦草沟组混积层系主要为陆源碎屑岩–碳酸盐岩层系、陆源碎屑岩–火山碎屑岩–混积岩层系、碳酸盐岩–混积岩层系。

（一）陆源碎屑岩–碳酸盐岩层系

该类混积层系主要发育于芦二段 2 砂组内，白云质粉砂岩与粉砂质白云岩、泥晶白云岩互层，受控于气候、湖平面短期波动和物源的变化。陆源碎屑岩类主要分布于靠近陆源物源区的砂质滩坝微相中，而在远离陆源物源区的湖盆周缘蒸发带，则更多地以云坪微相为主，咸化湖的 K^+、Mg^{2+} 为白云岩的形成提供了物质基础，萨布哈环境下强烈的毛细管白云石化作用（蒸发泵作用）为白云岩的形成提供了沉积条件，湖浪、沿岸流等携带少量的陆源碎屑物质在云坪微相再次沉积时，就会形成以白云岩类夹薄层砂的混合沉积［图 1.10（a）~（c）］；湖平面的短期波动会形成滩坝微相，展现出陆源碎屑岩夹薄层碳酸盐岩的混合沉积特征。该类混积层系包括：白云质粉砂岩–粉砂质白云岩–泥晶白云岩过渡式混积［图 1.10（d）］；白云质粉砂岩、薄层粉砂质白云岩、泥晶白云岩高频率薄互层沉积［图 1.10（e）］；泥晶白云岩–白云质粉砂岩突变式接触混积［图 1.10（f）］。

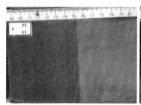

(a) 泥岩与白云质粉砂岩呈突变式接触关系，吉174井，3136.42m　(b) 白云质粉砂岩、泥岩、泥晶白云岩呈渐变接触关系，吉174井，3124.48m　(c) 白云岩类夹薄层粉砂，粉砂岩含油性好，吉174井，3136.57m　(d) 灰质/白云质粉砂岩与粉砂质白云岩、泥晶白云岩过渡式混积，粉砂岩相对含油性好，吉174井，3140.89m

(e) 白云质粉砂岩与粉砂质白云岩高频薄互层，吉174井，3150.43m　(f) 泥晶白云岩与白云质粉砂岩突变接触，白云质粉砂岩含油性好，吉174井，3146.75m　(g) 白云质粉砂岩夹凝灰质粉砂岩，凝灰质粉砂岩含油性好，吉174井，3264.67m　(h) 泥晶白云岩夹薄层混积岩，吉174井，3176.15m

图 1.10 芦草沟组混积层系发育特征

（二）陆源碎屑岩–火山碎屑岩–混积岩层系

该类混积层系主要发育于芦一段 2 砂组内，三角洲陆源碎屑组分与间歇性火山活动提供的火山碎屑组分及碳酸盐组分交互沉积，形成了相对厚层的白云质粉砂岩夹薄层凝灰质粉砂岩、沉凝灰岩、正混积岩的垂向岩性组合［图 1.10（g）］。

(三) 碳酸盐岩-混积岩层系

该类混积层系较少见，发育在芦二段2砂组内，岩性组合比较简单，以泥晶白云岩或灰岩夹薄层混积岩为主，陆源碎屑组分含量极低，通常形成在远离陆源物源的湖盆宽缓斜坡带上 [图1.10 (h)]。

三、混合沉积成因类型

Mount (1984) 在提出混积岩概念的同时也在海相浅水陆棚环境中提出了原地混合、母源混合、间断混合和相混合四种类型，其他学者都是在此基础上结合不同地区的混合沉积特征提出相应的混积成因类型划分方案。

通过混积岩及混积层系特征的研究，可知芦草沟组具有火山、湖盆及陆源三个物源，并且在气候等因素的影响下，沉积期内优势物源变换频繁。基于混积岩组分、物源变化和沉积环境等因素分析，提出了以准噶尔盆地吉木萨尔凹陷芦草沟组为代表的陆相咸化湖盆的混合沉积类型分类方案，将芦草沟组混合沉积类型划分为原地混合、渐变式母源混合及相缘混合3种 (图1.11)。

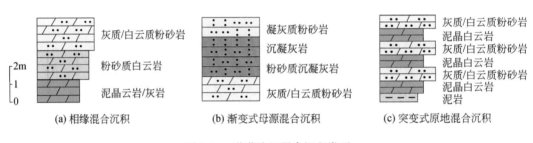

图1.11　芦草沟组混合沉积类型

(一) 原地混合沉积

原地混合主要是指在湖盆周缘混合沉积环境下形成的原地沉积。咸化湖盆内水体清浅的缓坡位置通常会沉积一定量的碳酸盐沉积物，在陆源碎屑物质供给较为充足的情况下，会形成滨湖-浅湖砂质滩坝与碳酸盐沉积物的混合沉积体系。当湖平面降低时，滨湖宽缓斜坡带会大面积地处于暴露蒸发环境下，随即强烈的毛细管白云石化作用所形成的白云岩会与砂质滩坝在原地混合沉积下来，形成在滨湖区域陆源碎屑组分与碳酸盐组分同时沉积的格局。根据岩心观察不同岩性间的接触关系，将原地混合沉积划分为渐变式原地混合沉积与突变式原地混合沉积两种具体的类型。

渐变式原地混合沉积在上甜点体和下甜点体均较为常见，并且具有厚度变化不大、横向分布稳定的特点。该类型混合沉积主要发育在凹陷中南部及东南部靠近陆源物源的区域内。岩心观察表明，吉251、吉32、吉37、吉174等分布在凹陷东南部的取心井在上甜点体和下甜点体均有典型的渐变式原地混合沉积发育 (图1.12)。

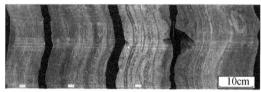
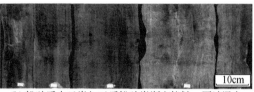

(a) 泥晶白云岩-粉砂质白云岩-云质粉砂岩渐变接触，原地混合沉积，吉251井，3621.95~3622.46m，上甜点体

(b) 粉砂质白云岩与云质粉砂岩渐变接触，原地混合沉积，吉176井，3171.69~3172.52m，下甜点体

(c) 泥晶白云岩-粉砂质白云岩-泥岩先渐变接触后转为突变接触，夹薄层白云质粉砂岩，原地混合沉积，吉37井，2854.03~2854.5m，上甜点体

(d) 粉砂质白云岩、白云质粉砂岩薄互层，接触关系复杂，吉37井，2859.09~2859.37m，上甜点体

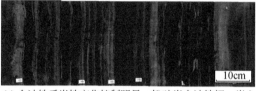

(e) 含油性受岩性变化控制明显，粉砂岩含油性好，岩心可见明显突变接触关系，吉31井，2722.38~2723.2m

(f) 泥晶白云岩与白云质粉砂岩突变接触，吉31井，2844.79~2845.31m，上甜点体

(g) 深灰色白云质粉砂岩与泥晶白云岩突变接触，百吉174井，3169.52~3169.75m，上甜点体

图 1.12 突变式与渐变式原地混合沉积岩心照片

突变式原地混合沉积实质上是湖平面变化导致的沉积环境与物源变化在滨湖宽缓斜坡带叠加综合作用的结果。岩性主要为由云岩类与碎屑岩类构成的混积岩（白云质粉砂岩、粉砂质白云岩）或混积层系（泥晶白云岩与粉砂岩过渡式接触）。突变式原地混合沉积更多地发育在上甜点体内，在下甜点比较少见，原因是下甜点体为三角洲沉积背景，砂体较厚，具有较为持续的陆源碎屑注入，因此难以形成具有突变式接触关系的岩性组合。而上甜点体沉积微相主要为滩坝及云坪沉积，受湖平面变化控制作用明显，在岩心上具有明显的突变接触特征，且岩性间含油性差异极大，同样体现了含油性突变的特征（图 1.12），吉 31、吉 174 井在 $P_2l_2^2$ 砂组中上部能够明显见到云坪沉积微相内白云岩与粉砂岩的突变接触，在近物源区岩性横向连续性较好，表明上甜点体的中上部云坪微相内是突变式原地混合沉积的主要发育层位。对于空间分布特征，突变式原地混合主要为短期内湖平面频繁波动所导致的陆源碎屑岩类与碳酸盐岩类交替沉积并呈突变接触的混积薄互层系，因此在上甜点体局部层段具有白云质粉砂岩、泥晶白云岩、泥灰岩等高频薄互层的特征。相应垂向上沉积微相的变化以云坪—砂质滩之间的变化为主，并且通常为原地沉积，并未受到波浪

的再次搬运,这一特征在芦二段 2 砂组东南部取心井的岩心上尤为明显。

(二) 渐变式母源混合沉积

渐变式母源混合沉积既强调了多种物源并存的混积特征,又表明了复杂岩性的接触关系。母源混合沉积为多种物源同时沉积的特征,多种矿物组分呈渐变式接触。在芦一段 2 砂组,沉凝灰岩或凝灰质粉砂岩为主的地层代表了火山与陆源两种母源的混积。

火山灰以风运湖沉的沉积方式在整个湖泊范围内发生沉积,垂向上在近湖盆中心位置岩性组合体现为泥岩夹薄层凝灰质粉砂岩,在近陆源区域则表现为白云质粉砂岩–粉砂质沉凝灰岩–沉凝灰岩–凝灰质粉砂岩渐变过渡高度混合的沉积特征(图 1.13)。平面上,该类型在吉 251 井、吉 174 井、吉 32 井均可见到。在湖盆中心沉凝灰岩与泥岩形成的混积层系内,薄片中可见藻类生物,说明火山碎屑组分所含有的各类矿物能够在一定程度上使沉积期内的生物更加繁盛,进而使得烃源岩有机质更加富集。

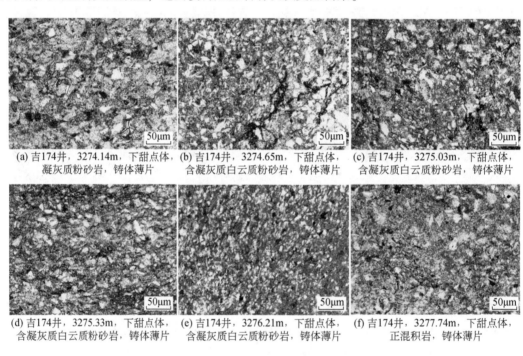

(a) 吉174井,3274.14m,下甜点体,凝灰质粉砂岩,铸体薄片　(b) 吉174井,3274.65m,下甜点体,含凝灰质白云质粉砂岩,铸体薄片　(c) 吉174井,3275.03m,下甜点体,含凝灰质白云质粉砂岩,铸体薄片

(d) 吉174井,3275.33m,下甜点体,含凝灰质白云质粉砂岩,铸体薄片　(e) 吉174井,3276.21m,下甜点体,含凝灰质白云质粉砂岩,铸体薄片　(f) 吉174井,3277.74m,下甜点体,正混积岩,铸体薄片

图 1.13　渐变式母源混合沉积特征图片

芦二段 2 砂组主要为以陆源及盆内物源两种母源形成的混合沉积,碳酸盐沉积物与陆源碎屑在缓坡带形成滩坝与灰质滩、云坪混合沉积体系。纵向上可见正韵律特征,泥晶白云岩、粉砂质白云岩、灰质白云质粉砂岩渐变式过渡。在吉 251 井、吉 32 井、吉 37 井、吉 174 井等凹陷东南部的取心井的上甜点体岩心均可见到。

(三) 相缘混合沉积

相缘混合是指不同沉积微相接触带或过渡区所发生的混合沉积,既存在混积岩,也存在碳酸盐岩与碎屑岩构成的混积层系,在芦二段 2 砂组和芦一段 2 砂组均较常见。优势物源控制了湖盆优势沉积微相的分布，并间接控制了相缘的混积成分。在上甜点体，相缘混合区域离陆源物源所形成的砂质滩坝越近，其沉积特征越接近滩坝，陆源碎屑组分含量越高，离滨湖带蒸发暴露环境下的云坪越近，其沉积特征则越接近云坪，相应碳酸盐组分越高。

滨浅湖沉积环境中云砂坪、云泥坪是典型的云坪、滩坝及浅湖泥微相相缘混合的产物，平面上主要分布在吉174井、吉32井、吉30井、吉23井等附近近北西向区域内，通常在相接触带整体呈条带状分布。而下甜点体则主要沿吉174井、吉32井、吉36井、吉31井一带沉积，岩心可见滨湖与三角洲多种沉积微相之间的相缘混合沉积。

以芦二段2砂组2小层为例，该小层南部以陆源碎屑微相为主［图1.14（a）~（d）］，东部以碳酸盐岩微相为主［图1.14（e）(f)］，因此在东南部形成了滨浅湖相缘混合沉积（图1.14），南西—北东方向吉25井—吉31井—吉174井—吉27井镜下能够明显看出陆源碎屑组分逐渐减少，碳酸盐岩组分逐渐增加（图1.14），吉174井—吉27井东南部区域是碳酸盐岩微相与陆源碎屑岩微相混合沉积发育区；东西方向吉27井—吉32井—吉30镜下能够清晰看出碳酸盐组分逐渐减少［图1.14（e）~（g）］。因此，垂向上相缘混合沉积主要发育在芦二段2砂组上甜点体内，平面上在吉174井、吉32井、吉30井、吉23井等近北西向区域内，通常发育在相接触带，呈条带状分布。

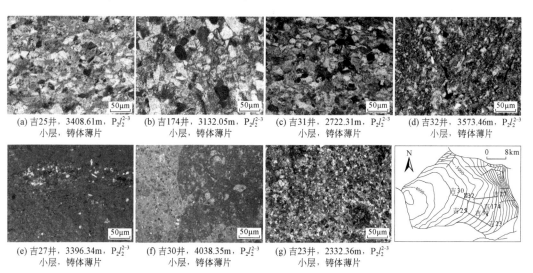

(a) 吉25井，3408.61m，$P_2l_2^{2-3}$　(b) 吉174井，3132.05m，$P_2l_2^{2-3}$　(c) 吉31井，2722.31m，$P_2l_2^{2-3}$　(d) 吉32井，3573.46m，$P_2l_2^{2-3}$
小层，铸体薄片　　　小层，铸体薄片　　　小层，铸体薄片　　　小层，铸体薄片

(e) 吉27井，3396.34m，$P_2l_2^{2-3}$　(f) 吉30井，4038.35m，$P_2l_2^{2-3}$　(g) 吉23井，2332.36m，$P_2l_2^{2-3}$
小层，铸体薄片　　　小层，铸体薄片　　　小层，铸体薄片

图1.14　相缘混合沉积特征及碳酸盐组分含量变化

四、古盐度

多种沉积物源形成的混合沉积在空间上分布跨度大，且控制混合沉积的因素较多，在沉积期内，多种控制因素共存且互相影响，共同发挥作用。通过对芦草沟组混积岩及混积层系的研究，认为造成岩石成分复杂、高频变换的最主要因素是古气候和古湖平面变化，特别是湖泊系统对气候变化更为敏感。因此通过有效地、准确地推算古盐度变化，进而分

析湖泊系统的演化，对恢复混合沉积期内古气候、古环境意义重大。

刘宝珺和曾允孚（1985）提及古盐度恢复和评价的方法主要有锶钡比值法、钾钠法、硼元素法、碳氧稳定同位素等地球化学方法。为了更准确地对古盐度进行恢复，结合吉木萨尔凹陷咸化湖沉积实际情况，优选碳氧稳定同位素法和锶钡比法对吉木萨尔凹陷芦草沟组进行了古盐度的恢复和主要特征的描述。

（一）碳氧稳定同位素法

1964 年 Keith 和 Weber 在对数百个侏罗纪以来沉积的海相灰岩和淡水灰岩同位素测定的基础上，提出了一个同位素系数（Z）的经验公式：$Z=2.048(\delta^{13}C+50)+0.498(\delta^{18}O+50)$，若 $Z>120$，则为海相灰岩；若 $Z<120$，则为淡水灰岩（湖相碳酸岩）。由于 $\delta^{13}C$ 和 $\delta^{18}O$ 与盐度呈正相关关系，Z 同样也与盐度呈正相关关系。

依据芦草沟组岩心样品碳氧稳定同位素测试结果，对芦二段 2 砂组（上甜点体）、芦一段 1 砂组（甜点体间）和芦一段 2 砂组（下甜点体）进行了 Z 值的计算，上下甜点体与甜点体间的 Z 平均值分别为 141.6、139.3 和 137.2，碳氧稳定同位素法计算的 Z 值结果表明芦草沟组整体处于较高盐度的沉积环境（图 1.15）。

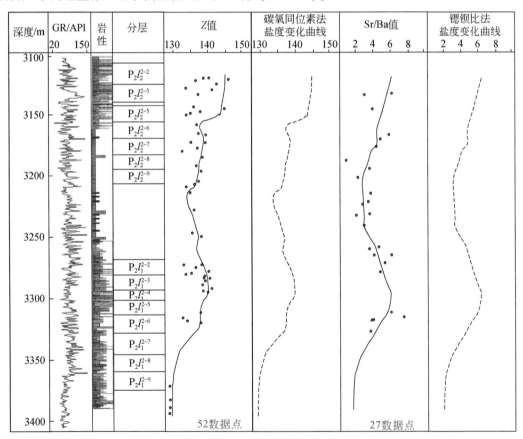

图 1.15　芦草沟组不同方法恢复古盐度变化趋势图

(二) 锶钡比法

不同沉积环境中，地球化学作用的差异会导致锶和钡元素发生分离。通常在沉积环境中，Ba^{2+} 与 SO_4^{2-} 会结合生成 $BaSO_4$ 沉淀，而由于锶元素迁移能力强会继续迁移，因此沿盐度升高方向，锶钡比值 (Sr/Ba) 会逐渐增加。

通过对芦草沟组的锶、钡元素及锶钡比值进行统计计算，结果表明，上甜点体、甜点体间和下甜点体的锶钡比平均值分别为4.1、3.6和5.3。由于锶钡比值具有随盐度增高而增大的趋势，王益友等 (1979) 认为锶钡比值大于1时，属于咸水沉积环境。吉木萨尔凹陷芦草沟组锶钡比值除个别岩性小于1外，其余岩性的锶钡比值均大于1，反映整体古盐度较高。锶钡比法所恢复的古盐度变化趋势与碳氧稳定同位素法确定的古盐度变化趋势一致 (图1.15)。

锶钡比法与碳氧稳定同位素法所恢复的古盐度均能够表明芦草沟组沉积期湖泊整体处于高盐度的环境中，湖泊盐度自下而上具有高–低–高的变化特征。此外，由于准噶尔盆地二叠纪发生过强烈的火山作用，当火山活动剧烈时，地层中火山碎屑含量会相应增大。垂向上对火山碎屑含量进行统计表明，当火山碎屑含量较高时，湖水盐度也相应处于高位，当火山碎屑含量降低时，湖水盐度也较低，两者具有一定的相关关系，表明碱性火山凝灰质成分可能在一定程度上会通过释放 Na^+ 和 K^+ 增大湖水的盐度。

五、湖平面变化

(一) 湖平面上超点识别

气候对湖泊蒸发量和注入量的影响控制着湖平面的变化，进而湖平面变化在平面上控制了混合沉积相带的分布，垂向上又影响着不同岩性间的接触关系。因此，利用可靠标志较为准确地推算湖平面变化对于湖泊混合沉积的研究非常重要。诸多学者通过对湖盆露头剖面进行分析，利用上超点的概念重建了不同湖盆湖平面的演变历史，从理论上支撑了地震剖面上超点反演湖平面变化的可行性。

对地震剖面地层结构的详细解剖是进行湖平面变化分析的基础。根据地震剖面地震反射终端特征识别层序界面和体系域界面是分辨不同类型上超点的基础。不同类型的上超点对应于不同的湖平面变化特征。湖平面相对上升的可靠标志是湖岸上超向陆的迁移；湖平面相对静止的可靠标志是湖岸沉积物的顶超现象；湖平面相对下降的可靠标志是湖岸上超向湖盆中央的迁移。基于上述理论基础，在本次研究中，首先通过地震剖面地震反射终端特征来识别层序界面，然后在体系域界面上进行上超点识别，最终通过上超点的迁移方向判断湖平面的变化趋势。

由于芦草沟组沉积期内构造比较稳定，湖盆东南缘属于一个宽缓斜坡带，在南北向地震剖面上共识别出11个滨岸上超点 (图1.16)。基于上超点识别及单井层序划分，又将芦草沟组细分为四个体系域，自下而上分别为下降体系域、低位体系域、湖侵体系域和高位体系域。下降体系域主要包括芦一段2砂组的9小层~5小层，在该体系域内湖平面逐渐下降，岸线向湖盆中心迁移；低位体系域主要包括芦一段 2 砂组的 4 小层 ~ 1 小层，该体系域内湖平面降至最低点，湖面范围最小；湖侵体系域主要包括芦一段 1 砂组及芦二段 2 砂组 7 小层 ~ 9 小层，在此阶段内湖平面快速上升，分析可能在芦二段 2 砂组湖平面达到最高，结合岩心及分层，在芦二段 2 砂组 6 小层附近湖平面达到最大并开始逐渐下降，岸线开始向湖盆中心方向迁移。高位体系域主要包括芦二段 2 砂组 6 小层 ~ 1 小层，湖平面开始缓慢下降，岸线向盆地方向迁移（图 1.17）。

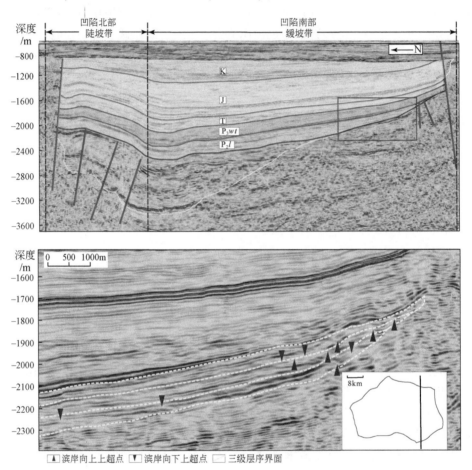

图 1.16　芦草沟组地震剖面特征及上超点识别

（二）湖平面变化特征

如图 1.17 所示，研究区芦草沟组湖平面变化趋势垂向上近似于正弦曲线，自下而上先后经历了湖平面逐渐下降到最低并开始上升，在芦二段上升到最大后开始缓慢下降的过程。这一变化趋势与湖水盐度的变化特征也有较好的相关关系，当湖平面上升到最大时，湖水盐度最低，当湖平面处于低位时，湖水盐度相应较高。

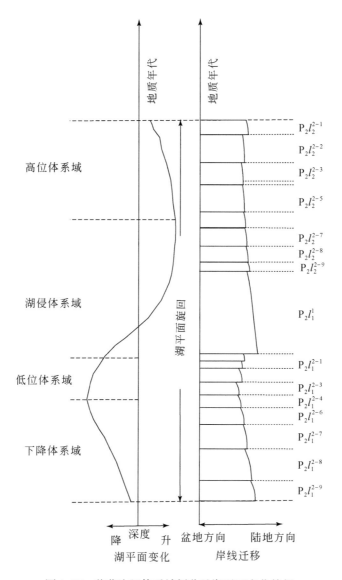

图 1.17　芦草沟组体系域划分及湖平面变化特征

六、混合沉积模式

（一）芦一段 2 砂组混合沉积模式

气候通过对湖泊的蒸发量和注入量的影响进而控制湖平面变化，湖平面变化控制着混合沉积相带的平面分布。在芦草沟组内部普遍发育受岩性控制的物性较好、厚度较薄的储层，在空间上相对集中发育时，则形成芦草沟组的物性甜点。芦一段 2 砂组（下甜点体）与芦二段 2 砂组（上甜点体）在岩性、微相、矿物组分等方面存在明显的差异。受三角洲沉积影响，下甜点体以细粒级碎屑岩沉积为主，含少量的白云岩类与泥岩类。

芦一段 2 砂组发育南、北两个物源，南北向取心井剖面物源分析表明南部三角洲物源供给充足，沉积砂体厚度大，自南向北砂体厚度逐渐变薄至尖灭；同期北部物源规模较小，垂向砂体厚度较薄。

在位于凹陷南部的三角洲沉积体系内，靠近陆源物源的三角洲砂体较厚，伴随着事件性火山喷发的影响，三角洲砂体中间夹杂有事件性沉积的薄层沉凝灰岩，或凝灰质组分与陆源碎屑组分同时沉积形成的凝灰质粉砂岩。从陆源物源向湖盆中心方向依次发育远砂坝、席状砂、灰质滩、浅湖-半深湖泥等微相，在最高湖平面与最低湖平面之间的三角洲外前缘及两侧湖浪及沿岸流改造形成的砂质滩是混合沉积的主要发育区（图 1.18），三种物源组分同期沉积，水动力及湖平面变化是最主要的控制因素。

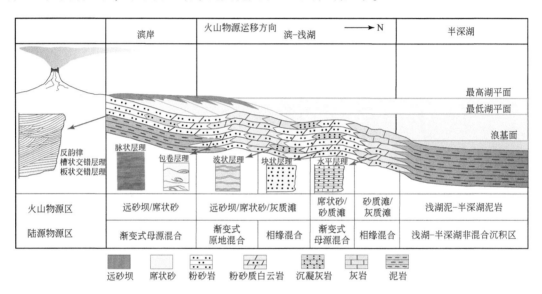

图 1.18 芦一段 2 砂组（下甜点体）沉积模式

当湖平面降低陆源向湖中心迁移时，在近陆源区会形成以陆源碎屑岩为主，夹火山碎屑岩及正混积岩的母源混积层系，近盆内物源区会形成碳酸盐组分占主体的相缘混积层系。

（二）芦二段 2 砂组混合沉积模式

与芦一段 2 砂组（下甜点体）相比，位于芦二段 2 砂组内的上甜点体混合沉积特征更为明显，岩性上更多为粉砂岩类与碳酸盐岩类的交替沉积或同期沉积，矿物成分含量变化范围更大，更为复杂，其中白云质粉砂岩、粉砂质白云岩、泥晶白云岩构成了致密储层的主体，碳酸盐岩所占比例明显高于下甜点体。

芦二段 2 砂组沉积期主要的物源方向转变为凹陷东南部，陆源物源规模较小，湖盆周缘主要发育云砂坪、云坪、砂质滩坝、潟湖等微相类型。沉积期内火山活动不活跃，气候较为干旱，优势物源在盆内物源与陆源物源之间变化，横向上根据混合沉积环境将滨浅湖分为未暴露的滨湖带、最高-最低湖平面之间间歇暴露的周期蒸发带和长期暴露的常年蒸发带（图1.19）。滨湖带与周期蒸发带是上甜点体最主要的混积发育区，以相缘混合及母源混合为主。在靠近陆源物源区的常年蒸发带，白云岩化作用强烈，形成泥晶白云岩与白云质粉砂岩构成的突变式原地混合。

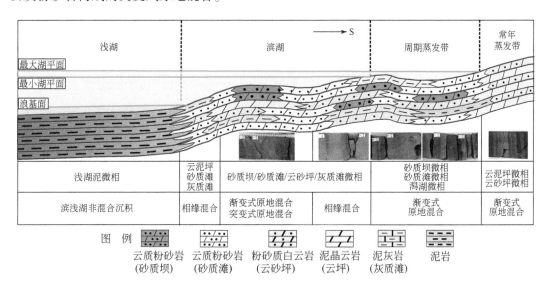

图1.19　芦二段2砂组（上甜点体）沉积模式

下甜点体混合沉积形成于火山物源与陆源物源共同作用的供给过程中，受控于物源及湖平面变化，在经过甜点体间低位体系域半深湖泥岩沉积后，上甜点体整体处于滨浅湖大面积蒸发暴露的环境，此时混合沉积的主控因素转变为气候、物源及水动力条件。整体而言，芦草沟组多物源同期沉积是形成混合沉积的最主要因素，混合沉积模式对岩石类型、有效储层及含油性的空间分布具有明显的控制作用。

陆表海、浅海陆棚等环境内混积岩厚度大、生物碎屑含量高，而芦草沟组咸化湖混合沉积受湖平面、气候及物源的控制更为明显，且由于咸化湖水体闭塞，水动力较弱，在物源规模有限的条件下陆源碎屑岩向湖盆内延伸距离短，并伴随着湖盆碳酸盐岩的大面积沉积及间歇性的火山活动，储层整体具有粒度细、单层薄、薄互层频繁变化的特征。生产实践表明，陆相咸化湖多物源沉积形成的混积岩及混积层系能够成为非常规油气储集层。

参 考 文 献

白斌，朱如凯，吴松涛，等.2013.利用多尺度CT成像表征致密砂岩微观孔喉结构［J］.石油勘探与开发，40（3）：329-333.

曹喆，柳广弟，柳庄小雪，等.2014.致密油地质研究现状及展望［J］.天然气地球科学，25（10）：1499-1508.

丁一，李智武，冯逢，等.2013.川中龙岗地区下侏罗统自流井组大安寨段湖相混合沉积及其致密油勘探意义［J］.地质论评，59（2）：389-400.

董桂玉，陈洪德，何幼斌，等.2007.陆源碎屑与碳酸盐混合沉积研究中的几点思考［J］.地球科学进展，22（9）：931-939.

董桂玉，陈洪德，李君文，等.2009.环渤海湾盆地寒武系混合沉积研究［J］.地质学报，83（6）：

800-811.

董艳蕾，朱筱敏，滑双君，等 . 2011. 黄骅坳陷沙河街组一段下亚段混合沉积成因类型及演化模式 [J].
　　石油与天然气地质，32（1）：98-106.

冯进来，曹剑，胡凯，等 . 2011a. 柴达木盆地中深层混积岩储层形成机制 [J]. 岩石学报，027（08）：
　　2461-2472.

冯进来，胡凯，曹剑，等 . 2011b. 陆源碎屑与碳酸盐混积岩及其油气地质意义 [J]. 高校地质学报，
　　17（2）：297-307.

冯有良，张义杰，王瑞菊，等 . 2011. 准噶尔盆地西北缘风城组白云岩成因及油气富集因素 [J]. 石油勘
　　探与开发，38（6）：685-692.

蒋宜勤，柳益群，杨召，等 . 2015. 准噶尔盆地吉木萨尔凹陷凝灰岩型致密油特征与成因 [J]. 石油勘探
　　与开发，42（6）：741-749.

匡立春，孙中春，欧阳敏，等 . 2013. 吉木萨尔凹陷芦草沟组复杂岩性致密油储层测井岩性识别 [J]. 测
　　井技术，37（6）：638-642.

刘宝珺，曾允孚 . 1985. 岩相古地理基础与工作方法 [M]. 北京：地质出版社 .

罗顺社，刘魁元，何幼斌，等 . 2004. 渤南洼陷沙四段陆源碎屑与碳酸盐混合沉积特征与模式 [J]. 江汉
　　石油学院学报，26（4）：19-21.

马克，侯加根，刘钰铭，等 . 2017. 吉木萨尔凹陷二叠系芦草沟组咸化湖混合沉积模式 [J]. 石油学报，
　　38（6）：636-648.

沙庆安 . 2001. 混合沉积和混积岩的讨论 [J]. 古地理学报，3（3）：65-66.

邵雨，杨勇强，万敏，等 . 2015. 吉木萨尔凹陷二叠系芦草沟组沉积特征及沉积相演化 [J]. 新疆石油地
　　质，36（6）：635-641.

史忠生，陈开远，史军，等 . 2003. 运用锶钡比判定沉积环境的可行性分析 [J]. 断块油气田，10（2）：
　　12-16.

斯春松，陈能贵，余朝丰，等 . 2013. 吉木萨尔凹陷二叠系芦草沟组致密油储层沉积特征 [J]. 石油实验
　　地质，235（5）：528-533.

宋国奇，王延章，石小虎，等 . 2013. 东营沙四段古盐度对碳酸盐岩沉积的控制作用 [J]. 西南石油大学
　　报（自然科学版），35（2）：8-14.

王成云，匡立春，高岗，等 . 2014. 吉木萨尔凹陷芦草沟组泥质岩类生烃潜力差异性分析 [J]. 沉积学
　　报，32（2）：385-390.

王金友，张立强，张世奇，等 . 2013. 陆济阳坳陷沾化凹陷沙二段湖相混积岩沉积特征及成因分析—以罗
　　家–邵家地区为例 [J]. 地质论评，59（6）：1085-1096.

王敏芳，黄传炎，徐志诚，等 . 2006. 综述沉积环境中古盐度的恢复 [J]. 新疆石油天然气，2（1）：
　　8-12.

王晓琦，孙亮，朱如凯，等 . 2013. 利用电子束荷电效应评价致密储集层储集空间——以准噶尔盆地吉木
　　萨尔凹陷二叠系芦草沟组为例 [J]. 石油勘探与开发，40（3）：329-333.

王新民，宋春晖，师永民，等 . 1997. 青海湖现代沉积环境与沉积相特征 [J]. 沉积学报，15（5）：
　　157-162.

王益友，郭文莹，张国栋，等 . 1979. 几种地球化学标志在金湖凹陷阜宁群沉积环境中的应用 [J]. 同济
　　大学学报，51-60.

王越，陈世悦，张关龙，等 . 2017. 咸化湖盆混积岩分类与混积相带沉积相特——以准噶尔盆地南缘芦草
　　沟组与吐哈盆地西北缘塔尔朗组为例 [J]. 石油学报，38（9）：1021-1035, 1065.

吴靖，姜在兴，童金环，等 . 2016. 东营凹陷古近系沙河街组四段上亚段细粒沉积岩沉积环境及控制因素 [J].

石油学报，37（4）：464-473.

吴伟，林畅松，董伟，等. 2011a. 辽中凹陷古近系东营组高精度层序地层及沉积体系分析［J］. 地质科技情报，31（1）：63-70.

吴伟，林畅松，刘景彦，等. 2011b. 利用上超点法重建渤海湾盆地辽中凹陷渐新世湖平面变化［J］. 沉积学报，29（6）：1115-1121.

张锦泉，叶红专. 1989. 论碳酸盐与陆源碎屑的混合沉积［J］. 成都地质学院学报，16（2）：87-92.

张锦泉，叶红专. 2000. 论碳酸盐与陆源碎屑的混合沉积［J］. 成都地质学院学报，16（2）：87-92.

张雄华. 1989. 混积岩的分类和成因［J］. 地质科技情报，19（4）：31-34.

张金川，金之钧，庞雄奇. 2000. 深盆气成藏条件及其内部特征［J］. 石油实验地质，22（3）：210-214.

郑德顺，程涌，李明龙，等. 2014. 济源盆地中侏罗统马凹组上段混合沉积特征及其控制因素［J］. 沉积与特提斯地质，35（1）：102-108.

Armitage J P, Worden H R, Faulkner R D, et al. 2010. Diagenetic and sedimentary controls on porosity in Lower Carboniferous fine-grained lithologies, Krechba field, Algeria: a petrological study of a caprock to a carbon capture site［J］. Marine and Petroleum Geology, 27: 1395-1410.

Bjørlykke K, Jahren J. 2012. Open or closed geochemical systems during diagenesis in sedimentary basins: constraints on mass transfer during diagenesis and the prediction of porosity in sandstone and carbonate reservoirs［J］. AAPG Bulletin, 96（12）: 2193-2214.

Brooks G R, Doyle L J, Suthard B C, et al. 2003. Facies architecture of the mixed carbonate/siliciclastic inner continental shelf of west-central Florida: Implications for Holocene barrier development［J］. Marine Geology, 200（1-4）: 325-349.

Bruce S H. 2006. Seismic expression of fracture-swarm sweet spots, Upper Cretaceous tight-gas reservoirs, San Juan Basin［J］. AAPG Bulletin, 90（10）: 1519-1534.

Campbell A E. 2005. Shelf-geometry response to changes in relative sea level on a mixed carbonate-siliciclastic shelf in the Guyana Basin［J］. Sedimentary Geology, 175（1-4）: 259-275.

Curtis M E, Sondergeld C H, Ambrose R J, et al. 2012. Microstructural investigation of gas shales in two and three dimensions using nanometer-scale resolution imaging［J］. AAPG Bulletin, 96（4）: 665-677.

Davis R A, Cuffe C K, Katherine A, et al. 2003. Stratigraphic models for microtidal tidal deltas: examples from the Florida Gulf coast［J］. Marine Geology, 200（1-4）: 49-60.

Favvas E P, Sapalidis A A, Stefanopoulos K L, et al. 2009. Characterization of carbonate rocks by combination of scattering, porosimetry and permeability techniques［J］. Microporous Mesoporous Mater, 120（1-2）: 109-114.

Fic J, Pedersen P K. 2013. Reservoir characterization of a "tight" oil reservoir, the middle Jurassic Upper Shaunavon member in the Whitemud and Eastbrook pools, SW. Sask［J］. Marine Petroleum Geology, 44: 41-59.

Francis J M, Dunbar G B, Dickens G R, et al. 2007. Siliciclastic sediment across the north Queensland Margin (Australia): a Holocene perspective on reciprocal versus coeval deposition in tropical mixed siliciclastic-carbonate systems［J］. Journal of Sedimentary Research, 77（7-8）: 572-586.

Friedman N, O'Neil J R. 1977. Compilation of stable isotope fractionation factor［J］. U. S. Geological Survey Professional Paper, 440-KK.

Garcia-Hidalgo J F, Gil J, Segura M, et al. 2007. Internal anatomy of a mixed siliciclastic-carbonate platform: the Late Cenomanian-Mid Turonian at the southern margin of the Spanish Central System［J］. Sedimentology, 54（6）: 1245-1271.

Holmes C W. 1983. Carbonate and siliciclastic deposits on slope and abyssal floor adjacent to southwestern Florida platform [J]. AAPG Bulletin, 67 (3): 484-485.

Karim A, Piper P G, Piper J M. 2010. Controls on diagenesis of Lower Cretaceous reservoir sandstones in the western Sable Subbasin, offshore Nova Scotia [J]. Sedimentary Geology, 224 (1): 65-83.

Kassi A M, Grigsby J D, Khan A S, Kasi A K. 2015. Sandstone petrology and geochemistry of the OligoceneeEarly Miocene Panjgur Formation, Makran accretionary wedge, southwest Pakistan: implications for provenance, weathering and tectonic setting [J]. Journal of Asian Earth Science, 105: 192-207.

Keith L M, Weber N J. 1964. Carbon and oxygen isotopic composition of selected limestones and fossils [J]. Geochimica et Cosmochimica Acta, 28 (10-11): 1787-1816.

Li D, Dong C, Lin C, et al. 2013. Control factors on tight sandstone reservoirs below source rocks in the Rangzijing slope zone of southern Songliao Basin, East China [J]. Petroleum Exploration and Development, 40 (6): 692-700.

Mcneill D F, Klaus J S, Budd A F, et al. 2012. Late Neogene chronology and sequence stratigraphy of mixed carbonate-siliciclastic deposits of the Cibao Basin, Dominican Republic [J]. Geological Society of America Bulletin, 124 (1/2): 35-58.

Moissette P, Cornée J J, Manna-Tayech B, et al. 2010. The western edge of the Mediterranean Pelagian platform: a Messinian mixed siliciclastic-carbonate ramp in northern Tunisia [J]. Palaeogeography, Palaeoclimatology, Palaeoecology, 285 (1-2): 85-103.

Mount J F. 1984. Mixing of siliciclastic and carbonate sediments in shallow shelf environments [J]. Geology, 12 (12): 432-435.

Mount J F. 1985. Mixed siliciclastic and carbonate sediments: aproposed first-order textural and compositional classification [J]. Sedimentology, 32 (3): 435-442.

Palermol D, Aignerl T, Geluk M, et al. 2008. Reservoir potential of a lacustrine mixed carbonate/siliciclastic gas reservoir: the lower Triassic Rogenstein in the Netherlands [J]. Journal of Petroleum Geology, 31 (1): 61-96.

Tirsgaard H. 1996. Cyclic sedimentation of carbonate and siliciclastic deposits on a Late Precambrian ramp: the Elisabeth Bjerg Formation (Eleonore Bay Supergroup) East Greenland [J]. Journal of Sedimentary Research, 66 (4): 699-712.

Wang G Z, Lv B Q, Quan Q S. 1987. Mixed sedimentation of recent carbonates and terrigenous clastics-Example of the Great Reef of the Weizhou Island [J]. Oil & Gas Geology, 8 (1): 15-25.

Xi K L, Cao Y C, Jahren J, et al. 2015a. Diagenesis and reservoir quality of the Lower Cretaceous Quantou Formation tight sandstones in the southern Songliao Basin, China [J]. Sedimentary Geology, 330 (C): 90-107.

Xi K L, Cao Y C, Jahren J, et al. 2015b. Quartzcement and its origin in tight sandstone reservoirs of the Cretaceous Quantou formation in the southern Songliao Basin, China [J]. Marine and Petroleum Geology, 66: 748-763.

Zhang H, Zhang S, Liu S, et al. 2014. A theoretical discussion and case study on the oil- charging throat threshold for tight reservoirs [J]. Petroleum Exploration Development, 41 (3): 408-416.

第二章 致密油储层储集空间特征与形成机理

准噶尔盆地吉木萨尔凹陷芦草沟组致密油储层由多物源混合沉积形成，伴随着多种成岩作用，导致储层孔喉系统极为复杂，储层成岩演化过程认识难度大。通过多种实验方法对多尺度微观孔喉系统全面、准确的描述，进而搞清储层成岩演化及形成机理，是致密油储层甜点成因机制重要的研究内容，也将为地球物理手段识别与预测储层甜点提供地质依据。

第一节 储层孔喉类型及基本特征

贾承造等（2012）提出致密油储集空间包括有机孔、无机孔和裂缝；杜金虎等（2014）认为中国致密油储集层类型多、物性差，非均质性强；匡立春等（2015）研究认为吉木萨尔凹陷芦草沟组致密油储层发育剩余粒间孔、溶蚀孔、晶间孔等多种孔隙类型。前人研究表明陆相致密油储层孔喉类型多样、成因复杂，笔者通过岩心观察描述、薄片鉴定、扫描电镜等手段对吉木萨尔凹陷芦草沟组致密油储层孔喉类型及基本特征进行了研究。

一、孔隙类型及特征

对于微观孔隙类型存在多种划分方案，既可根据发育程度进行划分，也可根据孔隙尺寸进行划分，此外也可根据孔隙成因类型划分。鉴于芦草沟组混合沉积特征明显，不同碎屑组分及碳酸盐组分间接控制了不同岩性的孔隙、喉道类型。因此，对于芦草沟组，基于成因类型划分孔隙更能反映不同沉积组分对孔隙、喉道的控制，同时也易于对不同岩性内孔喉系统进行定量分析与描述。通过铸体薄片、岩石薄片及扫描电镜观察，发现芦草沟组发育有三种孔隙类型，分别为剩余原生粒间孔、溶蚀孔及复合孔，进一步细分为 8 种类型。由于碳酸盐组分和火山碎屑组分的存在，芦草沟组孔隙类型以复合孔及溶蚀孔为主，且受岩性控制明显（表 2.1）。

表 2.1　不同成因类型的孔隙及其特征

孔隙成因	孔隙类型	主要岩性	孔隙特征
原生	原生粒间孔	白云质粉砂岩、粉砂质白云岩	孔隙呈不规则几何形状，只在粉砂岩内可见少量该类孔隙
	原生晶间孔	凝灰质粉砂岩、白云质粉砂岩、粉砂质白云岩	白云石晶粒等自生矿物晶间孔较为发育
次生	粒内溶蚀孔	沉凝灰岩、泥晶白云岩	长石、火山碎屑颗粒完全溶蚀形成
	粒间溶蚀孔	灰岩、粉砂质白云岩	碎屑颗粒、碳酸盐组分、生物壳体溶蚀
复合成因	复合孔	正混积岩、凝灰质粉砂岩	原生粒间孔经溶蚀扩大形成

（一）原生孔隙类型

混合沉积物经初步压实后，不同来源的碎屑颗粒之间会形成孔隙结构呈规则几何形状的空间。芦草沟组原生孔隙主要有原生粒间孔、原生晶间孔两种类型（表2.1）。原生粒间孔的发育整体上与粉砂岩分布密切相关，多存在于陆源碎屑含量较高的粉砂岩中[图2.1（a）（b）]。原生晶间孔主要为微纳米级孔隙[图2.1（c）（d）]，扫描电镜照片可见白云石晶粒中发育大量晶间孔，空间分布不规律，孔隙直径分布范围在数微米至数十微米，能够为致密储层提供大量有效的储集空间。

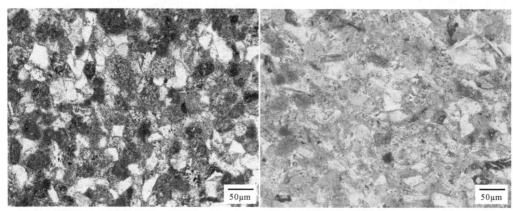

(a) 白云质粉砂岩，原生粒间孔，吉174井，3144.86m　(b) 白云质粉砂岩，原生粒间孔，吉176井，3052.29m

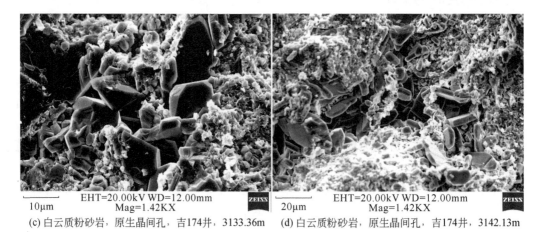

(c) 白云质粉砂岩，原生晶间孔，吉174井，3133.36m　(d) 白云质粉砂岩，原生晶间孔，吉174井，3142.13m

图2.1　芦草沟组原生孔隙特征

（二）次生孔隙类型

吉木萨尔凹陷芦草沟组致密油储层在经历多期次、多类型成岩作用后，火山碎屑组分及碳酸盐组分会发生溶蚀作用从而形成次生孔隙，包括次生孔隙和复合成因孔隙两类（表2.1），具体有粒内溶蚀孔、粒间溶蚀孔、生物体腔孔、有机质孔、铸模孔及混合成因形成的复合孔（图2.2）等6种类型。

通过对 13 口取心井 233 张铸体薄片、岩石薄片，以及 988 张扫描电镜照片的观察分析，吉木萨尔凹陷芦草沟组致密油储层所发育的孔隙具有类型多、发育程度差异大的特征，其中占比最高的为粒间溶蚀孔，占比达到了 1/3 以上，说明成岩过程中的溶蚀作用对储层次生孔隙贡献较大。由于混合沉积作用的存在及芦一段 2 砂组三角洲物源的大量供给，复合孔和残余粒间孔也相对比较发育，在研究区孔隙发育占比中位列第二和第三，再次为粒内溶蚀孔和晶间孔，两者的含量均在 10%~15%，而有机质孔更多的是发育在致密油储层的烃源岩中，铸模孔主要发育在蒸发云坪的环境中，因此两者的含量均不超过 5%，生物体腔孔相对来说最不发育（图 2.2）。

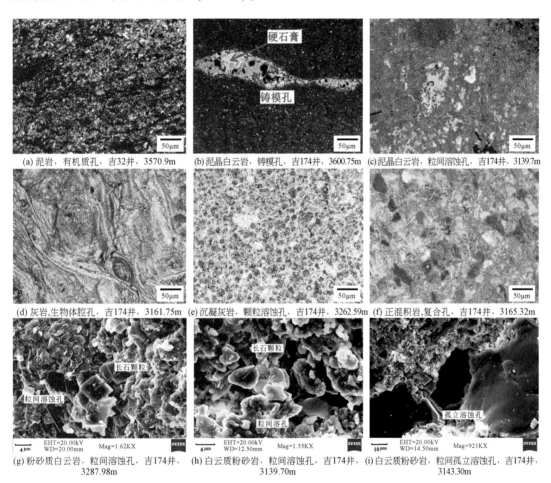

图 2.2　芦草沟组次生孔隙主要类型特征

不同岩性孔隙类型具有明显区别，如沉凝灰岩孔隙全部为溶蚀成因，而正混积岩则各类型孔隙均有发育，碳酸盐岩以粒内溶蚀孔和粒间溶蚀孔为主，还发育有少量的复合孔；陆源碎屑岩中，主要为原生的残余粒间孔，其次为粒内溶蚀孔及复合孔（图 2.3）。

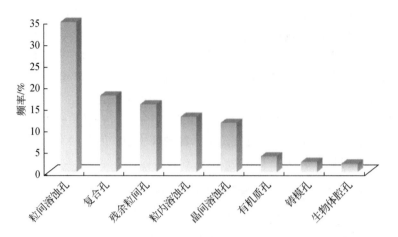

图 2.3　芦草沟组不同类型孔隙发育程度统计

二、喉道类型及特征

　　喉道对储层内部多种孔隙的连通性及流体的渗流能力具有决定性的控制作用。基于取心井铸体薄片、岩石薄片及扫描电镜照片的观察和统计，依据喉道发育形态，将芦草沟组致密油储层喉道分为管状型、片状型、管束状型、缩颈型、孔隙缩小型五种基本类型。在陆源碎屑岩中，以碎屑颗粒间的管状型及片状型喉道为主；在碳酸盐岩中，管状型及管束状型喉道更为发育；在沉凝灰岩中主要为管束状型喉道；而正混积岩则多种类型兼有（图2.4）。

　　不同类型的喉道在芦草沟组致密油储层中的分布差异较大，说明喉道既受到了原生沉积矿物颗粒的控制，也受到埋藏期成岩作用的影响，特别是管束状型喉道，在易溶组分含量较高的岩性中特别发育，说明溶蚀作用可增大喉道的尺寸，进而增强储层的渗流能力。

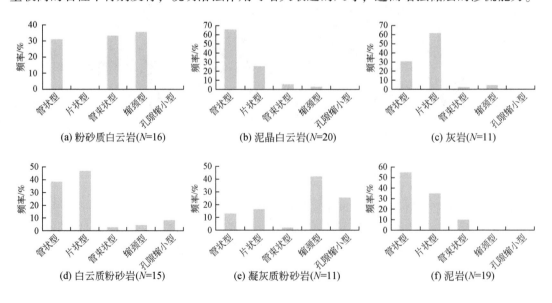

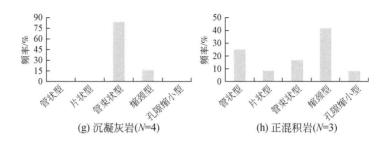

图 2.4　芦草沟组致密油储层不同岩性喉道类型及发育程度

第二节　不同类型孔喉定量表征

对于芦草沟组致密油储层孔喉结构的定量表征研究，主要是在铸体薄片、X 射线衍射矿物分析的基础上，采用高压压汞、恒速压汞等多种实验方法来表征不同岩性多尺度微观孔喉结构发育特征。

一、高压压汞表征

高压压汞实验最大进汞压力达 200MPa，极高的进汞压力可以迫使汞进入绝大多数连通的孔喉系统中，能够测量样品中微米级和纳米级的孔喉参数，不足之处是测量的数据是将孔隙和喉道作为一个整体进行表征的结果，难以将孔隙和喉道参数进行单独的测定。尽管如此，高压压汞仍然是目前对致密储层孔喉结构实现有效表征的重要方法之一。

（一）高压压汞曲线特征

对 46 块样品的高压压汞实验结果按照不同岩石类型进行统计分析，其中白云质粉砂岩、凝灰质粉砂岩和粉砂质白云岩的孔喉尺寸大于其他岩性，是构成芦草沟组致密油储层物性甜点的主要岩石类型。8 种岩石类型样品具有明显不同的进汞和退汞曲线（图 2.5），相应的进汞曲线均会随着排驱压力 P_d 的变化而变化（P_d 为汞首次进入孔喉系统时所对应的毛细管压力）。汞进入不同岩石类型的样品时所对应的排驱压力 P_d 存在差异，主体变化范围为 0.16～5.12MPa（图 2.5）。当进汞压力小于 5.12MPa 时，除泥岩、灰岩、泥晶白云岩外，其他岩性样品的进汞曲线在进汞早期阶段均会存在一个相对稳定的水平阶段，且沉凝灰岩样品与正混积岩样品在压力相似的条件下出现了一个明显的上升段（图 2.5）。

不同岩性的最大进汞饱和度与最大毛管压力几乎相同，但退汞饱和度与退汞效率存在很大差异（图 2.5），表明芦草沟组不同岩石类型的孔喉结构所形成的孔喉网络具有极强的非均质性。

碳酸盐岩（泥晶白云岩、灰岩）样品具有最高的 Sr 含量（残留汞饱和度），表明碳酸盐样品在所有的实验样品中（泥岩除外）退汞效率最低，间接说明凝灰质粉砂岩、白云质粉砂岩样品内孔喉连通性优于碳酸盐岩样品，这一结果与扫描电镜照片的观察结果一致。

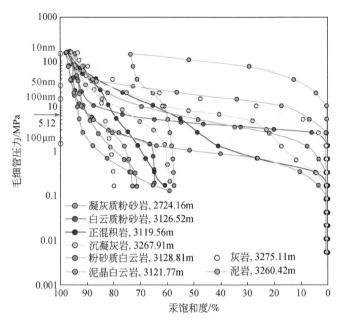

图 2.5　不同岩性高压压汞进汞退汞曲线特征

（二）高压压汞孔喉分布特征

高压压汞实验测试结果表明芦草沟组致密油储层平均孔喉半径为 0.01～32.1μm，其中超过 90% 的样品平均孔喉半径小于 0.5μm。整体上平均孔喉半径在 0.05～0.5μm 的样品占 50% 以上，最大孔喉半径为 0.01～56.53μm，受岩性的控制，孔喉半径分布的频率差异极大，并直接影响渗透率（图 2.6）。凝灰质粉砂岩的渗透率主要受半径在 0.21～5.86μm 的孔喉系统控制，白云质粉砂岩的渗透率主要受半径在 0.11～7.62μm 的孔喉系统控制，粉砂质白云岩的渗透率主要受半径在 0.19～2.33μm 的孔喉系统控制（图 2.6）。高压压汞测量的结果与不同岩性样品的孔隙度、渗透率和含油性结果具有较好的相关性。

与白云质粉砂岩、凝灰质粉砂岩和粉砂质白云岩相比，其他岩性样品数量较少，但从结果看其他岩性样品的储层孔喉半径较小（图 2.6），其特征对于芦草沟组致密油储层内甜点体的孔喉分布代表性不强。孔喉半径的分布较为分散，说明芦草沟组混合沉积成因的不同岩性内部的孔喉分布非均质性极强。

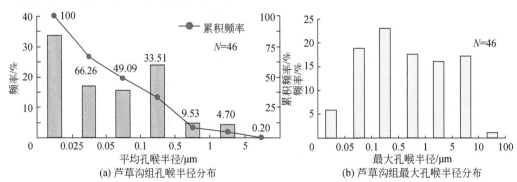

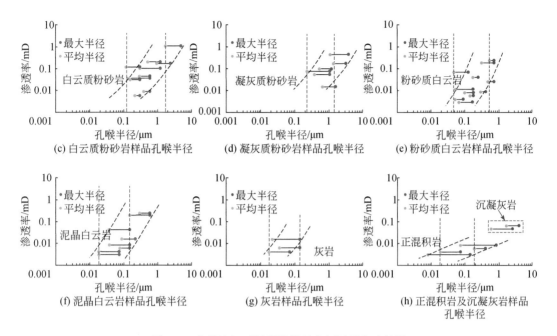

图2.6　芦草沟组不同岩性样品高压压汞实验结果

为揭示储层内部不同物性条件下对应的样品微观孔喉分布特征，选取了5个不同物性、不同岩石类型样品的高压压汞测试结果进行对比分析。结果表明，不同物性样品的孔喉半径分布整体表现出单峰和双峰两类，变化范围宽，并且存在明显的波动（图2.7）。物性较好的样品（样品A、D）孔喉半径分布主要表现为双峰，且峰值全部大于0.036μm（图2.7）。当不同岩石类型的样品具有相似的孔隙度时，孔喉半径的峰值分布决定了样品的渗透性（图2.7曲线D、E）。同种岩性的样品中渗透率较小的样品，其孔喉分布曲线波动较小，但分布范围较宽，孔喉尺寸差异大，随着渗透率的降低，既可能出现峰值变宽的现象（图2.7曲线E），也可能出现峰值分布更窄和波动更大的现象（图2.7曲线B）。

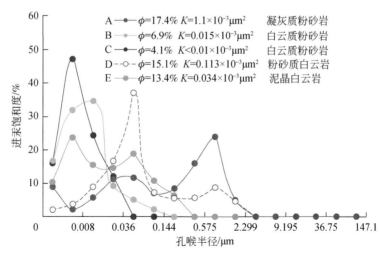

图2.7　不同物性不同岩性样品高压压汞孔喉分布

二、恒速压汞表征

恒速压汞技术是目前较先进的多孔介质孔隙和喉道表征方法，能够同时对样品中孔隙和喉道的各项参数进行单独表征，特别是在孔隙、喉道分布非均质性很强的致密储层内，恒速压汞方法的应用十分必要。何顺利等（2011）认为恒速压汞假设的孔隙结构更符合低渗、特低渗油藏的小孔、细喉或细孔、微喉结构特征，测试得到的喉道半径与真实喉道半径接近。恒速压汞是以极低的恒定速度（0.00005mL/min）向样品中注入汞，在进汞过程中对毛管压力的变化进行监测。在低进汞压力所保持的准静态进汞过程中，在界面张力与接触角不变的情况下，细小的喉道会使进汞毛细管压力升高，当汞突破喉道进入孔隙的瞬间，会导致系统压力迅速降低，而压力的涨落能够将样品内部的孔隙和喉道区分开。与高压压汞测试结果相比，恒速压汞能够将样品内的孔隙和喉道分别进行表征，从而揭示不同尺寸的孔隙和喉道的分布。

（一）恒速压汞曲线特征

在所有不同岩石类型样品中，平均喉道半径（R_t）的分布范围为 0.775～5.684μm，沉凝灰岩具有最大的平均喉道半径，而泥岩平均喉道半径最小；平均孔隙半径（R_p）的分布范围为 109.358～166.233μm。甜点体主要岩性（凝灰质粉砂岩、白云质粉砂岩、粉砂质白云岩）的平均喉道半径主要分布在 1.617～5.164μm，明显大于其他岩性的平均喉道半径。恒速压汞方法还可得到孔喉半径比（η），即相同毛细管压力下的孔喉半径比。不同岩性的孔喉半径比同样存在明显差异，其中凝灰质粉砂岩的孔喉半径比最大，为265.851，泥岩最小，为 21.667。尽管沉凝灰岩具有很好的孔喉参数，但沉凝灰岩的分布受火山喷发事件控制，其占比少且分布极不均匀。

恒速压汞方法的进汞压力较低（6.178MPa），汞只能进入相对大的孔喉系统中，因此恒速压汞法测得的孔喉半径明显要大于高压压汞法（200MPa）测得的孔喉半径。尽管不同岩性样品的物性、喉道、孔喉半径比的分布存在显著差异，但各种样品的孔半径分布特征比较相似（图2.8）。不同岩性样品的孔隙半径分布曲线均呈现高斯分布，孔隙半径的主要分布范围为 80～320μm，中心峰值的分布范围为 100～150μm（图2.9）。这一结果与扫描电镜照片的观察结果一致。

（二）恒速压汞孔喉分布特征

恒速压汞结果表明，不同岩性的喉道呈现出具有不同峰值和分布范围的高斯分布（图2.9）。喉道半径分布越广，说明样品中最大喉道与最小喉道的级差越大，即非均质性强于其他岩性，但是较大的相似尺寸的喉道一般不会直接相互连通，而是通过较小的孔喉网络相连。孔喉半径比的分布曲线与渗透率没有明显的相关性（图2.9），这是由于不同类型的孔喉相互组合的关系，因此以孔喉半径比一般不作为预测甜点物性的约束参数。恒速压汞实验结果表明，喉道半径分布是控制储层物性甜点渗透性的关键因素。

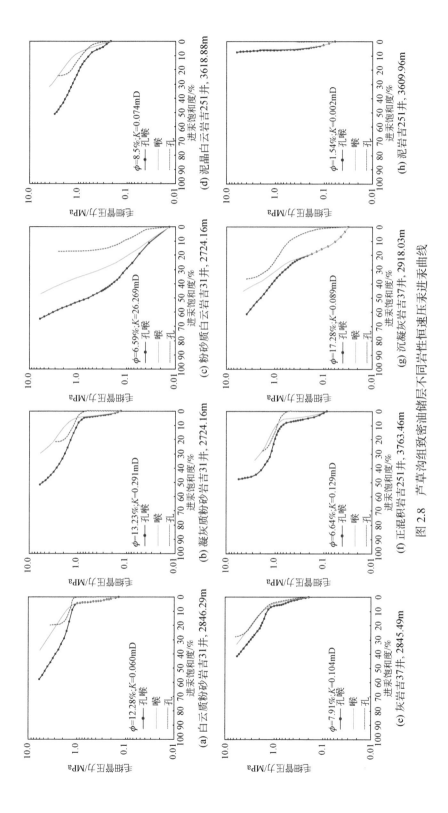

图 2.8　芦草沟组致密油储层不同岩性恒速压汞进汞曲线

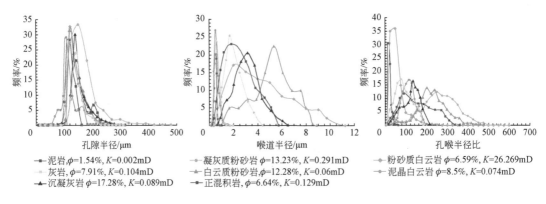

图 2.9　不同岩性样品孔隙半径、喉道半径及孔喉半径比分布

三、微纳米 CT 三维表征

冯胜斌等（2013）、王明磊等（2015）研究认为微纳米 CT 扫描是目前国内外致密油气储集层研究的重要分析技术，具有分辨率高、无损伤岩石扫描成像的特点，是目前先进的三维数字岩心技术。微纳米 CT 扫描技术的核心原理是在微纳米 CT 扫描出的二维灰度图像基础上，岩石内部各成像单元的密度差异以不同灰度等级表示，将岩石颗粒、孔隙、石油及水等判别出来，并将二维切片图像重建得到最终的三维数字岩心体，可真实反映岩石内部微观孔隙等特征，进而通过计算机软件实现岩心内部微纳米级孔喉结构的精细刻画。该技术能够直观快速地表征孔喉形态、分布及连通性，弥补了常规方法对于非常规储层研究的诸多不足，是致密油储层的重要研究方法之一。

表 2.2 统计了基于微纳米 CT 成像分析的 5 种岩性（凝灰质粉砂岩、白云质粉砂岩、沉凝灰岩、粉质白云岩和泥岩）共 15 个样品的孔喉特征（尺寸、数量、体积、连通率等）。单位体积内凝灰质粉砂岩的孔喉数量及体积最大，其次为白云质粉砂岩和粉砂质白云岩。由于沉凝灰岩中的孔隙多为溶蚀孔，因此不同样品中的随机性溶蚀会导致不同样品孔隙和喉道的数量和体积存在极大差异。沉凝灰岩样品（2mm 直径圆柱体）中的平均孔隙数量为 6465，平均孔隙体积为 $4.316 \times 10^7 \mu m^3$，平均喉道数为 8247，平均喉道体积为 $4.561 \times 10^6 \mu m^3$。在碎屑岩中，凝灰质粉砂岩（2mm 直径圆柱体）的平均孔隙数量和孔隙体积分别为 15433 和 $4.222 \times 10^7 \mu m^3$，而喉道的数量和体积分别为 16137 和 $5.809 \times 10^6 \mu m^3$；白云质粉砂岩样品略低于凝灰质粉砂岩，平均孔隙数量和体积分别为 14180 和 $3.327 \times 10^7 \mu m^3$，平均喉道数量和体积分别为 14908 和 $2.846 \times 10^6 \mu m^3$。对于碳酸盐岩来说，粉砂质白云岩样品（2mm 直径圆柱体）的平均孔隙数量和体积分别为 12597 和 $2.225 \times 10^7 \mu m^3$，而平均喉道数量和体积分别为 12944 和 $3.68 \times 10^6 \mu m^3$（表 2.2）。

表 2.2　不同岩性微纳米 CT 孔隙、喉道参数测试结果

岩性	孔隙半径/μm 变化范围/均值	喉道半径/μm 变化范围/均值	孔隙数量	孔隙体积 /10^7μm^3	喉道数量	喉道体积 /10^6μm^3	连通率/%
沉凝灰岩	0.450~29.630 /3.817	0.434~22.310 /3.234	10541	3.449	20531	5.866	78.26
沉凝灰岩	1.113~102.88 /11.677	0.858~17.696 /5.652	1696	9.652	1965	5.463	37.50
沉凝灰岩	0.186~42.360 /2.818	0.969~11.265 /1.113	7089	3.043	3033	2.773	39.33
沉凝灰岩	0.369~10.59 /0.995	0.108~2.399 /0.632	6534	1.120	7462	4.142	31.86
凝灰质粉砂岩	0.477~78.941 /4.978	0.453~57.461 /4.347	19465	3.097	18760	9.075	93.46
凝灰质粉砂岩	0.499~46.639 /5.102	0.444~41.113 /3.965	8942	4.187	12181	4.651	82.39
凝灰质粉砂岩	0.690/47.837 /5.377	0.365~37.829 /3.880	17893	5.383	17470	3.701	80.86
白云质粉砂岩	0.551~55.075 /4.934	0.450~39.070 /4.102	7146	2.704	8629	2.636	80.17
白云质粉砂岩	0.505~37.775 /4.710	0.410~33.327 /3.602	21214	3.951	21187	3.056	79.86
粉砂质白云岩	0.456~26.183 /2.642	0.434~14.448 /2.227	12040	1.795	8053	2.651	15.21
粉砂质白云岩	0.451~27.410 /3.038	0.429~15.720 /2.618	13529	3.449	16173	3.073	77.91
粉砂质白云岩	0.462~21.532 /2.663	0.443~13.399 /2.095	11776	1.470	10394	2.965	37.60
粉砂质白云岩	0.447~24.884 /2.945	0.411~14.463 /2.339	13045	2.188	17158	6.031	38.55

第三节　成岩作用类型及成岩演化序列

不同类型成岩作用对储层的形成、发展及破坏具有不同的影响，能够决定现今状态下储层质量的优劣。在成岩过程中，沉积组分、地层环境、有机质演化等诸多因素均与成岩过程密切相关。因此，成岩作用的相关研究是致密油储层甜点成因机制研究的重要内容之

一。本书针对吉木萨尔凹陷芦草沟组致密油储层，通过铸体薄片、扫描电镜、碳氧稳定同位素、包裹体均一温度等鉴定测试方法及其结果的综合应用，以储层成岩作用类型分析为基础，对成岩作用特征和成岩演化序列进行系统研究，为揭示致密油储层甜点成因机制提供支撑。

一、成岩作用类型

吉木萨尔凹陷芦草沟组致密油储层主要的成岩作用类型有压实作用、胶结作用和溶蚀作用三种类型。

（一）压实作用

研究区芦草沟组致密油储层压实作用以机械压实为主，基本不发育压溶作用。通过薄片观察，芦草沟组粉砂岩中岩屑等塑性颗粒含量较高，具有非常明显的塑性颗粒变形、黑云母塑性变形、颗粒线接触、定向排列等典型强压实特征。甜点体内主要岩性（白云质粉砂岩和凝灰质粉砂岩）现处于强压实阶段（图 2.10）。

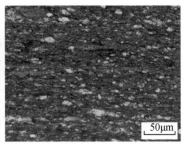

(a) 吉176, 3036.31m, 白云质粉砂岩，黑云母塑性变形　(b) 吉176, 3051.96m, 白云质粉砂岩，颗粒线接触　(c) 吉176, 3027.29m, 粉砂质泥岩，陆源碎屑颗粒定向排列

图 2.10　芦草沟组压实作用特征

芦草沟组致密油储层陆源碎屑组分和碳酸盐组分混合沉积特点明显，由于碳酸盐组分抗压能力较强，其含量多少及空间分布会对不同岩石储层的压实作用结果产生影响，导致甜点体内不同岩性的压实程度及原生孔隙的保存程度存在明显差异，如白云质粉砂岩抗压实能力明显强于其他类型的粉砂岩，其原生孔隙的保存程度较高；上甜点体以云坪微相和砂质滩坝微相沉积为主，碳酸盐含量高于下甜点体，上甜点体的抗压实能力更强，决定了上甜点体原生孔隙的面孔率高于下甜点体（图 2.11）。

（二）胶结作用

芦草沟组致密油储层甜点体内胶结作用非常普遍且十分强烈，整体上胶结物总量可达20%以上。芦草沟组甜点体内主要发育有少量硅质胶结（石英次生加大）及大量碳酸盐胶结和黏土矿物胶结。主要胶结物类型包括方解石、白云石、含铁白云石、黏土矿物，表明碳酸盐胶结作用最为普遍，其次为黏土矿物胶结（表 2.3）。

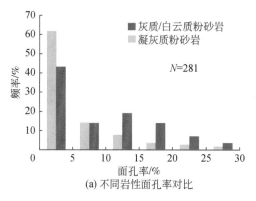
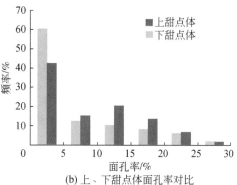

図 2.11　芦草沟组不同岩性及上、下甜点体面孔率对比

表 2.3　芦草沟组致密油储层胶结物类型及含量

地层	碳酸盐胶结物相对含量/%				黏土矿物胶结物相对含量/%				硅质相对含量/%	其他相对含量/%
	方解石	白云石	含铁白云石	总量	伊利石	伊蒙混层	绿泥石	总量	沸石	黄铁矿
上甜点体	9.80	9.78	8.06	27.64	0.93	1.82	0.97	3.72	0	2.11
下甜点体	10.49	6.64	3.11	17.06	1.34	8.17	1.28	10.79	3.41	1.62
芦草沟组	13.01	7.65	5.37	26.03	1.07	9.12	1.16	13.29	3.41	1.83

1. 碳酸盐胶结

碳酸盐胶结物主要包括方解石、白云石和含铁白云石。其中方解石胶结物多为菱形晶体 [图2.12 (a)]，在阴极发光照片中呈现为高级白干涉色 [图2.12 (b)]。方解石胶结物不仅能够充填于自生石英颗粒周围的孔隙，还能够在颗粒边缘发生交代作用，说明这部分碳酸盐胶结物的形成时间晚于石英胶结 [图2.12 (c)]。此外，芦草沟组大量溶蚀孔隙内发育有碳酸盐胶结物 [图2.12 (d) ~ (f)]，不同的胶结物的充填关系同样能够说明芦草沟组先后发生了多期方解石胶结。

垂向上，在芦草沟组上、下甜点体内方解石胶结物的含量的变化较大，相对含量的变化范围为 0.73% ~ 27.1%，平均含量为 12.6%。垂向上在甜点体内发育的稳定薄层泥岩阻挡了离子的运移，不同深度的离子浓度的差异导致了不同深度的样品方解石含量差异较大（图2.13）。不同岩性接触面是碳酸盐胶结的集中发育部位。

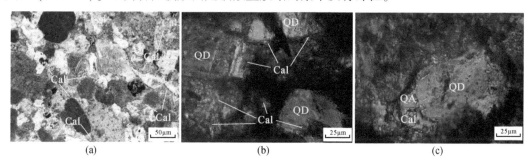

(a)　　　　　　　　(b)　　　　　　　　(c)

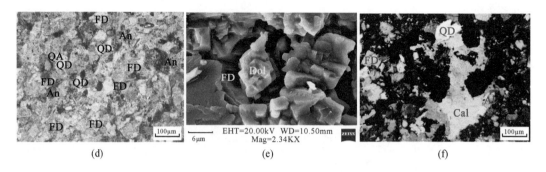

图 2.12 芦草沟组致密油储层碳酸盐胶结发育特征

QA. 自生石英颗粒；QD. 碎屑石英颗粒；FD. 长石；An. 铁白云石；Cal. 方解石；Al. 钠长石；Dol. 白云石

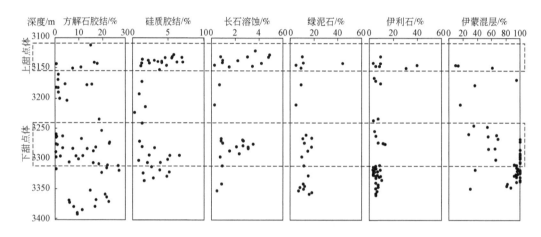

图 2.13 方解石胶结、硅质胶结、长石溶蚀、绿泥石、伊利石及伊蒙混层的垂向分布特征

2. 硅质胶结

硅质胶结主要发育在芦草沟组粉砂岩中。通过偏光显微镜在紧邻碎屑石英颗粒边缘识别出的石英次生加大是硅质胶结的重要表现形式 [图 2.14 (a)]。碎屑石英颗粒和石英次生加大均有被绿泥石环边包裹的现象 [图 2.14 (b)]。芦草沟组致密储层中的石英胶结物主要以较大的粗晶集合体的形式存在，石英颗粒的直径范围为 $20\sim60\mu m$ （图 2.14）。自生石英胶结物通常与黏土矿物共存，其中绿泥石是最常见的类型，其次为伊蒙混层 [图 2.14 (c) (d)]。

硅质胶结通常会导致原生孔隙的减小，石英次生加大会减小碎屑颗粒之间喉道的宽度。通过定量统计数据分析，芦草沟组粉砂岩中石英胶结物的相对含量为 0.23%~7.66%，平均为 4.41%。在芦草沟组，硅质胶结物的含量主要受岩性和埋藏深度的控制。

3. 黏土矿物及其他胶结

芦草沟组甜点体黏土矿物胶结物较为发育，是常见的胶结物类型之一，主要发育有绿泥石、伊利石及伊蒙混层三种类型。伊蒙混层相对含量最高，在上甜点体的平均相对含量为 1.82%，下甜点为 8.17%，其次为伊利石和绿泥石。

(a) 吉251, 3774.35m, 岩石薄片石英次生加大 　　 (b) 吉174, 3114.86m, 铸体薄片石英次生大及绿泥石环边

(c) 吉174, 3141.04m, 绿泥石及自生石英 　　 (d) 吉174, 3146.19m, 伊蒙混层与自生石英共生

图2.14 芦草沟组致密油储层硅质胶结发育特征

QA. 自生石英；QD. 碎屑石英颗粒；F. 长石；Ch. 绿泥石；I/S. 伊蒙混层

部分绿泥石以石英颗粒环边形式存在，此外还有大量呈片状的不规则绿泥石胶结物与碳酸盐胶结物并存［图2.15（a）］。片状伊利石更多地发育在原生孔隙或溶蚀孔隙中，在局部降低了喉道宽度及孔喉连通性［图2.15（b）］。伊蒙混层在孔隙空间中多以片状构成蜂窝状纹理或不规则形状，其大量发育对储层的储渗能力有很大影响［图2.15（c）（d）］。

埋藏期芦草沟组的地层温度最高达到120℃以上，在此温度条件下，高岭石已全部转化为绿泥石和伊蒙混层。黏土矿物中绿泥石和伊蒙混层在垂向上的分布呈现出明显的随埋藏深度增加而增大的趋势（图2.13），同时伊利石整体上的相对含量低于20%，并且与埋藏深度无明显的相关关系。芦草沟组下甜点的伊蒙混层含量明显高于上甜点体，分析认为是由于下甜点体碱性火山物质含量较高。

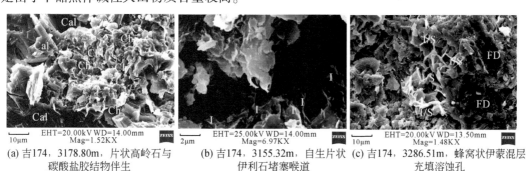

(a) 吉174，3178.80m，片状高岭石与碳酸盐胶结物伴生 　　 (b) 吉174，3155.32m，自生片状伊利石堵塞喉道 　　 (c) 吉174，3286.51m，蜂窝状伊蒙混层充填溶蚀孔

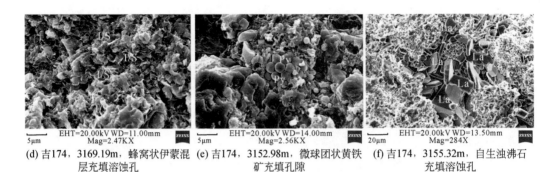

(d) 吉174，3169.19m，蜂窝状伊蒙混　(e) 吉174，3152.98m，微球团状黄铁　(f) 吉174，3155.32m，自生浊沸石
　　层充填溶蚀孔　　　　　　　　　　矿充填孔隙　　　　　　　　　　充填溶蚀孔

图 2.15　芦草沟组致密油储层黏土矿物胶结物及其他自生胶结物发育特征

F. 长石；Py. 黄铁矿；Ch. 绿泥石；I/S. 伊蒙混层；I. 伊利石；La. 浊沸石；Cal. 方解石

此外，在芦草沟组甜点体内发现少量的黄铁矿和浊沸石等胶结物。黄铁矿主要是以微球团的形式充填于孔隙内［图 2.15（e）］。浊沸石多以片状晶体（<50μm）的形式出现，随机排列在溶蚀孔隙中［图 2.15（f）］。

（三）溶蚀作用

溶蚀作用能够起到明显改善储层质量、增大储层有效储集空间及渗流通道的作用，对于储层甜点的形成至关重要。芦草沟组甜点体内溶蚀作用的发育程度整体较强但分布不均匀，主要受控于混合沉积中易溶组分的分布。研究表明，目的层主要发育长石颗粒溶蚀和凝灰质组分溶蚀两种溶蚀类型。

1. 长石颗粒溶蚀

长石是芦草沟组最重要的矿物组分之一，也是最易溶的矿物组分。芦草沟组碎屑岩中长石的主要类型有钠长石和钾长石。长石颗粒既有完全溶蚀，也有部分溶蚀。在扫描电镜下可以观察到由大量长石溶解形成的溶蚀孔隙。统计结果表明，芦草沟组长石溶蚀率为 0.37%~5.78%，平均为 3.23%（图 2.16）。

溶蚀作用主要发育于陆源碎屑组分含量较高的上甜点体上。部分长石溶蚀孔会被有机质或方解石充填，但是仍有部分溶蚀孔处于未充填状态［图 2.16（c）］。受发育期次的影响，长石的溶蚀也可能与浊沸石矿物和伊利石混合层矿物有关［图 2.16（d）］。钾长石溶蚀孔也会被自生钠长石所充填，说明部分钾长石会发生钠长石化作用。

2. 凝灰质组分溶蚀

由于准噶尔盆地二叠纪频繁的火山活动，火山碎屑组分含量在不同深度变化很大，特别是在下甜点体中，部分地层的火山碎屑组分含量超过 50%。在成岩过程中，碱性凝灰质组分通过溶蚀作用或脱玻作用形成次生孔隙空间，能够显著改善储层质量［图 2.16（f）］。在埋藏期内，溶蚀作用的发生与邻近烃源岩所排出的有机酸密切相关［图 2.16（g）］，凝灰质组分的溶蚀发生在有机质接近成熟的阶段。同时，铸体薄片观察到白云岩中的所有的铸模孔均处于未充填状态［图 2.16（h）］，表明其形成时间最晚。

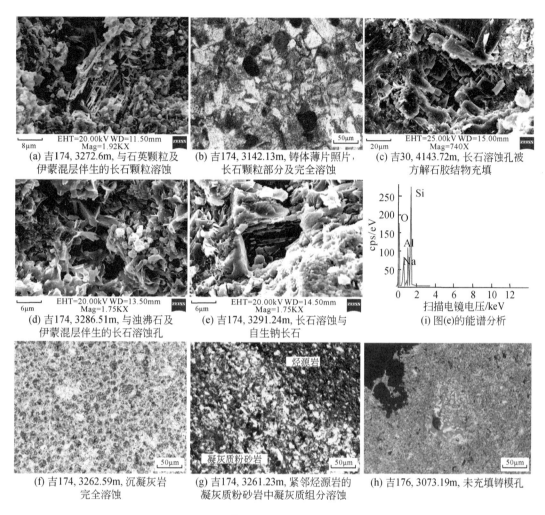

(a) 吉174, 3272.6m, 与石英颗粒及
伊蒙混层伴生的长石颗粒溶蚀

(b) 吉174, 3142.13m, 铸体薄片照片，
长石颗粒部分及完全溶蚀

(c) 吉30, 4143.72m, 长石溶蚀孔被
方解石胶结物充填

(d) 吉174, 3286.51m, 与浊沸石及
伊蒙混层伴生的长石溶蚀孔

(e) 吉174, 3291.24m, 长石溶蚀与
自生钠长石

(i) 图(e)的能谱分析

(f) 吉174, 3262.59m, 沉凝灰岩
完全溶蚀

(g) 吉174, 3261.23m, 紧邻烃源岩的
凝灰质粉砂岩中凝灰质组分溶蚀

(h) 吉176, 3073.19m, 未充填铸模孔

图2.16 芦草沟组次生溶蚀孔隙发育特征

二、成岩演化序列

（一）成岩阶段划分

在成岩过程中，具有不同成因、不同期次、不同成岩环境的一系列独立的成岩事件可按照时间进行排序，在埋藏史的基础上构成了地层的成岩序列。

关于碎屑岩成岩阶段的划分已经出台了《中华人民共和国石油天然气行业标准》（SY/T 5477—2003）。该标准中明确提出了包括岩石矿物学、古温度、有机质成熟度等参数在内的碱性水介质（盐湖盆地）早成岩阶段、中成岩阶段、晚成岩阶段的主要标志。

从镜质组反射率、有机质成熟度、古地温范围等6个主要方面分析认为芦草沟组目前处于中成岩阶段A期（图2.17），依据如下。

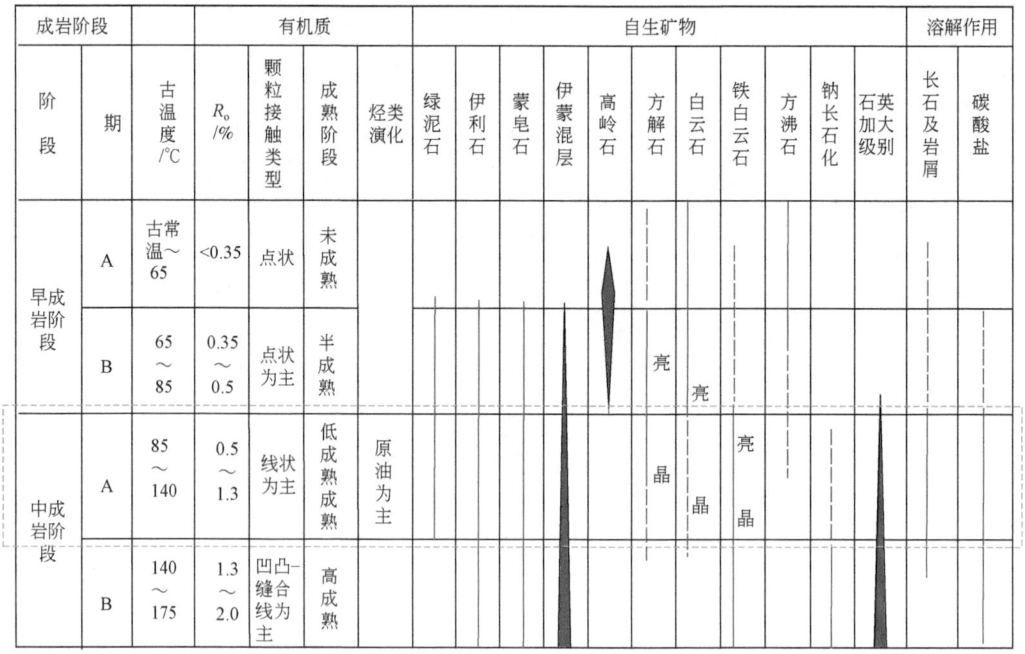

成岩阶段		有机质					自生矿物											溶解作用	
阶段	期	古温度/℃	R_o/%	颗粒接触类型	成熟阶段	烃类演化	绿泥石	伊利石	蒙皂石	伊蒙混层	高岭石	方解石	白云石	铁白云石	方沸石	钠长石化	石英加大级别	长石及岩屑	碳酸盐
早成岩阶段	A	古常温~65	<0.35	点状	未成熟														
	B	65~85	0.35~0.5	点状为主	半成熟							亮	亮						
中成岩阶段	A	85~140	0.5~1.3	线状为主	低成熟成熟	原油为主						晶	晶	亮					
	B	140~175	1.3~2.0	凹凸-缝合线为主	高成熟														

图2.17 芦草沟组致密油储层成岩阶段划分

（1）镜质组反射率：镜质组反射率能够间接反映储层现今所处的成岩作用阶段，芦草沟组的镜质组反射率主要为 0.6%~1.2%，表明研究区成岩作用已经进入中成岩阶段A期。

（2）有机质成熟度：芦草沟组最大热解峰值温度 T_{max} 的变化范围为 430~450℃，烃源岩有机质处于低成熟–成熟阶段。

（3）古地温范围：通过芦草沟组包裹体均一温度及镜质组反射率，计算得到古地温的分布范围为 89.9~141.6℃。

（4）自生矿物特征：芦草沟组粉砂岩内可见以胶结形状出现的亮粉晶状含铁白云石胶结物，还可见钠长石、浊沸石等其他自生矿物，以及石英次生加大现象，石英颗粒表面具有完整的自形晶面。

（5）黏土矿物胶结物有以蜂窝状发育的伊蒙混层胶结物，丝缕状的伊利石，片状、绒球状自生绿泥石等矿物。

（6）在铸体薄片及扫描电镜中常见长石、岩屑等碎屑颗粒及碳酸盐胶结物溶蚀所形成的溶蚀孔隙，除白云质粉砂岩中部分原生粒间孔能够保留外，储层以次生孔隙为主。

（二）成岩演化序列

基于前人对芦草沟组埋藏史、源储特征及聚集机理的研究，通过成岩环境、成岩作用期次、成岩系统及成岩阶段的分析，建立了芦草沟组致密油储层成岩演化序列（图2.18）。

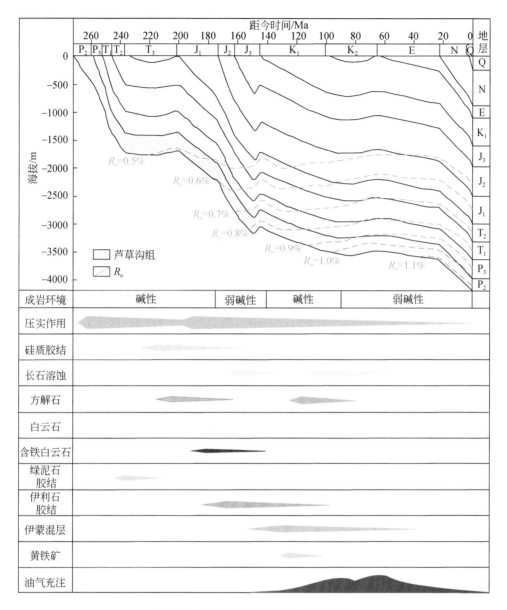

图 2.18 芦草沟组埋藏史及成岩演化史

1. 早成岩 A 期

随着地层快速埋藏，埋藏深度最大接近 2000m 左右，地层温度超过 60℃，硅质胶结开始发生，R_o 小于 0.5%，早期快速深埋使得强压实作用大量破坏原生粒间孔隙，此阶段部分凝灰质组分会通过水合阳离子 H_3O^+ 与碱金属离子发生交换，蚀变成为蒙脱石（微晶高岭石）。

2. 早成岩 B 期

埋深为 2000~3000m，在碱性孔隙水介质条件下，方解石、铁白云石开始胶结，高岭石完全转化为伊利石，绿泥石黏土矿物开始胶结。此阶段镜质组反射率最大值可达到 0.8%，有机质处于半成熟-成熟阶段，有机酸开始排出，地层成岩环境逐渐转变为弱碱性甚至偏酸性，长石、凝灰质及部分早期碳酸盐胶结物发生溶蚀，溶蚀孔、晶间孔开始形成，孔隙度有所增加；但该阶段自生黏土矿物胶结导致渗透率快速下降，溶蚀强度整体较弱。

3. 中成岩 A 期

埋深大于 3000m，最高古地温达到 140℃，R_o 分布范围为 0.8%~1.2%。有机质进入成熟阶段，有机酸开始大量进入紧邻地层，长石、凝灰质组分溶蚀在局部形成大量粒间溶蚀孔，出现斜长石和钾长石的钠长石化，此时成岩流体呈现出弱碱性，晚期方解石、白云石继续胶结，黏土矿物也发生相应转化，使得孔隙度继续下降。

第四节 成岩作用对有效储层形成的作用机理

黄福喜等（2014）研究认为成岩作用是控制储集性的关键，致密砂岩与碳酸盐岩的储集性能否有效提高，形成储层"甜点"，关键在于后期成岩作用对原始孔隙的改造程度。在吉木萨尔凹陷芦草沟组致密油层系内，存在差异化的成岩演化路径，不同的沉积微相和差异化的成岩演化共同作用构成了芦草沟组有效储层的形成机理。

一、压实作用对储层物性的影响

在致密砂岩储层中，压实作用是导致储层致密的最根本原因。通过芦草沟组岩矿特征分析，凝灰质粉砂岩、白云质粉砂岩作为构成甜点体的主要岩性，其石英含量较低而岩屑等塑性变形矿物含量较高，因此受压实作用影响十分明显。芦草沟组地层埋藏史在初期具有明显的早期快速深埋的特征，此阶段的压实作用对储层原生孔隙的破坏作用尤其明显。随着埋深的加大，胶结物含量逐渐增大，在一定程度上会抑制压实作用对储层持续的破坏。此外溶蚀作用形成的次生孔隙，在一定程度上改善了压实作用对储层物性的破坏。

鉴于吉木萨尔凹陷芦草沟组致密油储层存在大量非压实作用控制的粒间体积，因此粒间体积法不适用于该类致密油储层压实作用评价。可采用面孔率这一参数来对原生孔隙与次生孔隙进行分析评价。

对 24 块凝灰质粉砂岩与白云质粉砂岩样品薄片进行观察鉴定，发现样品中碳酸盐含量与原生粒间孔的面孔率具有较好的正相关关系，说明碳酸盐组分含量高的粉砂岩抗压实能力更强，原生粒间孔的面孔率会更高。塑性的岩屑含量与原生粒间孔的面孔率明显地表现出负相关关系，岩屑含量越高，原生粒间孔的面孔率越小（图 2.19）。芦草沟组在进入埋藏期后没有受到外部流体的影响，埋藏早期粉砂岩中的长石颗粒未发生溶蚀作用，并且在石英含量较低的情况下，长石和岩屑含量较高的甜点体储层易于压实，使得不同岩性的面孔率具有明显的差异性。

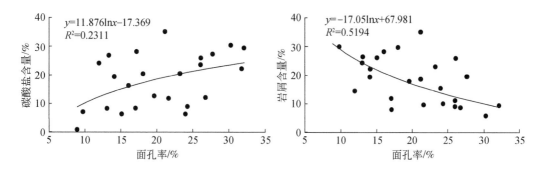

图 2.19　碳酸盐含量、岩屑含量与面孔率的关系

二、胶结作用对储层物性的影响

（一）碳酸盐胶结物对孔隙度的影响

Houseknecht 和 Hathon（1987）建立的粒间体积与胶结物含量的相关关系图能够分析压实作用、胶结作用对储层孔隙丧失的影响，用于解释储层致密化的主要原因和次要原因。本书基于实验测试数据，通过定量统计储层胶结物含量与粒间孔隙含量得到胶结物-粒间体积关系图［图2.20（c）］。但由于芦草沟组致密油储层粒间孔隙体积具有多种成因，由图2.20（c）仅可知胶结作用是储层致密化的重要原因，需要基于面孔率与胶结物含量

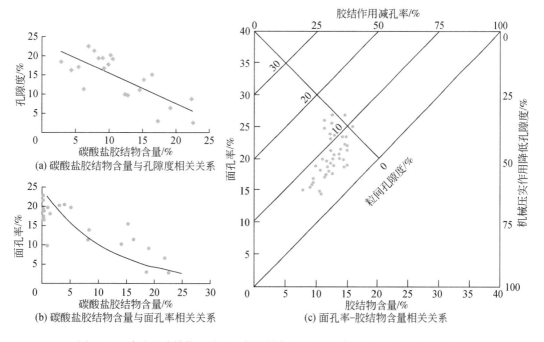

图 2.20　碳酸盐胶结物、黏土矿物胶结物含量与孔隙度及面孔率的相关关系

的分析确定胶结作用具体的减孔率。由图2.20（a）（b）可知，碳酸盐胶结物含量与面孔率及孔隙度具有明显的负相关关系，碳酸盐胶结是芦草沟组致密油储层孔隙度降低的主要因素之一。

从压实作用、胶结作用对储层物性的影响来看，机械压实作用是芦草沟组致密油储层孔隙减小的最主要因素，压实作用的减孔率为38.6%~49.32%，其次为碳酸盐胶结减孔，减孔率为18.15%~41.2%［图2.20（c）］。

（二）黏土矿物胶结物对物性的影响

在芦草沟组中，黏土矿物胶结物整体上与孔隙度及面孔率没有表现出明显的线性相关关系［图2.21（a）（b）］，但与渗透率具有明显的负相关关系［图2.21（d）（e）］，说明黏土矿物胶结物对孔隙度的影响不明显，对芦草沟组储层渗透率的减小作用明显。

芦草沟组的黏土矿物之一绿泥石能起到保护原生孔隙的作用，在显微镜下可见包裹石英、长石颗粒的绿泥石环边能增大粉砂岩的抗压实能力，在降低喉道宽度的同时也能够对孔隙起到一定的保护作用，因此绿泥石胶结物含量与孔隙度具有明显的正相关关系［图2.21（c）］。而伊蒙混层、绿泥石与储层渗透率具有明显的负相关关系，表明黏土矿物胶结物导致渗透率降低的作用明显，这也与扫描电镜观察到的结果较为一致，即喉道内的片状绿泥石、丝缕状或无序状伊蒙混层明显堵塞喉道。因此尽管黏土矿物胶结物对孔隙度及面孔率的影响不是十分明显，却是导致渗透率降低的主要因素（图2.21）。

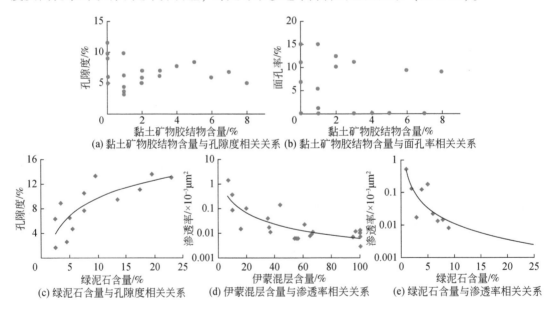

(a) 黏土矿物胶结物含量与孔隙度相关关系 (b) 黏土矿物胶结物含量与面孔率相关关系

(c) 绿泥石含量与孔隙度相关关系　(d) 伊蒙混层含量与渗透率相关关系　(e) 绿泥石含量与渗透率相关关系

图2.21　不同类型黏土矿物胶结物与孔隙度、渗透率相关关系

（三）胶结作用对孔喉结构的影响

碳酸盐胶结物与孔喉结构参数之间的相关关系表明，芦草沟组碳酸盐胶结物含量对最大进汞饱和度、汞饱和度中值压力、退汞效率、平均孔喉半径的影响很小。黏土矿物胶结

物也有类似的情况，只不过黏土矿物胶结物对孔喉半径的影响较为明显，这也同样与扫描电镜观察结果较为一致（图2.22）。

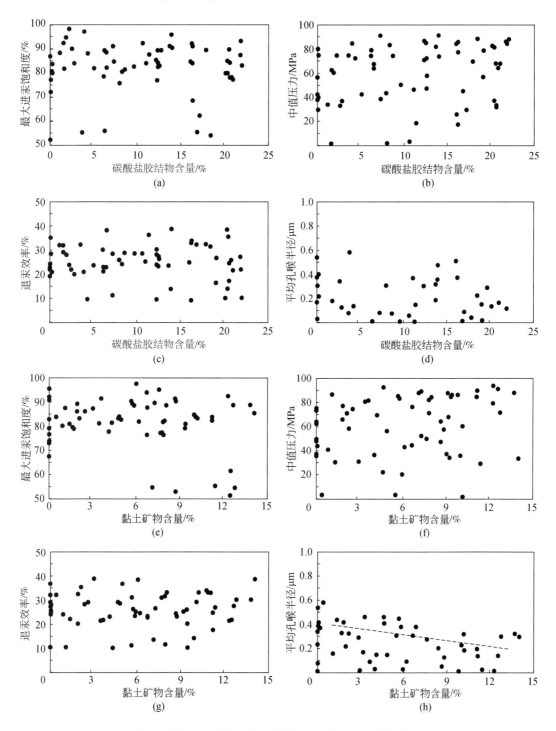

图2.22　芦草沟组致密油储层胶结物含量与孔隙结构参数的关系

一般来说，储层孔隙结构明显受控于不同类型的胶结物，但芦草沟组致密油储层的孔隙结构也同时受到混合沉积组分、空间分布样式、成岩差异等其他地质因素的控制，如微裂缝、凝灰质组分的溶解、强烈的溶蚀非均质性等均能够再次改变孔喉结构，特别是芦草沟组上、下甜点体处在不同的深度范围，具有不同的矿物组分含量，导致上、下甜点体内孔喉尺寸空间差异大，即使在同一深度不同采样点所采的样品平均孔隙半径及连通率也存在很大差异（表2.4）。

表 2.4　微纳米 CT 孔隙半径与连通性统计

井号	深度/m	岩性	实测孔隙度/%	渗透率/mD	平均孔隙半径/μm	连通率/%
174	3114.86	粉砂质白云岩	6.49	3.417	4.978	96.73
174	3127.53	白云质粉砂岩	4.38	0.004	0.071	15.22
174	3127.53	白云质粉砂岩	14.68	0.004	2.642	53.63
174	3297.75	白云质粉砂岩	3.049	0.047	1.959	20.78
251	3617.01	白云质粉砂岩	5.119	0.002	0.261	29.66
251	3780.31	凝灰粉砂岩	7.536	0.002	0.837	17.81
32	3617.08	白云质粉砂岩	11.954	0.168	4.692	81.38

三、溶蚀作用对储层物性的影响

溶蚀作用是芦草沟组致密油储层次生孔隙形成的主要原因。芦草沟组次生溶蚀作用类型主要有长石及凝灰质组分溶蚀两种类型。长石含量与长石颗粒溶蚀孔隙具有好的正相关关系。芦草沟组长石含量较高，有利于溶蚀孔隙的形成，长石含量与长石溶孔的面孔率具有明显的正相关关系（图2.23）。此外在芦草沟组致密油源储紧邻共存的空间配置条件下，烃源岩成熟阶段有机酸大量进入致密储层，对凝灰质组分及部分碳酸盐胶结物进行溶蚀也会形成大量次生孔隙（图2.23）。

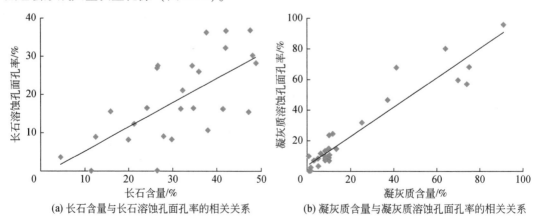

(a) 长石含量与长石溶蚀孔面孔率的相关关系　　(b) 凝灰质含量与凝灰质溶蚀孔面孔率的相关关系

图 2.23　芦草沟组长石含量、凝灰质含量与溶蚀孔面孔率的相关关系

芦草沟组致密油源储互层属于相对封闭的成岩系统，易溶组分的含量及分布控制着致密储层的溶蚀强度。在烃源岩厚度及 TOC 变化差异不大的条件下，通过对不同取心井甜点体内白云质粉砂岩及凝灰质粉砂岩的薄片统计，均表现出长石含量与溶蚀孔面孔率具有较好的一致性的特点，而与碳酸盐胶结物含量及孔隙度的关系不明显（图 2.24）。说明甜点体内长石含量是控制溶蚀作用发育程度的最关键因素。但长石的溶蚀又受控于多种因素，包括地层温度、酸碱条件、有机酸类型等。相同条件下，不同类型的长石其溶蚀程度也有所不同，随着地层埋深和温度的增大，钾长石更易溶蚀，而钠长石变化不大。

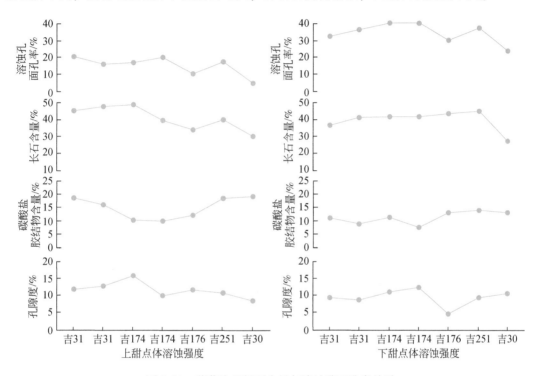

图 2.24　芦草沟组长石含量与溶蚀孔面孔率关系

四、成岩对有效储层的控制作用机理

有效储层（物性甜点）是指致密储层内物性较好的储层集中发育段，孔隙度一般大于 10%。芦草沟组致密油储层中优势岩性是控制物性甜点发育的基础，成岩作用对有效储层的形成和保存起了重要作用，具体体现在黏土矿物绿泥石对原生孔隙的保护、溶蚀作用形成次生溶蚀孔隙两个方面。

（一）局部超压与早期绿泥石协同保护原生孔隙

成岩路径：正常压实（中等）→绿泥石胶结（强）→甜点体储层（图 2.25 路径①）。

吉木萨尔凹陷芦草沟组存在超压现象，垂向上芦草沟组位于深层超压带内，早期快速埋藏使芦草沟组地层水被迅速排出到紧邻的粉砂岩中，导致垂向上在封闭型的成岩系统内形成一系列压力封存箱，原生孔隙内的流体承担了部分地层的上覆压力，在局部范围内形成小规模的局部超压。超压环境与粉砂岩中抗压能力较强的原生碳酸盐组分、石英颗粒在埋藏期快速压实过程中共同保护了原生孔隙。

在早成岩阶段，包裹在矿物颗粒表面的自生绿泥石薄膜增强了粉砂岩骨架颗粒的抗压实能力，并且抑制了石英次生加大，有利于原生孔隙的保存。具体来讲，凝灰质粉砂岩中富含的火山碎屑组分也为绿泥石胶结提供了 Fe^{2+}、Mg^{2+} 等离子的补给，促进了绿泥石胶结的形成。砂质坝等强水动力条件下沉积微相中的白云质粉砂岩、凝灰质粉砂岩中石英、长石含量高，为绿泥石环边胶结提供了可容空间。但是尽管绿泥石薄膜能够保护孔隙，却在一定程度上减小了喉道，从而降低了储层的渗透率。受控于芦草沟组岩性的变化及砂泥岩的接触关系，绿泥石通常发育在较厚层的砂体内部（图 2.26）。

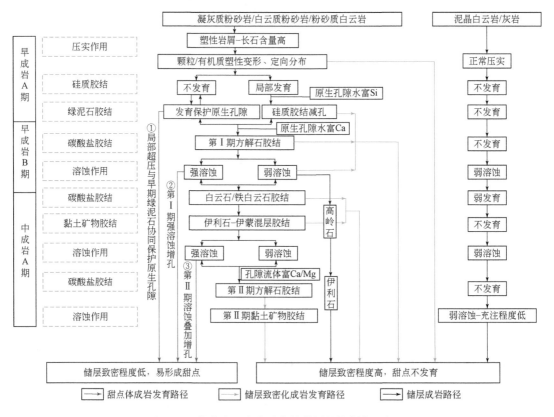

图 2.25　芦草沟组成岩对有效储层的控制作用机理

（二）第 I 期强溶蚀增孔

成岩路径：正常压实（中等）→绿泥石胶结（中等）→第 I 期碳酸盐胶结（中等）→第 I 期溶蚀作用（强）→甜点体储层（图 2.25 路径②）。

溶蚀作用是芦草沟组致密油储层内甜点体发育的重要因素。有机羧酸、碳酸、大气流体、深层热液等均可成为有效的溶蚀流体。吉木萨尔凹陷芦草沟组在埋藏期不存在大气淡水的溶蚀作用，干酪根主要为Ⅱ₁型，因此溶蚀作用的流体主要为烃源岩成熟过程中形成的有机酸。

在甜点体优势岩性中，凝灰质粉砂岩及白云质粉砂岩既含有相对多的原生粒间孔，又含有相对高的易溶组分（凝灰质+长石>30%），是溶蚀作用最强的岩性。铸体薄片及扫描电镜可见大量未充填或有机质充填的矿物颗粒溶蚀孔隙与原生孔隙或复合孔隙共同构成的孔喉网络。第Ⅰ期溶蚀发生期间易溶组分含量最高，也最易形成大规模次生孔喉网络。第Ⅱ期发育于砂泥岩接触面的碳酸盐胶结和黏土矿物胶结将砂体封闭，有利于第Ⅰ期砂体内部强烈溶蚀形成的有效储层保存（图2.25）。

（三）第Ⅱ期溶蚀叠加增孔

成岩路径：正常压实（中等）→绿泥石胶结（中等）→第Ⅰ期碳酸盐胶结（中等）→第Ⅰ期溶蚀作用（强）→第Ⅱ期碳酸盐胶结（强）→第Ⅱ期黏土矿物胶结（中等）→第Ⅱ期溶蚀作用（强）→甜点体储层（图2.25路径③）。

在第Ⅰ期溶蚀作用发生后，部分溶蚀孔隙被后期的碳酸盐胶结及黏土矿物胶结所充填。在第Ⅰ期溶蚀的基础上，烃源岩成熟过程中有机酸的幕式注入为第Ⅱ期溶蚀提供了酸性流体。储层中易溶组分在第Ⅰ期溶蚀作用过程中被大量消耗。就储层建设性来说，第Ⅱ期溶蚀作用主要溶解了方解石等前两期碳酸盐胶结物，特别是砂泥岩接触面的方解石胶结物，之后第Ⅱ期溶蚀孔喉系统与砂体内部第Ⅰ期溶蚀孔喉系统连通，在增大有效储集空间的同时也为后期的油气向储层内部充注提供了有利的运移通道（图2.26）。

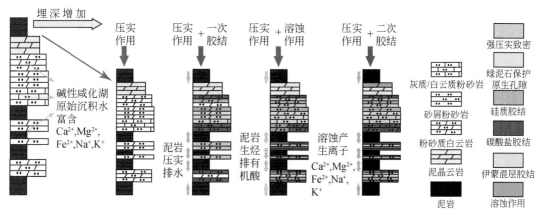

图2.26　芦草沟组致密油储层致密化模式及甜点形成模式

第五节　成岩相类型及特征

成岩作用是控制致密油储层优劣的关键因素，能否形成致密油储层"甜点"，很大程度上取决于后期成岩作用的类型及作用强度。成岩相是沉积矿物、成岩环境、成岩作用类型、成岩演化序列的高度概括，代表了现今阶段成岩作用产物的集合，也反映了致密油储层品质的差异。因此对致密油储层成岩相的研究是致密油储层甜点成因机制及分布规律研究的重点。从对储层的影响上来看，存在建设性和破坏性两大类成岩相，其中建设性成岩相是决定储层有效性的关键。

一、成岩相类型

成岩作用对吉木萨尔凹陷芦草沟组致密油储层物性及孔喉结构具有明显的控制作用。综合考虑沉积环境、成岩条件、成岩类型及强度、成岩矿物等多种因素，结合储层物性、孔喉特征参数，将芦草沟组致密油储层成岩相划分为 5 种类型，分别为凝灰质-长石溶蚀孔相、混合胶结-溶蚀孔相、绿泥石薄膜-粒间孔相、碳酸盐胶结相和混合胶结致密相。

(一) 凝灰质-长石溶蚀孔相

凝灰质-长石溶蚀孔相是吉木萨尔凹陷芦草沟组致密油储层中最好的建设性成岩相类型，但在研究区仅局部发育。该成岩相的岩石类型以陆源碎屑组分高的粉砂岩为主，受沉积相控制比较明显，是由于地层内凝灰质组分和长石颗粒含量较高并大量溶蚀，形成了大量规模不均等但是连通性好的孔喉网络系统（图 2.27），且局部的喉道经过溶蚀扩大，极大地提升了储层内流体的渗流性能，因此具有最好的储集和渗流能力。该成岩相岩心上往往表现为油斑以上的含油级别，样品含油饱和度也往往能够达到 50% 以上；在铸体薄片及扫描电镜照片上可以观察到明显的大量颗粒溶蚀；在面孔率及孔喉半径分布上均能表现出较好的储层质量；在常规测井曲线上，GR、RT、AC、CNL、DEN 波动幅度小，变化不大，面孔率分布在 17%~95%，最大孔喉可达 78.94μm，平均为 0.42μm（表 2.5）。

(a) 吉174 3141.04m，绿泥石包裹石英颗粒，原生粒间孔为主　(b) 吉174,4047.77m，方解石晶粒胶结充填，孔隙不发育

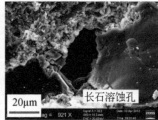

(c) 吉174，3161.75m，方解石及长石溶蚀，溶蚀孔隙较发育　(d) 吉30，4048.21m，方解石晶粒与片状伊利石胶结，孔隙不发育　(e) 吉174，3143.30m，长石颗粒完全溶蚀形成大型溶蚀孔

图 2.27　芦草沟组致密油储层不同成岩相类型镜下特征

表 2.5　芦草沟组致密油储层成岩相类型及特征

成岩相	凝灰质-长石溶蚀孔相	混合胶结-溶蚀孔相	绿泥石薄膜-粒间孔相	碳酸盐胶结相	混合胶结致密相
典型识别曲线	GR/API −50—150, AC/(μs/ft) 110—0, RT/(Ω·m) —10000, CNL/% 60—0, DEN/(g/cm) 1—3	同左	同左	同左	同左
面孔率/%	17~95	13~29	7~43	<7	<3
最大孔喉/μm	78.94	34.68	27.37	7.56	1.37
最小孔喉/μm	0.05	0.01	<0.01	<0.01	<0.01
平均孔喉/μm	0.42	0.12	0.23	0.05	0.02
胶结物	伊利石、伊蒙混层、方解石	伊利石、伊蒙混层胶结物	绿泥石、少量黏土矿物	方解石、白云石、铁白云石	方解石、铁白云石、伊利石、伊蒙混层
孔隙特征	以溶蚀孔、复合孔为主	以长石溶蚀孔为主	原生粒间孔为主少量复合孔	少量溶蚀孔、膏模孔	极少量晶间孔、复合孔

（二）混合胶结-溶蚀孔相

混合胶结-溶蚀孔相为建设性成岩相，在研究区灰质/白云质粉砂岩中广泛发育。因灰质/白云质粉砂岩在埋藏期胶结作用过程中碳酸盐组分会提供大量的 Ca^{2+} 及 Mg^{2+} 等，从而形成大量的碳酸盐胶结物（图2.27）。但是在后期的溶蚀过程中，碳酸盐组分及早期碳酸盐胶结物又会因溶蚀而形成一定量的次生溶蚀孔隙从而改善储层质量。在常规测井曲线上，GR 呈锯齿状，RT 逐渐减小，AC、CNL 略微升高，面孔率分布在13%~29%，最大孔喉可达34.68μm，平均为0.12μm（表2.5）。

（三）绿泥石薄膜-粒间孔相

绿泥石薄膜-粒间孔相一般只发育在甜点体内粉砂岩中，原生粒间残余孔隙发育。在铸体薄片及扫描电镜下均能够见到绿泥石矿物覆盖于陆源碎屑颗粒表面，增强了矿物颗粒的抗压实能力，从而起到了对原生粒间孔的保护作用，但也抑制了酸性流体与长石颗粒的接触，导致次生孔隙相对不发育（图2.27）。在常规测井曲线上表现为 GR、RT 以正韵律升高，AC、CNL、DEN 呈锯齿状，面孔率分布在7%~43%，最大孔喉为27.37μm，平均为0.23μm（表2.5）。

（四）碳酸盐胶结相

碳酸盐胶结相为破坏性成岩相，多发育在白云质粉砂岩与粉砂质白云岩中。扫描电镜下可见大量的碳酸盐胶结物充填于原生孔隙及早期次生溶蚀孔隙，对储层的物性具有明显的破坏作用（图2.27）。在常规测井曲线上，GR呈反韵律，AC、CNL呈正旋回，面孔率小于7%，最大孔喉为7.56μm，平均为0.05μm（表2.5）。

（五）混合胶结致密相

混合胶结致密相是研究区破坏性最大的成岩相，也是芦草沟组致密油储层广泛发育的成岩相，在各种岩性中均可见到。该类成岩相储层中由于发育有大量的碳酸盐胶结物及黏土矿物胶结物，在埋藏期持续压实作用的大背景下，减小了储层的储渗能力，导致储层致密化。该类成岩相储层中仅可见少量的晶间孔或复合孔（图2.27）。在常规测井曲线上，GR、RT、AC、CNL、DEN同时呈锯齿状快速变化，面孔率小于3%，最大孔喉为1.37μm，平均为0.02μm（表2.5）。

二、成岩相物性特征

成岩相是成岩作用产物的集合，物性好的优势成岩相构成了芦草沟组致密油储层甜点形成的基础。如前所述，凝灰质-长石溶蚀孔相、混合胶结-溶蚀孔相及绿泥石薄膜-粒间孔相是芦草沟组三种优势成岩相类型。

通过对不同成岩相储层样品的面孔率统计分析，对不同类型成岩相的物性差异进行评价。统计结果表明，凝灰质-长石溶蚀孔相面孔率超过20%的样品接近50%，80%以上的样品面孔率大于5%；绿泥石薄膜-粒间孔相和混合胶结-溶蚀孔相，其面孔率主要为5%~25%，而碳酸盐胶结相面孔率分布明显降低，分布区间在0~10%（图2.28）；混合胶结致密相面孔率多小于5%。

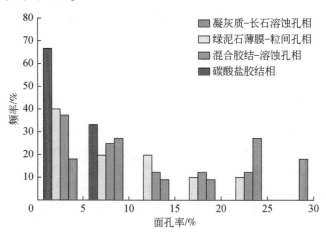

图2.28　芦草沟组致密油不同类型成岩相面孔率分布

凝灰质-长石-溶蚀孔相具有最高的面孔率及最大的平均喉道半径（图2.29），是研究区最有利的成岩相；其次为混合胶结-溶蚀孔相，其面孔率和喉道直径的分布要优于绿泥石薄膜-粒间孔相；绿泥石薄膜-粒间孔相同样存在一定量的原生孔隙及部分较大的原生喉道，同样能够成为储层甜点。基于对不同类型成岩相储层样品面孔率及扫描电镜照片喉道尺寸的统计，结果表明芦草沟组致密油储层不同类型成岩相的储渗能力存在明显差异，按照储渗能力排序，由好到差依次为：凝灰质-长石溶蚀孔相、混合胶结-溶蚀孔相、绿泥石薄膜-粒间孔相、碳酸盐胶结相、混合胶结致密相。其中前三种为芦草沟组致密油储层甜点主要的成岩相类型，是储层甜点预测的主要目标。

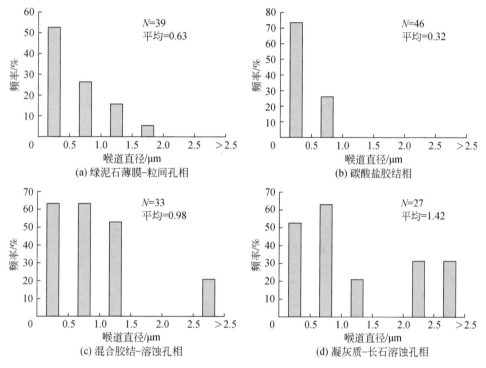

图2.29　芦草沟组致密油储层不同类型成岩相喉道直径分布

三、成岩相分布特征

（一）平面分布

对井控程度较高、资料较丰富的吉木萨尔凹陷芦草沟组致密油开发区上的甜点开展了成岩相平面分布预测。研究区的上甜点体地层厚度为50m左右，受原始混合沉积物质和成岩环境差异影响，在垂向上发育有多种成岩相交互出现。在研究过程中，主要采用了沉积微相控制、常规测井识别、取心井薄片分析、优势成岩相优先的原则（即对某一井位，首先和主要考虑建设性成岩相的发育情况），绘制了芦草沟组致密油储层上甜点体密井网区成岩相平面分布图（图2.30）。

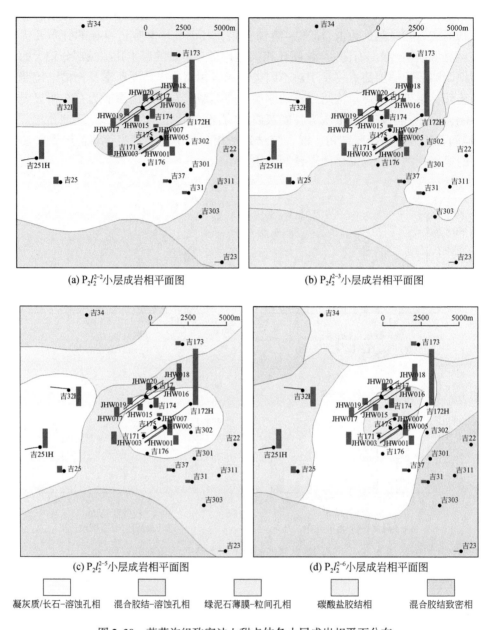

(a) $P_2l_2^{2-2}$小层成岩相平面图　　　　(b) $P_2l_2^{2-3}$小层成岩相平面图

(c) $P_2l_2^{2-5}$小层成岩相平面图　　　　(d) $P_2l_2^{2-6}$小层成岩相平面图

凝灰质/长石–溶蚀孔相　　混合胶结–溶蚀孔相　　绿泥石薄膜–粒间孔相　　碳酸盐胶结相　　混合胶结致密相

图 2.30　芦草沟组致密油上甜点体各小层成岩相平面分布

从图 2.30 各小层成岩相分布图中可以看出，上甜点体密井网区主要发育凝灰质–长石溶蚀相、碳酸盐胶结相及混合胶结–溶蚀孔相，绿泥石薄膜–粒间孔相受沉积砂厚的影响，分布比较局限。整体上建设性成岩相带分布较广，说明上甜点体特别是 $P_2l_2^{2-2}$ 小层内有利储层较为发育，这与该区块勘探、开发的现状较为符合。

（二）垂向分布

芦草沟组致密油储层整体上具有多期内源胶结、空间发育差异大的成岩规律。沉积微相通过控制岩石类型进而在一定程度上控制着成岩作用的类型及强度，并奠定了成岩相分布的基础。上甜点体主要沉积的微相类型为砂质滩坝、云砂坪等构成的储层优势沉积微相，陆源碎屑组分构成了其主要岩性，因此上甜点体主要发育有绿泥石薄膜-粒间孔相、凝灰质-长石溶蚀孔相，而在大量的砂泥接触面则主要发育碳酸盐胶结相及混合胶结致密相，极大地降低了上甜点体内垂向的连通性。

下甜点体以三角洲沉积为主，优势微相为远砂坝、席状砂，主要发育有凝灰质-长石溶蚀孔相、混合胶结-溶蚀孔相两种建设性成岩相，垂向频繁变化的岩性同样导致了混合胶结致密相发育，极大降低了储层的垂向连通性（图2.31）。

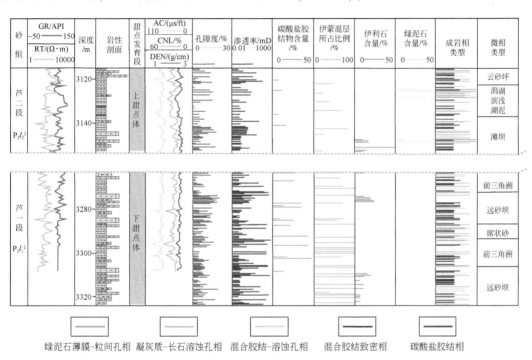

图 2.31　芦草沟组致密油上、下甜点体成岩相垂向分布

参 考 文 献

杜金虎，刘合，马德胜，等.2014.试论中国陆相致密油有效开发技术 [J].石油勘探与开发，41（2）：198-205.

杜业波，季汉成，吴因业，等.2006.前陆层序致密储层的单因素成岩相分析 [J].石油学报，27（2）：48-52.

冯胜斌，牛小兵，刘飞，等.2013.鄂尔多斯盆地长7致密油储层储集空间特征及其意义 [J].中南大学学报（自然科学版），44（11）：4574-4580.

公言杰，柳少波，朱如凯，等.2015.致密油流动孔隙度下限——高压压汞技术在松辽盆地南部白垩系泉四段的应用 [J].石油勘探与开发，42（5）：681-688.

郭继刚，郭凯，宫鹏骐，等.2017.鄂尔多斯盆地延长组储层致密化及其影响下的致密油充注特征 [J].石油实验地质，39（2）：405-410.

何顺利，焦春艳，王建国，等.2011. 恒速压汞与常规压汞的异同［J］. 断块油气田，18（2）：235-237.

何涛，王芳，汪伶俐.2013. 致密砂岩储层微观孔隙结构特征——以鄂尔多斯盆地延长组长 7 储层为例［J］. 岩性油气藏，25（4）：23-26.

侯健，邱茂鑫，陆努，等.2014. 采用 CT 技术研究岩心剩余油微观赋存状态［J］. 石油学报，35（2）：319-325.

黄福喜，杨涛，闫伟鹏，等.2014. 中国致密油储层储集性能主控因素分析［J］. 成都理工大学学报（自然科学版），41（5）：538-547.

贾承造，邹才能，李建忠，等.2012. 中国致密油评价标准、主要类型、基本特征及资源前景［J］. 石油学报，33（3）：343-350.

蒋裕强，陈林，蒋婵，等.2014. 致密砂岩储层孔隙结构表征技术及发展趋势［J］. 地质科技情报，33（03）：63-70.

匡立春，唐勇，雷德文，等.2012. 准噶尔盆地二叠系咸化湖相云质岩致密油形成条件与勘探潜力［J］. 石油勘探与开发，39（6）：657-667.

匡立春，胡文瑄，王绪龙，等.2013a. 吉木萨尔凹陷芦草沟组致密油储层初步研究：岩性与孔隙特征分析［J］. 高效地质学报，19（3）：529-535.

匡立春，孙中春，欧阳敏，等.2013b. 吉木萨尔凹陷芦草沟组复杂岩性致密油储层测井岩性识别［J］. 测井技术，37（6）：638-642.

匡立春，王霞田，郭旭光，等.2014. 吉木萨尔凹陷芦草沟组致密油地质特征与勘探实践［J］. 新疆石油地质，36（6）：629-634.

匡立春，王霞田，郭旭光，等.2015. 吉木萨尔凹陷芦草沟组致密油地质特征与勘探实践［J］. 新疆石油地质，36（6）：853-863.

赖锦，王贵文，王书南，等.2013. 碎屑岩储层成岩相研究现状及进展［J］. 地球科学进展，28（1）：39-50.

李德勇，张金亮，姜效典，等.2013. 高邮凹陷南坡真武–曹庄地区戴南组砂岩成岩作用及其对储层性质的影响［J］. 地球科学，38（1）：130-142.

李建忠，郑民，陈晓明，等.2015. 非常规油气内涵辨析、源–储组合类型及中国非常规油气发展潜力［J］. 石油学报，36（5）：521-532.

李杪，罗静兰，赵会涛，等.2015. 不同岩性的成岩演化对致密砂岩储层储集性能的影响：以鄂尔多斯盆地东部上古生界盒 8 段天然气储层为例［J］. 西北大学学报自然科学版，45（1）：97-106.

李闽，王浩，陈猛.2018. 致密砂岩储层可动流体分布及影响因素研究——以吉木萨尔凹陷芦草沟组为例［J］. 岩性油气藏，30（1）：140-149.

李珊，孙卫，王力，等.2013. 恒速压汞技术在储层孔隙结构研究中的应用［J］. 断块油气田，20（4）：485-487.

廖朋，王琪，唐俊，等.2014. 鄂尔多斯盆地环县–华池地区长 8 砂岩储层成岩作用及孔隙演化［J］. 中南大学学报（自然科学版），45（9）：3200-3210.

林森虎，邹才能，袁选俊，等.2011. 美国致密油开发现状及启示［J］. 岩性油气藏，23（4）：25-30.

刘广峰，白耀星，王文举，等.2017. 致密砂岩储层微观孔喉结构及其对渗流特征的影响——以鄂尔多斯盆地周长地区长 8 储层为例［J］. 科学技术与工程，17（05）：29-34.

刘向君，朱洪林，梁利喜.2014. 基于微 CT 技术的砂岩数字岩石物理实验［J］. 地球物理学报，57（4）：1133-1140.

刘晓鹏，刘燕，陈娟萍，等.2016. 鄂尔多斯盆地盒 8 段致密砂岩气藏微观孔隙结构及渗流特征［J］. 天然气地球科学，27（7）：1225-1234.

罗静兰，刘小洪，林潼，等．2006．成岩作用与油气侵位对鄂尔多斯盆地延长组砂岩储层物性的影响［J］．地质学报，80（5）：665-673.

马中振，戴国威，盛晓峰，等．2013．松辽盆地北部连续型致密砂岩油藏的认识及其地质意义［J］．中国矿业大学学报，42（2）：221-229.

孟元林，祝恒东，李新宁，等．2014．白云岩溶蚀的热力学分析与次生孔隙带预测——以三塘湖盆地二叠系芦草沟组二段致密凝灰质白云岩为例［J］．石油勘探与开发，41（6）：690-696.

庞正炼，陶士振，张琴，等．2016．致密油二次运移动力和阻力实验研究——以四川盆地中部侏罗系为例［J］．中国矿业大学学报，45（4）：754-764.

彭永灿，李映艳，马辉树，等．2015．吉木萨尔凹陷芦草沟组致密油藏原油性质影响因素［J］．新疆石油地质，36（6）：656-659.

邱楠生，王绪龙，杨海波，等．2001．准噶尔盆地地温分布特征［J］．地质科学，36（3）：350-358.

邱振，施振生，董大忠，等．2016．致密油源储特征与聚集机理——以准噶尔盆地吉木萨尔凹陷二叠系芦草沟组为例［J］．石油勘探与开发，43（6）：928-939.

曲长胜，邱隆伟，操应长，等．2017a．吉木萨尔凹陷二叠系芦草沟组烃源岩有机岩石学特征及其赋存状态［J］．中国石油大学学报（自然科学版），41（2）：30-38.

曲长胜，邱隆伟，杨勇强，等．2017b．吉木萨尔凹陷芦草沟组碳酸盐岩碳氧同位素特征及其古湖泊学意义［J］．地质学报，91（3）：605-616.

王猛，唐洪明，刘枢，等．2017．砂岩差异致密化成因及其对储层质量的影响——以鄂尔多斯盆地苏里格气田东区上古生界二叠系为例［J］．中国矿业大学学报，46（6）：1228-1245.

王明磊，张遂安，张福东，等．2015．鄂尔多斯盆地延长组长7段致密油微观赋存形式定量研究［J］．石油勘探与开发，42（6）：757-762.

蒽克来，操应长，朱如凯，等．2015．吉木萨尔凹陷二叠系芦草沟组致密油储层岩石类型及特征［J］．石油学报，36（12）：1495-1507.

徐伟，陈开远，曹正林，等．2014．咸化湖盆混积岩成因机理研究［J］．岩石学报，30（6）：1804-1816.

闫建萍，刘池洋，张卫刚．2010．鄂尔多斯盆地南部上古生界低孔低渗砂岩储层成岩作用特征研究［J］．地质学报，84（2）：272-279.

闫林，冉启全，高阳，等．2017．新疆芦草沟组致密油赋存形式及可动用性评价［J］．油气藏评价与开发，7（6）：20-25.

杨华，李士祥，刘显阳．2013．鄂尔多斯盆地致密油、页岩油特征及资源潜力［J］．石油学报，34（1）：1-11.

姚泾利，邓秀芹，赵彦德，等．2013．鄂尔多斯盆地延长组致密油特征［J］．石油勘探与开发，40（2）：150-158.

尤源，牛小兵，冯胜斌，等．2014．鄂尔多斯盆地延长组长7致密油储层微观孔隙特征研究［J］．中国石油大学学报（自然科学版），38（6）：18-22.

查明，苏阳，高长海，等．2017．致密储层储集空间特征及影响因素——以准噶尔盆地吉木萨尔凹陷二叠系芦草沟组为例［J］．中国矿业大学学报，46（1）：85-95.

张君峰，毕海滨，许浩，等．2015．国外致密油勘探开发新进展及借鉴意义［J］．石油学报，36（2）：127-137.

张响响，邹才能，陶士振，等．2010．四川盆地广安地区上三叠统须家河组四段低孔渗砂岩成岩相类型划分及半定量评价［J］．沉积学报，28（1）：50-57.

张兴良，田景春，王峰，等．2014．致密砂岩储层成岩作用特征与孔隙演化定量评价——以鄂尔多斯盆地高桥地区二叠系下石盒子组盒8段为例［J］．石油与天然气地质，35（2）：212-217.

赵继勇，刘振旺，谢启超，等.2014. 鄂尔多斯盆地姬塬油田长 7 致密油储层微观孔喉结构分类特征 [J].中国石油勘探，19（5）：73-79.

钟大康，周立建，孙海涛，等.2012. 储层岩石学特征对成岩作用及孔隙发育的影响：以鄂尔多斯盆地陇东地区三叠系延长组为例 [J]. 石油与天然气地质，33（6）：280-289.

钟大康，祝海华，孙海涛，等.2013. 鄂尔多斯盆地陇东地区延长组砂岩成岩作用及孔隙演化 [J]. 地学前缘，20（2）：61-68.

朱如凯，白斌，崔景伟，等.2013. 非常规油气致密储层微观结构研究进展 [J]. 古地理学报，15（5）：615-623.

朱永才，姜懿洋，吴俊军，等.2017. 吉木萨尔凹陷致密油储层物性定量预测 [J]. 特种油气藏，24（4）：42-47.

祝海华，钟大康，姚泾利，等.2014. 鄂尔多斯西南地区长 7 段致密油储层微观特征及成因机理 [J]. 中国矿业大学学报，43（5）：853-863.

邹才能，朱如凯，白斌，等.2011. 中国油气储层中纳米孔喉首次发现及其科学价值 [J]. 岩石学报，27（6）：1857-1864.

邹才能，朱如凯，吴松涛，等.2012. 常规与非常规油气聚集类型、特征、机理及展望——以中国致密油和致密气为例 [J]. 石油学报，33（2）：173-187.

邹才能，朱如凯，白斌，等.2015. 致密油与页岩油内涵、特征、潜力及挑战 [J]. 矿物岩石地球化学通报，34（1）：3-17.

Anovitz L M, Cole D R, Rother G, et al. 2013. Diagenetic changes in macro- to nano-scale porosity in the St Peter Sandstone：an（ultra）small angle neutron scattering and backscattered electron imaging analysis [J]. Geochimica Et Cosmochimica Acta, 102（2）：280-305.

Clarkson C R, Freeman M, He L, et al. 2012. Characterization of tight gas reservoir pore structure using USANS/SANS and gas adsorption analysis [J]. Fuel, 95（1）：371-385.

Clarkson C R, Solano N, Bustin R M, et al. 2013. Pore structure characterization of North American shale gas reservoirs using USANS/SANS, gas adsorption, and mercury intrusion [J]. Fuel, 103（1）：606-616.

Dewanckele J, De Kock T, Boone M A, et al. 2012. 4D imaging and quantification of pore structure modifications inside natural building stones by means of high resolution X-ray CT [J]. Science of The Total Environment, 416：436-448.

Ghanizadeh G, Clarkson C R, Aquino S, et al. 2014. Petrophysical and geomechanical characteristics of Canadian tight oil and liquid-rich gas reservoirs：I. Pore network and permeability characterization [J]. Fuel, 153：664-681.

Hinai A A, Rezaee R, Esteban L, et al. 2014. Comparisons of pore size distribution：a case from the Western Australian gas shale formations [J]. Journal of Unconventional Oil Gas Resource, 8：1-13.

Houseknecht D W, Hathon L A. 1987. Petrographic constraints on models of intergranular pressure solution in quartzose sandstones [J]. Applied Geochemistry, 2（5）：507-521.

Kuila U, Prasad M. 2013. Specific surface area and pore size distribution in clays and shales [J]. Geophysical Prospecting, 2013, 61：341-362.

Lai J, Wang G W. 2015. Fractal analysis of tight gas sandstones using high-pressure mercury intrusion techniques [J]. Journal of Natural Gas Science & Engineering, 24：185-196.

Li M, Tao Z, Liu Q, et al. 2015. A new method for obtaining the rock pore structure eigenvalue [J]. Journal of Natural Gas Science & Engineering, 22（22）：478-482.

Loucks R G, Reed R M, Ruppel S C, et al. 2009. Morphology, genesis, and distribution of nanometer-scale pore in siliceous mudstones of the Mississippian Barnett shale [J]. International Journal of Sediment Research, 79 (12): 848-861.

Mayo S, Josh M, Nesterets Y, et al. 2015. Quantitative micro-porosity characterization using synchrotron micro-CT and xenon K-edge subtraction in sandstones, carbonates, shales and coal [J]. Fuel, 154: 167-173.

Paxton S T, Szabo J O, Ajdukiewicz J M, et al. 2002. Construction of an intergranular volume compaction curve for evaluating and predicting compaction and porosity loss in rigid-grain sandstone reservoir [J]. AAPG Bulletin, 86 (12): 2047-2067.

Rezaee R, Saeedi A, Clennell B. 2012. Tight gas sands permeability estimation from mercury injection capillary pressure and nuclear magnetic resonance data [J]. Journal of Nature Gas Science & Engineering, s88-89 (2): 92-99.

Romanenko K, Balcom B J. 2013. An assessment of non-wetting phase relative permeability in water-wet sandstones based on quantitative MRI of capillary end effects [J]. Journa of Petroleum Science & Engineering, 110 (5): 225-231.

Shanley K W, Cluff R M. 2015. The evolution of pore-scale fluid-saturation in low permeability sandstone reservoirs [J]. AAPG Bulletin, 99 (10): 1957-1990.

Xi K L, Cao Y C, Beyene G H, et al. 2016. How does the pore-throat size control the reservoir quality and oiliness of tight sandstones? The case of the Lower Cretaceous Quantou Formation in the southern Songliao Basin, China [J]. Marine and Petroleum Geology, 76: 1-15.

Zhang Y, Piper P G, Piper J W D. 2015. How sandstone porosity and permeability vary with diagenetic minerals in the Scotian Basin, offshore eastern Canada: implications for reservoir quality [J]. Marine and Petroleum Geology, 63: 28-45.

Zhao H, Ning Z, Wang Q, et al. 2015. Petrophysical characterization of tight oil reservoirs using pressure-controlled porosimetry combined with rate-controlled porosimetry [J]. Fuel, 154: 233-242.

Zou C N, Zhu R K, Liu K, et al. 2012. Tight gas sandstone reservoirs in China: characteristics and recognition criteria [J]. Journa of Petroleum Science & Engineering, s88-89 (2): 82-91.

第三章 致密油储层裂缝成因机理与分布规律

裂缝发育程度影响着致密储层的渗透性和储集能力。曾联波（2010）调研认为北美海相非常规油气资源勘探开发的成功，最重要的因素之一就是有足够的天然裂缝为储层提供有效的储集空间和主要的渗流通道。目前，致密油储层裂缝的科学问题具体表现为，裂缝类型及其形成机理、裂缝发育的主控因素及其分布规律、裂缝的精细表征及其定量评价等方面。天然裂缝特征及其分布规律的研究对于油气成藏机理、储层甜点识别预测、制定开发技术政策及储层压裂工艺等方面均具有重要意义。

第一节 裂缝类型与基本特征

裂缝的分类方法众多，如按形成裂缝的力学性质划分，为张裂缝、张剪缝、剪切缝和压剪缝；按形成裂缝的地质作用类型划分，为构造缝和非构造缝；按裂缝的开度划分，为特大缝、大缝、中缝、小缝、微缝等；按裂缝的充填程度划分，为未充填裂缝、半充填裂缝、全充填裂缝；按裂缝的成像测井响应特征差异划分，为高阻缝、高导缝及诱导缝。除此之外，还有按产状、有效性、成像测井影像特征等划分方案。

一、致密油储层裂缝类型

我国陆相致密油储层的裂缝类型包括构造成因裂缝（包括与褶皱有关的裂缝和与断层有关的裂缝）和非构造成因裂缝（如沉积裂缝，层理裂缝、成岩裂缝、风化裂缝、泄水缝等）两大类，主要包括构造缝、层理缝、溶蚀缝、缝合线和泄水缝5种类型的裂缝，其基本特征见表3.1。

表 3.1 致密油储层主要裂缝类型及其分布特征

类型	成因	影响因素	分布特征	典型照片
构造缝	岩石在构造应力作用下产生破裂而形成的裂缝	①岩石脆性 ②构造应力 ③地层厚度	在断层末梢、构造轴部、转折端、鼻突、扭曲和陡缓变异带等部位脆性岩石中	
层理缝	地层受到各种地质作用而沿着沉积层理裂开的裂缝	①蒙脱石脱水收缩 ②有机质沉淀 ③有机质热演化排烃	岩性变化快、薄互层分布的地层易发育层理缝	

续表

类型	成因	影响因素	分布特征	典型照片
溶蚀缝	岩石矿物中的易溶组分被溶解带走后形成的裂缝	①岩石矿物组分 ②酸性水浓度 ③溶蚀时间	①风化壳及不整合面 ②早期形成的孔隙和裂缝界面附近 ③酸性水运移的层序界面	
缝合线	岩石在负载或构造应力作用下发生压溶，可溶物质被流体带走，不溶物质在缝合线中残存	①岩石矿物组分 ②压实和压溶作用	主要分布于岩性致密、塑性较强的地层中，低角度、水平产状多见	
泄水缝	准同生期岩石未完全固结，当上覆压力超过地层水承压时，地层水就会沿层理缝或穿层释放形成泄水缝	①地层含水量大小 ②上覆压力变化 ③层理发育情况	泄水缝产状多变，缝面崎岖不平，白云质泥岩、粉砂质泥岩中多见	

　　研究区芦草沟组致密油储层主要发育构造缝、成岩缝和异常高压缝（即泄水缝）3类7种成因类型的裂缝，主控因素、控油作用、发育程度各不相同（表3.2）。

表3.2 吉木萨尔凹陷芦草沟组致密油储层裂缝成因类型及其基本特征

类型	种类	主控因素	控油作用	发育程度	含油性	典型照片
构造缝	剪切缝 扩张缝 拉张缝	构造应力、岩性（脆性）、层厚	纵向输导与储油成藏	局部发育	较好	
成岩缝	层理缝 溶蚀缝 生烃缝	沉积与层理、构造应力、成岩成烃演化	横向运移与储油成藏	普遍发育，尤其是层理缝	很好	

类型	种类	主控因素	控油作用	发育程度	含油性	典型照片
异常高压缝	泄水缝	欠压实	阻止石油运移与储集	局部发育	不好	

二、致密油储层裂缝基本特征

(一) 构造缝

构造成因的裂缝通常可以划分为剪切缝、扩张缝和拉张缝 3 种基本类型（曾联波，2007）。吉木萨尔凹陷芦草沟组致密储层构造缝是该区域的主要裂缝类型之一，在野外露头分布于各种岩性中，切穿深度较大、方向性明显、分布较规则，常伴有矿物充填。据野外露头观测显示，芦草沟组构造缝主要为剪切缝和扩张缝，拉张缝较少。

剪切缝是最常见的构造缝类型，剪切缝沿着与最大主压应力（σ_1）方向呈一定夹角的最大剪应力面分布，裂缝的位移方向与裂缝面平行。剪切缝通常呈 X 状、产状稳定、延伸长、缝面平直光滑，在裂缝面上常有擦痕，裂缝尾端常以尾折或菱形结环的形式消失 [图 3.1（a）]。

扩张缝沿着最大主应力（σ_1）方向和中间主应力（σ_2）方向构成的面分布，与最小主应力（σ_3）垂直，因而裂缝的位移方向与裂缝面垂直。扩张缝通常可以与剪切缝同时发育，扩张缝产状不稳定，延伸短，裂缝面粗糙不平 [图 3.1（b）]。

对岩心观察也见到构造缝，但发育程度较低，往往为高角度裂缝，岩心上裂缝长度在 0.1~20cm。部分构造缝与层理缝交叉，形成油气的储集空间和运移通道 [图 3.1（c）（d）]，在沟通裂缝网络方面起着重要作用。

在铸体薄片上也观察到构造裂缝，表现为穿切层理，裂缝较平直，裂缝宽度为 0.1~100μm，长度为 0.1~10mm，充填程度约为 70%，充填矿物多数为石英、方解石、白云石等，也有部分被泥质充填 [图 3.1（e）~（g）]。

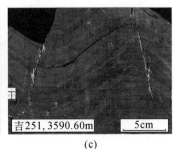

| (a) | (b) | (c) |

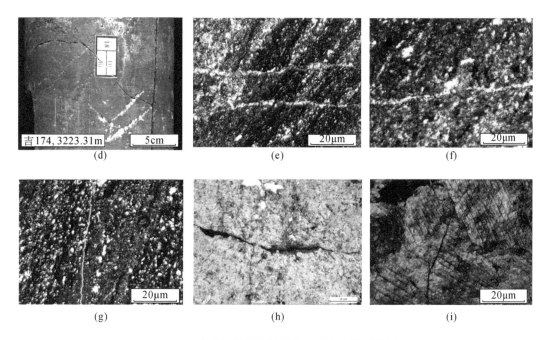

图 3.1 芦草沟组构造缝露头、岩心和镜下特征

（a）（b）为构造缝野外露头特征，分为剪切缝和扩张缝两种类型；（c）（d）为构造缝岩心特征，呈高角度；（e）（f）为J251 井，深度 3741m，岩石主要由微晶–泥晶白云石组成，构造缝发育，切穿层理，缝宽 0.5~10μm，部分被石膏充填；（g）为 J32 井，3725m，岩石主要由微晶–泥晶白云石组成，构造缝发育，缝宽 0.5~5μm，无充填；（h）（i）为 J31 井，3754.2m，岩石主要由泥晶白云石组成，构造缝发育，缝宽 0.1~10μm，无充填物

　　通过统计吉木萨尔凹陷芦草沟组致密油典型井上、下甜点构造缝产状、开度与充填特征，编绘了走向玫瑰花图、构造缝倾角分布图、裂缝充填分布图及岩心裂缝开度分布图。可以看出，目的层的构造缝走向以北东、近南北和北西三个方向为主，倾角总体角度较大，充填程度普遍较低，主要为未充填裂缝。上、下甜点特征类似，裂缝开度较小，统计总数中 77.5% 的裂缝开度小于 1mm（图 3.2）。

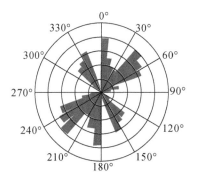

（a）典型井上、下甜点构造缝走向玫瑰花图

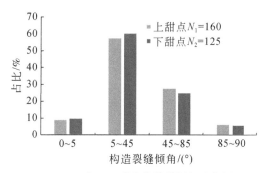

（b）上、下甜点构造缝倾角分布图

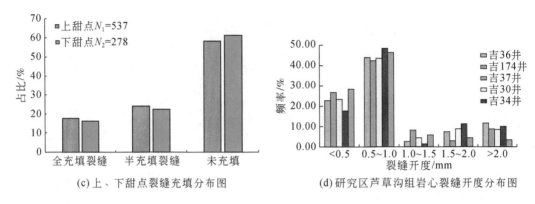

(c) 上、下甜点裂缝充填分布图 　　　　(d) 研究区芦草沟组岩心裂缝开度分布图

图3.2　构造裂缝产状、开度与充填特征表征图

(二) 成岩缝

成岩缝是指在成岩过程中由于压实和压溶等地质作用而产生的天然裂缝,主要发育在泥质岩类和砂岩中,常见成岩缝有层理缝、溶蚀缝、生烃缝等类型。在吉木萨尔凹陷芦草沟组致密油储层中,层理缝是最具代表性的成岩缝类型,发育程度最高。

层理缝是指由于受到各种地质作用而沿着沉积层理裂开的裂缝,包括水平层理缝、单斜层理缝和槽状层理缝等。野外露头和岩心观察可见大量层理缝,一般在层理发育的储层中沿层理面低角度或水平延伸,能有效提高致密油储层的孔隙空间和渗流能力。铸体薄片观察到层理缝与层理面近平行,遇到矿物颗粒会绕行,往往表现为一头较宽,往另一头逐渐尖灭的特征,裂缝宽度在 $0.1 \sim 5\mu m$ 变化,裂缝长度为 $0.1 \sim 10mm$。层理缝的缝面往往能见到有泥质、方解石等矿物存留 (图3.3)。

(三) 异常高压缝

吉木萨尔凹陷芦草沟组致密油储层中异常高压缝主要为泄水缝,岩心观察常见 (图3.4)。表现为裂缝脉群,且走向弯曲,开度不一,单条裂缝的宽度在 $0.2 \sim 15mm$ 变化,最大可达20mm,延伸长度为数毫米至数厘米。泄水缝绝大多数被方解石、白云石等脉体充填,不含油。

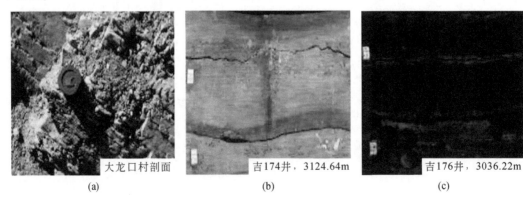

大龙口村剖面	吉174井,3124.64m	吉176井,3036.22m
(a)	(b)	(c)

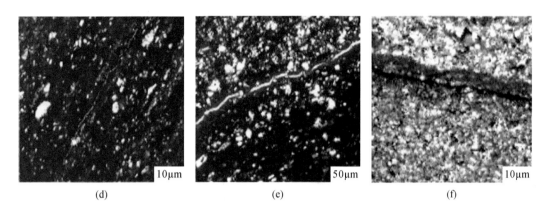

图 3.3　芦草沟组层理缝露头、岩心和镜下特征

（a）为层理缝野外露头特征；（b）（c）为层理缝岩心特征，与层理面近平行，往往表现为一头较宽，往另一头逐渐尖灭的特征；（d）（e）为吉 32 井，3725m，岩石主要由微晶－泥晶白云石组成，见浅暗交替平行纹层，暗色纹层泥质含量较高，层理缝发育，缝宽为 1～20μm，无充填物；（f）为吉 31 井，2730m，含云质泥岩，层理缝发育，缝宽为 1～50μm，被泥质充填

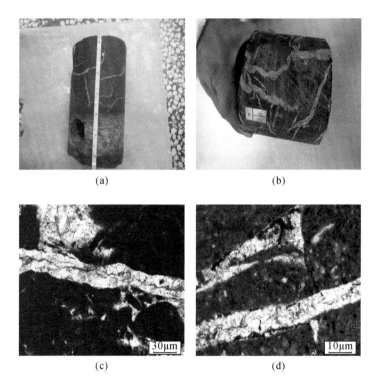

图 3.4　芦草沟组异常高压缝（泄水缝）岩心和镜下特征

第二节　裂缝成因机理及主控因素

一、裂缝成因机理

(一) 构造缝成因机理

致密油储层构造缝的成因与构造运动及构造部位有关,露头的构造缝较多而岩心的较少,主要是与其受到的构造应力有关系。露头区因为处于盆地边缘,而岩心处于盆地中心位置,盆地中心往往为整体抬升或沉降,围压未发生重大变化,地层之间也较少发生错动等,所以岩心的构造缝发育较少。同时,构造缝的发育也与其所处的构造部位有很大关系,野外露头观察显示,靠近断裂及褶皱核部的地方,由于断层或褶皱活动所产生的扰动作用,构造缝密度也明显增加。

按力学成因,构造缝包含剪切缝、扩张缝和拉张缝 3 类 (图 3.5)。剪切缝通常呈两组共轭的方式出现,一般分别对称地位于最大主应力方向的两侧;扩张缝沿着最大主应力和中间主应力方向构成的面分布,与最小主应力垂直,形成扩张缝的应力都是压应力,通常与剪切缝同时发育;拉张缝与扩张缝的分布特征相类似,但形成裂缝的应力状态与扩张缝明显不同,形成拉张缝时,至少需要岩石中最小主应力是张应力。

力学成因机理决定了不同成因类型的构造缝的基本特征。

剪切缝:产状稳定,延伸长,缝面平直光滑,常切割砾石。在裂缝面上常有擦痕,裂缝的尾端常以尾折或菱形结环的形式消失。在伸展构造区、挤压构造区和稳定构造区,剪切缝都是发育最广泛的裂缝类型。

扩张缝:产状不稳定,延伸短,裂缝面粗糙不平,扩张缝伴随着剪切缝在伸展构造区、挤压构造区和稳定构造区发育。

拉张缝:拉张缝较扩张缝规模更小,延伸更短,拉张缝通常表现为中间宽,向两侧尖灭,呈透镜状,裂缝的张开度大,常被方解石、石英、沥青脉充填等。

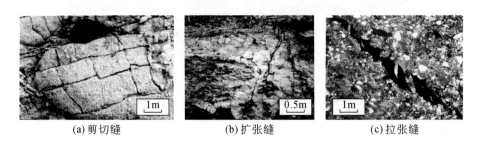

(a) 剪切缝　　　　　　(b) 扩张缝　　　　　　(c) 拉张缝

图 3.5　三种成因构造裂缝的露头照片

（二）成岩缝成因机理

在吉木萨尔凹陷芦草沟组致密油储层中，层理缝是发育程度最高的裂缝类型。层理缝的形成与层理面（岩层薄弱面）有关，但不是所有层理都会形成层理缝。对层理缝的成因，不同学者有不同看法。吴志均等（2003）认为当封闭体内压力梯度升高的值大于致密砂岩薄弱面（层理面）破裂成缝的值时，自然流体压裂作用很可能沿致密砂岩中的层理面发生，形成层理缝。张君峰和兰朝利（2006）根据层理缝与砂层交错层理的相互关系，推测该类裂缝为早期烃源岩排出的酸性水或烃类沿交错层理的层系界面运移时溶蚀形成，由于交错层理层系界面发育，且界面上碳屑丰富，这种岩性软弱面在早期烃类运移过程中成为烃类选择性运移通道。

吉木萨尔凹陷芦草沟组致密油储层发育的层理缝成因与古构造应力、成岩作用、生烃排酸溶蚀等作用相关，有两种层理缝成因模式。

（1）构造–成岩成因

沉积作用促使沉积物发生明显的分层堆积，上覆地层形成的压实作用和埋藏期的成岩作用促使分层堆积的沉积物形成层状构造，即层理。层理上下岩层具有不同的矿物成分、结构、构造及岩石力学性质，在地壳运动或者区域构造运动条件下，上下岩层产生应力差，发生水平方向的错动，部分层理形成层理缝。

（2）生烃排酸溶蚀成因

观察岩心的过程中，可见在部分层理缝附近伴生有次生溶蚀形成的孔洞，这类层理缝为早期烃源岩排出的酸性水或烃类沿交错层理的界面运移时溶蚀形成的。如吉172井上甜点层理缝发育，并且有较多的次生溶孔沿层理缝分布，含油性好，形成了良好的储集空间和运输通道（图3.6）。

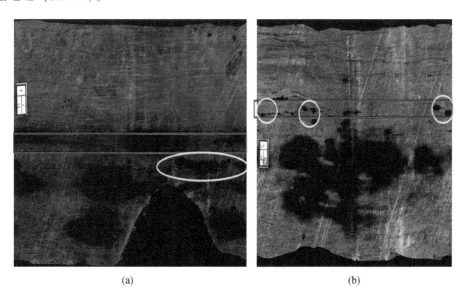

(a)　　　　　　　　　　　(b)

图3.6　沿层理缝分布的溶蚀孔缝

（三）异常高压缝成因机理

芦草沟组的异常高压缝主要为泄水缝，常见于泥岩、粉砂质泥岩中。泄水缝为水力作用的结果，形成时存在较高的异常流体超压作用。具体来讲，在异常流体高压作用下，岩石主应力表现为拉张应力状态，导致岩层形成走向弯曲、开度不一的不规则张裂缝，后期伴随流体压力的突降会有沉淀产生，因此绝大多数泄水缝会被方解石、白云石等脉体充填，使得其储层中的泄水缝有效性大幅降低。欠压实、水热增温、黏土脱水等都可导致泥质岩中形成异常高压，当异常高压大于泥质岩的扩张压力时，泥质岩破裂，便形成泄水缝。

二、裂缝发育的主控因素

（一）层理缝发育的主控因素

层理缝是吉木萨尔凹陷芦草沟组致密油储层中发育程度最高的裂缝类型。层理缝的形成与分布主要受沉积微相、岩性、地层厚度、构造应力、溶蚀作用、TOC、生烃膨胀等地质因素控制。

1. 沉积因素

陆相致密油主要赋存于富含有机质的低能细粒沉积背景中（深湖-半深湖、三角洲前缘-浅湖等），沉积韵律发育，沉积纹理丰富，为低角度沉积层理的形成奠定了良好的沉积地质条件（水平层理、低角度斜层理、透镜状层理、波状层理等）。吉木萨尔凹陷芦草沟组致密油储层为咸化湖盆准同生期白云岩与碎屑岩过渡的混合沉积，大面积分布于湖盆中心区与斜坡带，其岩性复杂、变化快，层理、纹理十分发育，为层理缝的形成提供了基础条件。

2. 构造应力

后期构造运动是造成层理面破裂，形成层理缝的最重要地质因素。层理面本身是一个相对薄弱的结构面，当有构造应力作用时，无论是挤压、拉张还是剪切应力，层理面都是易破裂的地方，容易形成层理缝。研究区在侏罗纪末、白垩纪末等时期遭受多次大规模构造挤压运动，为芦草沟组致密油储层层理开启破裂成缝提供了有效动力。

研究过程中，选取吉木萨尔凹陷芦草沟组吉176井3170~3174m处长18cm，直径9.5cm的岩心，岩性为含灰质泥质粉砂岩，层理较发育。对该全直径岩心进行了钻取加工，共钻取4枚标准岩心，其中垂直层理方向钻取2枚，平行层理方向2枚，并在相同围压下进行三轴实验，分别得到了各个岩心的破裂后产状特征和全应力-应变曲线。从实验结果看，对于平行层理钻取的岩心，当受到平行于层理的应力挤压时，由于层理为薄弱面，会在层理面两侧形成扩张应力，导致层理面开裂，形成层理缝。同时局部形成的低角度剪切缝追踪层理缝（图3.7）。对于垂直层理钻取的岩心，在轴向压力作用下，岩心首先产生夹角小于90°的X型构造裂缝，由于应力垂直于层理面，层理面不会破裂形成层理缝。随着挤压应力的增大,X型构造裂缝的趋势会发生破裂形成构造缝,但往往其中一组发育(显剪切缝)。随后构造应力会沿剪切缝传递,当传递到相对薄弱的层理时,应力会沿相对薄弱的层理传递,即发生应力转向。这时对层理来说,会产生两种情况,一是产生扩张应力,导致层理破裂,形成层理缝;二是产生剪切应力,导致层理破裂,形成层理缝(图3.8)。

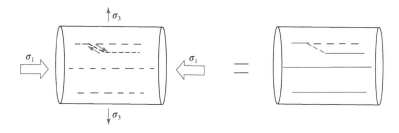

图 3.7 平行层理钻取的岩心实验应力分析图

σ_1. 主压应力;σ_3. 主压应力派生的扩张应力

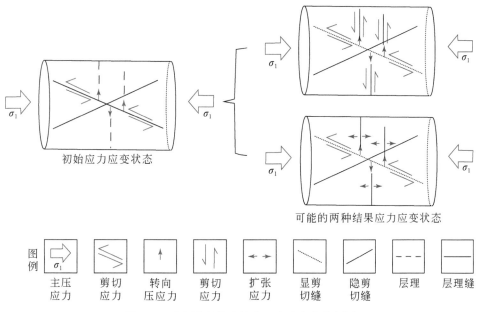

图 3.8 垂直层理钻取的岩心实验应力分析图

实验结果表明,层理发育的区域,不论是水平挤压应力,还是垂向挤压应力,都可能导致层理面开启,形成层理缝,但发育强度和空间构型存在差异。层理发育区在水平挤压应力的背景下(如埋藏相对浅或水平构造挤压应力强),形成以近于水平缝(层理缝为主,层理缝与低角度构造缝同期)为主的相对简单的裂缝网络系统(纵向沟通性相对低);在层理发育区垂向挤压应力的背景下(如埋藏相对深或水平构造挤压应力相对弱),形成以近于水平缝(以层理缝为主,部分为低角度构造缝)与中高角度构造缝构成的复杂(多期多尺度多成因)网络系统(纵向沟通性相对高)(图3.9)。

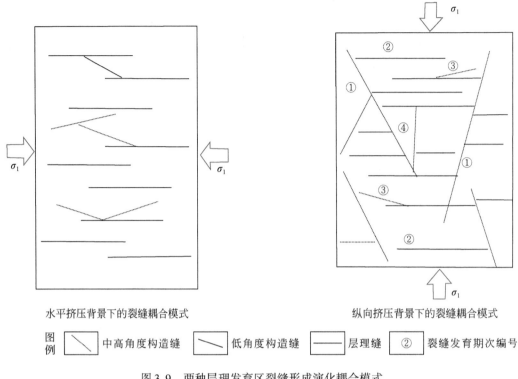

水平挤压背景下的裂缝耦合模式　　　　　　　　纵向挤压背景下的裂缝耦合模式

图例　　／中高角度构造缝　　＼低角度构造缝　　——层理缝　　②裂缝发育期次编号

图 3.9　两种层理发育区裂缝形成演化耦合模式

3. 溶蚀作用

张君峰和兰朝利（2006）提出层理面常常是岩性软弱面，早期烃源岩排出的有机酸性水或烃类沿层理面运移时溶蚀形成层理缝。吴志均等（2003）研究认为生烃增压、欠压实、成岩作用产生的异常高压有利于层理裂开形成层理缝。由于生烃增压、欠压实等产生异常高压，当封闭体内压力梯度升高的值大于薄弱面（层理面）破裂成缝的值时，自然流体的压裂作用很可能沿致密砂岩中的层理面发生，形成层理裂缝系统。研究区目的层总体处于有机质发育成熟的成烃背景下，薄互层中烃源层成熟生排烃，不仅产生大量的有机酸，同时存在局部超压，有利于层理缝的形成。

4. 其他因素

对岩心观察、实验测试结果统计，表明层理缝的发育程度与岩层厚度有密切的关系，随着单个岩层厚度的减小，层理缝明显增加；在岩心上可见到沿层理面发育的溶蚀孔缝，反映了溶蚀作用对溶蚀型层理缝的形成有重要的控制作用；从岩性上看，粒度越粗，层理缝越不发育，粒度越细，层理缝越发育（图 3.10）；在除去泥岩后，碳酸盐岩（白云岩、泥质白云岩）中的层理缝比碎屑岩的层理缝更为发育，说明脆性矿物影响层理缝的发育；层理缝密度与 TOC 之间有明显的正相关关系（图 3.11）。

（二）构造缝发育主控因素

构造缝是吉木萨尔凹陷芦草沟组致密油储层重要的裂缝类型之一，构造应力、岩石类

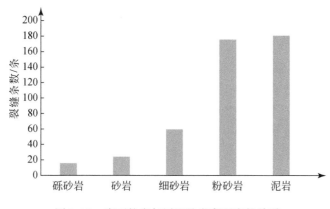

图 3.10　岩石粒度与层理缝发育程度的关系

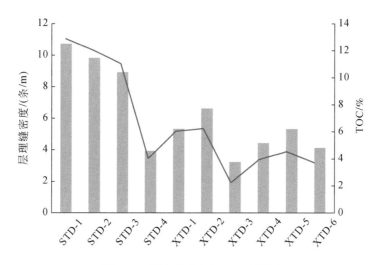

图 3.11　层理缝密度与 TOC 的关系

型、岩石脆性、岩层厚度、距断裂的距离等是构造缝发育的重要控制因素。整体上，构造裂缝发育程度与脆性矿物含量、粒度呈正相关，与岩层厚度呈负相关，与距断裂的距离呈负相关。

1. 构造作用

构造演化及地层力学性质控制着构造缝的发育。吉木萨尔凹陷主体部位与周边断裂带有一定的距离，凹陷内深大断裂不发育，在地质历史时期表现为整体的抬升与沉降，岩层基本未发生大规模的变形与位移，因此凹陷区内构造缝发育程度整体较低。芦草沟组岩心观察和成像测井证实了区内构造缝较少发育；凹陷东部露头区因紧邻深大断裂、应力差显著增加，因此构造缝发育程度较高，露头观察发现，越靠近断层部位和褶皱轴部，构裂缝密度越大。

2. 岩石类型

岩石类型对致密油储层构造裂缝发育有明显的控制作用，不同岩石类型的矿物成分、颗粒大小、结构构造、岩石脆性存在差异，因而在相同的应力背景下，构造裂缝发育情况有差别。

吉木萨尔凹陷芦草沟组致密油储层属于咸化湖混合沉积，岩石类型多，主要包括白云质粉砂岩、泥质粉砂岩、灰质粉砂岩、砂屑白云岩、泥晶白云岩、泥岩、白云质泥岩等。通过取心井岩心裂缝的描述统计发现，石英、白云石、方解石等脆性矿物组分较高的岩性段构造裂缝较发育，如砂屑云岩、白云质粉砂岩，而脆性矿物含量少的岩性段构造裂缝不发育，如泥岩中构造裂缝发育较少（图 3.12）。

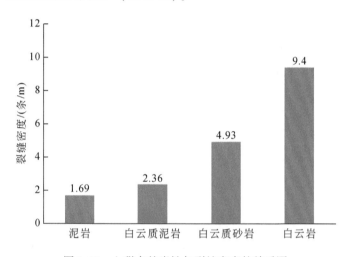

图 3.12　上甜点的岩性与裂缝密度的关系图

3. 岩石脆性

研究区目的层上、下甜点储层的脆性矿物与裂缝密度的关系统计表明，石英和长石相比碳酸盐矿物对裂缝的影响更强，其含量越高，裂缝越发育。下甜点较上甜点脆性矿物的含量更高，裂缝发育要好（图 3.13、图 3.14）。

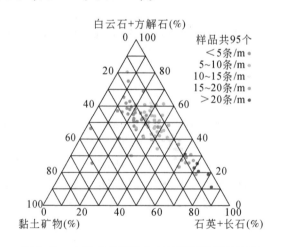

图 3.13　上甜点的矿物分布与裂缝密度的关系

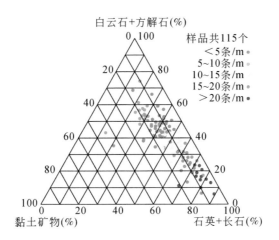

图 3.14　下甜点的矿物分布与裂缝密度的关系

4. 岩层厚度

岩层厚度对构造裂缝的发育也有明显的控制作用。根据对芦草沟组吉 174 井等 5 口井的岩心观察统计，发现岩层厚度越薄，构造缝越发育。岩层厚度越薄，在相同的应力背景下，越容易发生错动形成裂缝（图 3.15）。

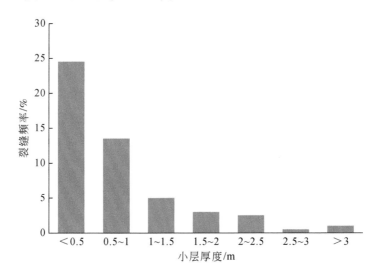

图 3.15　砂岩层裂缝发育程度与岩层厚度的关系

5. 所处的构造部位及与断裂距离

同等情况下，不同构造部位，由于局部应力集中与释放的程度与条件不同，具有不同的裂缝发育程度，如褶皱核部、转折端、裂缝交叉处、断裂发育部位等地方，裂缝较发育，距离断裂越近，裂缝越发育（图 3.16）。

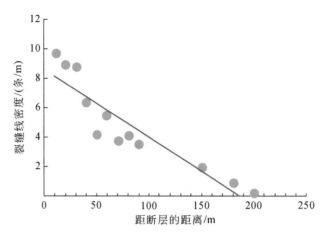

图 3.16　芦草沟组裂缝密度与断层距离的关系

第三节　裂缝发育期次及演化

一、裂缝发育期次识别

致密油储层天然裂缝发育期次及特征的研究对于甜点评价、水平井压裂优化设计、油藏数值模拟等工作具有重要意义。裂缝发育期次的识别有多种方法，如通过识别岩心中构造裂缝的相互切割限制关系及充填物分析可以有效地反映不同裂缝的形成期次（Kanjanapayont et al.，2016；Felici et al.，2016；Lee et al.，2016）；当岩石受到构造应力产生破裂时，地层水进入裂缝，或多或少有结晶矿物析出并沉淀在裂缝壁上，通过岩心中裂缝充填物的地球化学特征和同位素特征可以有效地分析裂缝期次；也可以匹配地球物理方法进一步提升裂缝期次划分的准确性。

（一）裂缝发育期次的识别方法

1. 裂缝交切关系分析法

岩心观察裂缝的方法是研究不同期次裂缝特征的最直接、最真实的一种方法。岩心裂缝发育特征确定裂缝发育期次一般有 3 个划分依据：①按先后破裂的岩石所产生的破裂面之间的限制、切割和组合关系等现象来判断；②充填物的类型及侵染关系；③裂缝类型与构造应力期次之间的匹配关系。

2. 成像测井期次分析法

成像测井能够直观准确地确定高导缝和高阻缝的产状，根据裂缝的走向将裂缝分组，进而根据成像测井动静态图上不同组裂缝间的切割关系确定裂缝的期次。如图 3.17 所示，红色的暗色条纹代表北西向的高导缝，倾角较大，约 55°，黄色的亮色条纹代表北西向的高阻缝，倾角较大，约 35°。可见，北西向高阻缝明显被北北西向高导缝所切割，因此可判断北北西向高导缝形成时间略晚。

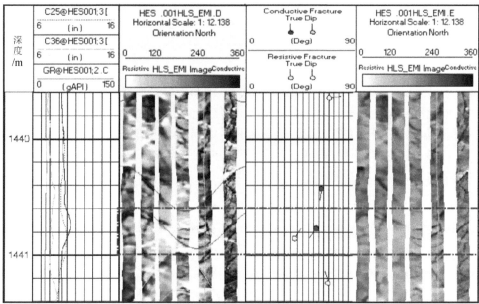

图 3.17　成像测井高导缝切割高阻缝

3. 声发射实验分析法

由于地层埋藏过程中受多期次构造作用影响，当岩心样品所受的加载应力超过岩石本身曾经受到的应力强度时，其声发射次数和强度会急剧增加。因此，在声发射 AE 响应曲线上可以出现多个 Kaiser 效应点，这些 Kaiser 效应点分别记录了岩石在地质历史时期中所受到的构造作用的影响期次和大小。通过解读声发射 AE 响应曲线上 Kaiser 效应点出现的个数，可反演出岩石所经受的应力破裂期次和古构造应力场的强度。

如图 3.18 所示，声发射实验过程中随着加载力的增加，声发射个数会突然的增大，

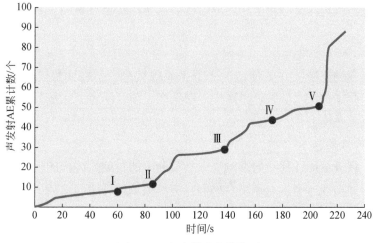

图 3.18　声发射响应曲线图

而在声发射累计个数曲线上会显示为曲线产生转折跳跃，即斜率的骤增点。曲线的骤增点即对应着岩石的 Kaiser 效应点。可通过绘制各个实验样品的声发射特征参数与加载时间之间的关系图来判断样品的破裂期次。一般经历构造事件越多的老地层，记忆的应力场期次就越多。

4. 裂缝充填物稳定同位素分析法

地层中裂缝由于地质历史中多期矿化水流经，可存在多期胶结物，因为其形成时水介质条件及物化环境存在差异，因此不同期次的裂缝充填物 $\delta^{13}C$ 及 $\delta^{18}O$ 是有变化的。碳同位素的影响因素较为复杂，因此可以根据氧同位素计算裂缝形成时的温度环境。如利用 Epstein（1953）提出的氧同位素测温方程计算石炭系中裂缝形成的古地温，借此进一步确定裂缝形成的期次。

$$T=31.9-5.55(\delta^{18}O-\delta^{18}O_w)+0.7(\delta^{18}O-\delta^{18}O_w)^2$$

式中，T 为方解石矿物形成时的温度，$℃$；$\delta^{18}O$ 为测定矿物的氧同位素值，‰；$\delta^{18}O_w$ 为形成方解石矿物时水介质的氧同位素值，‰。

裂缝形成时的地层埋深可以根据古地温梯度进行折算。由此可获得方解石充填物形成的温度及埋深等参数。如某油田裂缝充填物碳氧同位素分布分为 4 个区，反映出裂缝有 4 期成因序列。

5. 流体包裹体分析法

流体包裹体分析法是一种高效准确的方法，受多期次构造运动和流体活动的影响，充填矿物中普遍可见多种类型的流体包裹体，可以通过分析裂缝充填物中流体包裹体的形态特征及测定包裹体的均一温度，得到充填物形成的古温度，同时进一步确定裂缝的形成期次及矿物充填期次。

6. 铱元素测定法

恒量元素铱（Ir）是一种稳定化学元素，具有很长的半衰期，不同时代的地层，其含量不同，因此可以指示地下流体环境的变化。不同时期形成的裂缝由于受后期流体活动的影响，裂缝充填物中铱元素的含量也明显差异，依据铱元素含量的差异，可以判断裂缝发育的期次。

7. 阴极发光特征分析法

不同期次裂缝的充填物在普通透射光下虽难以区分，但在阴极光下发光颜色显著不同，根据裂缝内胶结物的光性特征可区别裂缝期次，结合成岩演化序列，可判断不同期次的裂缝发育早晚关系。

8. 电子自旋共振测定法

受铀、钍、钾等放射性物质的影响，天然裂缝中的石英晶体内的一些电子自旋共振信号随着埋藏时间的增加而增大，根据石英的辐射总剂量，利用曲线法求出电子自旋共振的相对年龄，即可对不同期次的裂缝发育先后顺序进行判定。

（二）吉木萨尔凹陷芦草沟组致密油储层构造裂缝期次划分

1. 利用裂缝交切关系分析法确定裂缝期次

在准噶尔盆地吉木萨尔凹陷芦草沟组致密油储层岩心样品中普遍可观察到3组裂缝，分别为高角度张性裂缝、高角度剪切裂缝及低角度剪切裂缝。

高角度张性裂缝（50°~70°）延伸较短，裂缝开度为0.5~2mm，缝内充填程度较高，主要充填物为方解石，少见泥质。高角度剪切裂缝（80°~90°）主要为近垂直裂缝，延伸较远，裂缝开度一般小于1mm，且裂缝面较平直，裂缝充填程度低，少量可见方解石和黄铁矿充填。低角度剪切裂缝（0°~20°）延伸较远，裂缝面较为平直，裂缝开度大于1mm，充填程度较低，偶尔见方解石和泥质充填，多见油气显示，该类裂缝在研究区最为发育。在J251井3594.60~3594.73m井段岩心中，可见方解石充填的高角度张性裂缝和低角度剪切裂缝，其中可以观察到低角度剪切裂缝被高角度张性裂缝切割。在J174井3223.31~3223.56m井段岩心中，可见高角度剪切裂缝和低角度剪切裂缝，其中观察到低角度剪切缝被高角度剪切缝切割。高角度张性裂缝一般有方解石充填，而高角度剪切裂缝充填性较差，因此依据交切关系及充填关系推断至少发育三期天然裂缝，其中高角度张性裂缝为最早期形成的裂缝，高角度剪切裂缝为中间期次形成的裂缝，低角度剪切缝为最晚期形成的裂缝。

2. 利用成像测井裂缝产状统计确定裂缝期次

利用吉36、吉37井等10口井的成像测井资料，得到了各井在上、下甜点段裂缝的走向、倾向和倾角信息，绘制出了相应的节理走向玫瑰花图［图3.19（a）］及节理总体走向玫瑰花图［图3.19（c）］。从构造缝走向玫瑰花图中不难看出研究区存在三组不同走向的裂缝，其走向分别为北东东向、北北西向和近南北向。三组裂缝在平面上的分布也具有一定的规律性，北东东向裂缝分布在凹陷中部和南部，近南北向裂缝主要分布在凹陷的北部和东部，北北西向裂缝在凹陷内广泛发育，但是发育程度较低。

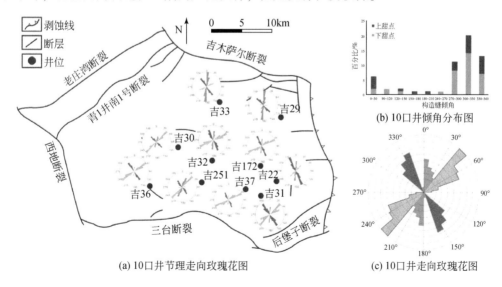

(a) 10口井节理走向玫瑰花图　　(c) 10口井走向玫瑰花图

图3.19　研究区典型井目的层构造裂缝走向玫瑰花与构造裂缝倾角分布图

3. 利用铱元素测试确定裂缝期次

吉木萨尔凹陷芦草沟组致密油储层裂缝充填物主要为方解石，其形成多与烃类等流体活动有关，不同时期形成的天然裂缝由于受后期流体活动的影响，裂缝充填物不仅形成时间不一致，而且充填物中铱元素含量也会存在差异。对 25 个取样点的裂缝方解石的铱含量测试分析，可以看出其含量主体分布在 $11.67 \times 10^{-12} \sim 28.93 \times 10^{-12}$ g/g，大致分为 3 个区（图 3.20），Ⅰ 区主体为 $11.67 \times 10^{-12} \sim 15.91 \times 10^{-12}$ g/g，有 28 个样品，占 32.18%；Ⅱ 区主体为 $18.73 \times 10^{-12} \sim 22.94 \times 10^{-12}$ g/g，25 个样品，占 28.74%；Ⅲ 区主体为 $25.09 \times 10^{-12} \sim 28.93 \times 10^{-12}$ g/g，34 个样品，占 39.08%。地球化学恒量元素铱含量分布表明，吉木萨尔凹陷芦草沟组致密油储层裂缝期次可划分为三期。然而单纯铱元素只可以判断裂缝的期次数目，不能判断裂缝形成的先后顺序，因此需结合其他分析测试方法进一步确定裂缝形成的具体地质时期。

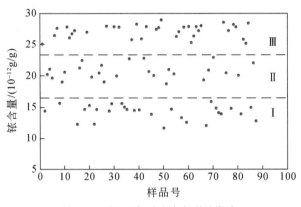

图 3.20　铱元素测试确定裂缝期次

4. 利用流体包裹体测试确定裂缝期次

流体包裹体是矿物结晶中残留的液体部分。利用裂缝充填物中的流体包裹体测量均一温度，是研究裂缝形成时间的有效方法。对吉木萨尔凹陷芦草沟组致密油储层不同切割期次的构造裂缝充填物包裹体分别进行均一温度测试，根据 110 件次生方解石样品的包裹体均一温度和盐度测定，可划分出 3 个热液活动期，第一期均一温度为 30 ~ 45℃，盐度为 3% ~ 5%，以气、液二相无机盐水包裹体为主；第二期均一温度为 50 ~ 65℃，盐度为 8% ~ 12%，以气、液二相有机包裹体为主；第三期均一温度为 80 ~ 90℃，盐度为 14% ~ 23%，以气、液二相有机包裹体为主，局部含固相沥青包裹体。三期流体包裹体热演化期次反映储层中发育三期裂缝。

5. 利用碳氧同位素测试确定裂缝期次

裂缝充填物的稳定同位素对于确定裂缝形成期次及其古物化环境十分有意义，其中氧稳定同位素（$\delta^{18}O$）主要取决于形成时的温度和水介质条件，可指示形成的温度，而形成的温度的差别表明裂缝形成的期次不同（Freund et al., 2013；Royer et al., 2013；Amiri et al., 2015）。方解石的碳氧同位素主要受到介质温度和盐度的影响，在成岩作用中，沉积物的埋深、温度、压力、大气降水和生物有机质降解都能对 $\delta^{13}C$ 和 $\delta^{18}O$ 值产生一定的影响。

每次构造运动之后，裂缝系统发生变化，伴随地层水的充注，裂缝两壁附着矿物结晶，存在多期矿化水流经时，裂缝两壁附着多期胶结物。不同时期的地层流体包含不同的矿物成分，不同期次裂缝充填物的 $\delta^{13}C$ 和 $\delta^{18}O$ 是有变化的。依据裂缝中充填方解石的 $\delta^{13}C$ 和 $\delta^{18}O$ 分区，可划分裂缝充填期次，进而推测裂缝形成期次。选取吉木萨尔凹陷芦草沟组致密油储层中 16 口井的 16 件岩心裂缝充填物样品，对其进行碳、氧稳定同位素测试分析。

如图 3.21 所示，吉木萨尔凹陷芦草沟组致密油储层岩心裂缝充填物样品碳氧同位素测试结果表明，碳、氧同位素主要分布于 3 个区，代表了三期不同温度和流体介质条件下的裂缝充填，代表至少发育三期裂缝。图 3.21 中样品的 $\delta^{18}O$ 为负值，$\delta^{13}C$ 主体为正，且相差较大（$\delta^{13}C$ 为 $-0.87‰ \sim 7.98‰$，$\delta^{18}O$ 为 $-12.63‰ \sim -5.65‰$），表明具有随着构造期次更迭或者成岩强度加大的特征，$\delta^{18}O$ 呈负偏移演化趋势，显示了继承性的演化特点。

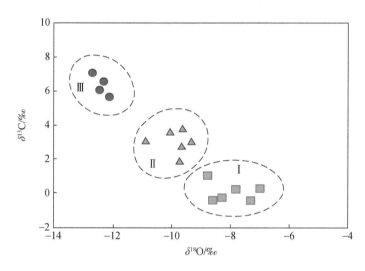

图 3.21　碳氧同位素分布图

第一期裂缝方解石充填物 $\delta^{18}O$ 为 $-8.54‰ \sim -5.65‰$，$\delta^{13}C$ 为 $-0.87‰ \sim 1.06‰$。根据 $\delta^{18}O$ 进行测温计算，可以得到形成温度为 $36.51 \sim 56.89℃$。裂缝充填物的形成埋深平均为 1325m，形成年代为晚三叠世，为印支构造运动的产物。准噶尔盆地在三叠纪发生持续的构造活动，由断陷向拗陷转化，吉木萨尔凹陷处于张性构造背景下，在晚三叠世末期发生了强烈的南北向挤压作用，产生了大量的南北向扩张裂缝。

第二期裂缝方解石充填物 $\delta^{18}O$ 为 $-10.49‰ \sim -9.46‰$，$\delta^{13}C$ 为 $1.96‰ \sim 4.02‰$。形成温度为 $62.91 \sim 69.88℃$。裂缝充填物的形成埋深平均为 2095m，形成年代为中-晚侏罗世，为燕山运动 Ⅱ 幕的产物。在这一时期，天山地区构造活动增强，发生快速隆升，盆地边界向北迁移，由张性-压性转化阶段进入到以挤压背景为主的演化阶段。阜康断裂带西段生成了由南西向北东方向的挤压应力，在这种应力的作用下形成了北东东向的剪切裂缝。

第三期裂缝方解石充填物 $\delta^{18}O$ 为 $-12.63‰ \sim -12.14‰$，$\delta^{13}C$ 为 $7.97‰ \sim 6.15‰$。形成温度为 $81.74 \sim 85.43℃$。裂缝充填物的形成埋深平均为 2845m，形成年代为早白垩世，为燕山运动 Ⅲ 幕的产物。白垩纪早期博格达山前前陆凹陷在构造应力作用下发生持续的褶皱回返，南部阜康断裂带活动剧烈，表现出由南向北的强烈挤压推覆特征，形成了北北西向的剪切裂缝。

6. 利用声发射实验确定裂缝期次

在图 3.22 中除了 (k) 图样品测试结果显示有三个 Kaiser 效应点外，其他岩心样品一般发育有 4 个 Kaiser 效应点，反映样品所在地层至少发育有 4 个破裂期次。4 个 Kaiser 效应点都有一定的应力场强度变化范围，表明对应此 4 个 Kaiser 效应点的裂缝（或微裂纹）都为构造作用的产物。然而，其他方法裂缝期次研究结果表明工区目的层发育三期裂缝，可能是由于其中两期构造活动产生两组产状相同的裂缝。

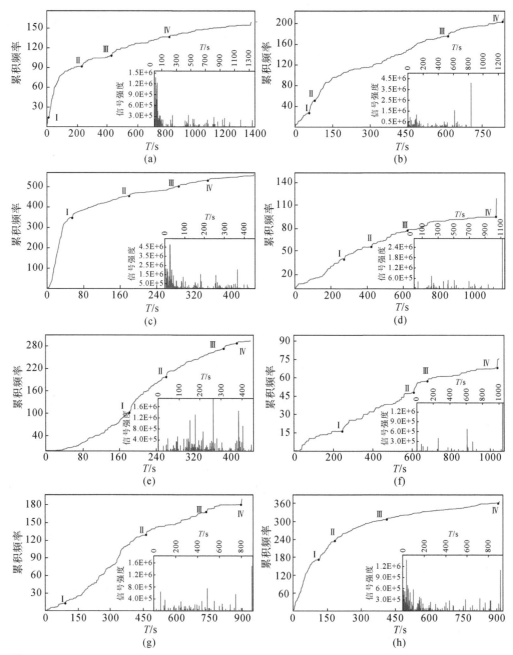

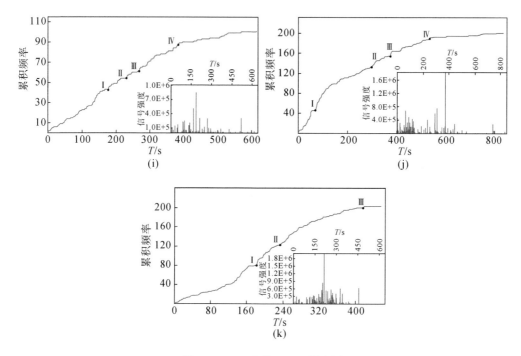

图 3.22　AE 曲线 Kaiser 效应图

综上所述，应用裂缝交切关系分析、成像测井裂缝产状统计、铱元素测试、流体包裹体测试、碳氧同位素测试及声发射实验等方法，结合前人关于准噶尔盆地构造演化研究结果，确定了吉木萨尔凹陷芦草沟组致密油储层共经历了四期构造运动，并产生了四期构造裂缝（图 3.23）。第一期为在晚三叠世末期持续张性构造背景下发生了强烈的南北向挤压作用，产生了大量的南北向扩张裂缝。第二期为中-晚侏罗世天山地区构造活动增强，使盆地产生由西南向北东方向的挤压应力，在这种应力的作用下形成了北东东向剪切裂缝。第三期为早白垩世博格达山前前陆凹陷发生持续的褶皱回返，使盆地表现出由南向北的强烈挤压推覆特征，形成了北北西向的剪切裂缝。第四期是由于喜马拉雅期天山山脉继承了燕山运动Ⅲ幕的构造格局，形成了与白垩系走向一致的裂缝，由于形成时期较晚，充填程度较白垩系裂缝更低，没有相应的方解石充填物，具有较高的有效程度。

（三）吉木萨尔凹陷芦草沟组致密油储层层理缝期次划分

对于层理缝发育期次，从以下几方面进行论证。一是声发射实验结果表明（图 3.23），各测试样品一般发育有四个 Kaiser 效应点，对应曾经历过四次强烈构造运动。结合研究区构造发育史，第 1 个点形成年代为晚三叠世，为印支构造运动的产物，第 2 个点形成年代为中-晚侏罗世，为燕山运动Ⅱ幕的产物，第 3 个点形成年代为早白垩世，为燕山运动Ⅲ幕的产物，第 4 个点为喜马拉雅期构造运动的产物，天山山脉继承了燕山运动Ⅲ幕的构造格局，形成了与白垩系走向一致的裂缝。理论上各阶段的构造运动均能对地下层理造成破裂而形成层理缝。

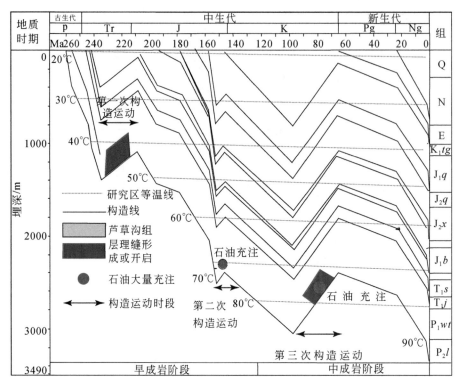

图 3.23 吉木萨尔凹陷芦草沟组构造演化、层理缝形成及其石油充注的时空耦合图

底图源自吴海光（2016）

二是选取 12 个层理缝充填物样品进行碳氧稳定同位素测试。测试结果显示，所有样品 $\delta^{18}O$ 为 $-12.519‰ \sim -6.024‰$，$\delta^{13}C$ 为 $-0.799‰ \sim 8.247‰$。基于测试数据编绘的交会图显示，层理缝充填物碳、氧同位素在图 3.24 中明显分为两个区间，代表了两个层理缝形成期次。第一期层理缝充填物的形成温度为 $42.79 \sim 69.89℃$，确认形成年代为晚三叠

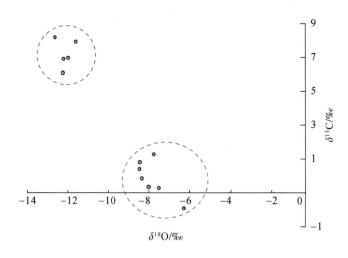

图 3.24 层理缝充填物碳氧同位素交会图

世。第二期层理缝充填物的形成温度为81.74~85.48℃，确认形成年代为晚白垩世。

三是利用层理缝充填物自生伊利石的 **K-Ar** 年龄可判断油气开始充注进层理缝的时期。实验结果表明（表3.3），吉木萨尔凹陷芦草沟组中层理缝充填物伊利石的年龄集中在两个范围，第一个为晚侏罗世，第二个为晚白垩世。与研究区芦草沟组致密油在晚侏罗世和晚白垩世发生过石油充注事件对应。

表3.3 层理缝自生伊利石 K-Ar 同位素测年结果

样品号	层位	含油性	年龄/Ma	年代
J174-1	上甜点一段	富含油	78.5±4.8	晚白垩世
J174-2	上甜点二段	油浸	75.1±2.5	
J174-3	上甜点三段	油浸	81.2±2.8	
J174-4	上甜点三段	油斑	70.5±2.5	
J30-1	上甜点四段	富含油	145.2±2.5	晚侏罗世
J30-2	上甜点四段	油浸	149.3±4.4	
J174-5	下甜点一段	油斑	146.7±3.8	
J174-6	下甜点二段	油斑	151.2±2.5	
J174-7	下甜点二段	油浸	148.8±2.8	
J176-1	下甜点三段	富含油	150.4±1.6	
J176-2	下甜点三段	油浸	153.2±1.4	
J176-3	下甜点四段	油浸	152.2±3.4	

四是实验测试层理缝充填物中的包裹体均一化温度，结合其他资料确定油气藏形成的时间与期次（图3.25）。基于实验数据的直方图显示有两处峰值，证实研究区层理缝主要

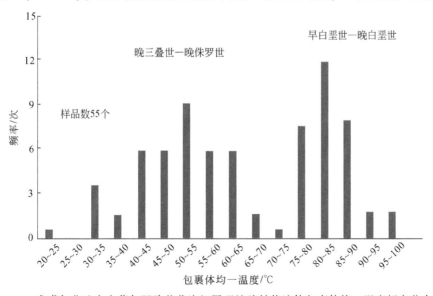

图3.25 准噶尔盆地吉木萨尔凹陷芦草沟组层理缝胶结物流体包裹体均一温度频率分布图

有两期，第一期的均一温度为 40～60℃，对应的时期为晚三叠世—晚侏罗世。第二期的均一温度为 75～90℃，对应的时期为早白垩世—晚白垩世。

结合吉木萨尔凹陷芦草沟组致密油储层的构造演化史及成藏演化史，研究区目的层在三叠纪末、侏罗纪末和白垩纪经历了四次大规模构造运动，发育四期构造裂缝，依据上述方法确定的层理缝的期次特征，综合确定吉木萨尔凹陷芦草沟组致密油储层发育四期层理缝，即与晚三叠世印支运动有关的层理缝，与中-晚侏罗世燕山运动Ⅱ幕有关的层理缝，与白垩世燕山运动Ⅲ幕有关的层理缝，以及古新世喜马拉雅运动形成的层理缝。其中中-晚侏罗世形成的层理缝、晚白垩世形成的层理缝的形成期与两次石油充注期基本对应，古新世喜马拉雅运动形成的层理缝形成时间晚、有效性相对好，因此这三期层理缝往往有较好的含油性（图3.23）。

二、裂缝演化模式

（一）构造缝

准噶尔盆地形成于晚古生代，早二叠世晚期，盆地南缘残存的博格达海槽开始闭合造山，吉木萨尔凹陷与博格达山山前凹陷、阜康凹陷水体相连，沉积了一套南厚北薄的火山-磨拉石建造（He et al., 2013；Liang et al., 2016；Zhao et al., 2014；Lu et al., 2015；Feng et al., 2015；Li et al., 2016）。中二叠世晚期，吉木萨尔凹陷封闭，并作为一个相对独立的沉积单元接受芦草沟组的湖泊相沉积。中生代准噶尔盆地构造活动频繁，其中有三幕具有强烈的振荡性，是吉木萨尔凹陷的主要改造期（Gao et al., 2016；Jiang et al., 2015；Tao et al., 2016；Cao et al., 2016）。构造裂缝是区域构造活动的直接产物，与历次强烈的构造运动密切相关。

二叠系芦草沟组致密油储层沉积后，经历了四期强烈的构造运动，发育了四期构造裂缝（图3.26），分别为：第一期为晚三叠世印支运动形成的构造裂缝，这一时期吉木萨尔凹陷处于张性构造背景下，发生构造抬升，产生了强烈的南北向挤压作用，形成了近南北向的构造裂缝，后期几乎被方解石全部充填，有效性差，对于油气的储集和渗流基本没有作用；第二期为中-晚侏罗世燕山运动Ⅱ幕形成的构造裂缝，这一时期拉萨地块与欧亚板块发生碰撞导致天山迅速隆起，阜康断裂带产生了由南西向向北东向的挤压应力，形成了南西—北东向的构造裂缝，后期部分裂缝空间被方解石充填，有效性较差，对于油气的储集和渗流作用有限；第三期和第四期分别为早白垩世和晚白垩世燕山运动形成的构造裂缝，这一时期晚侏罗世开始，冈底斯地块与拉萨地块发生强烈的碰撞作用，博格达山山前陆凹陷在构造应力作用下发生持续的褶皱带剧烈活动，产生由南东向北西强烈的挤压应力，形成了南东—北西向的构造裂缝，后期裂缝空间局部被方解石充填，但整体有效，对于油气的储集和渗流有重要作用；第四期为古新世喜马拉雅运动形成的构造裂缝，这一时期继承了燕山运动Ⅲ幕的构造格局，形成了与白垩系走向一致南东—北西向的构造裂缝，该期裂缝空间未被充填，有效性好，对于油气的储集和渗流有重要作用。

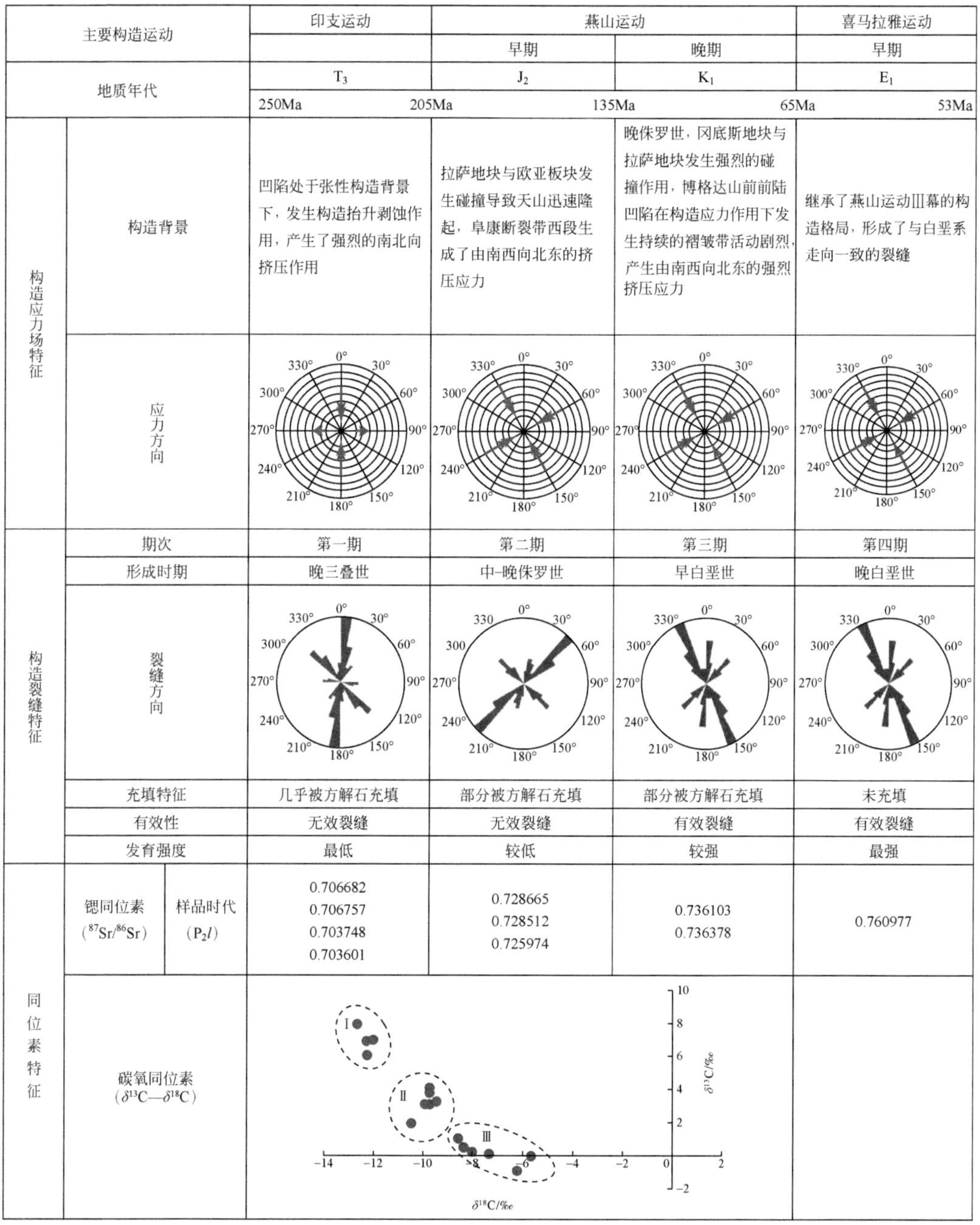

主要构造运动		印支运动		燕山运动		喜马拉雅运动
				早期	晚期	早期
地质年代		T₃		J₂	K₁	E₁
		250Ma　　　　205Ma		135Ma	65Ma	53Ma
构造应力场特征	构造背景	凹陷处于张性构造背景下，发生构造抬升剥蚀作用，产生了强烈的南北向挤压作用	拉萨地块与欧亚板块发生碰撞导致天山迅速隆起，阜康断裂带西段生成了由南西向北东的挤压应力	晚侏罗世，冈底斯地块与拉萨地块发生强烈的碰撞作用，博格达山前前陆凹陷在构造应力作用下发生持续的褶皱带活动剧烈，产生由南西向北东的强烈挤压应力		继承了燕山运动Ⅲ幕的构造格局，形成了与白垩系走向一致的裂缝
	应力方向					
构造裂缝特征	期次	第一期	第二期	第三期		第四期
	形成时期	晚三叠世	中-晚侏罗世	早白垩世		晚白垩世
	裂缝方向					
	充填特征	几乎被方解石充填	部分被方解石充填	部分被方解石充填		未充填
	有效性	无效缝	无效裂缝	有效裂缝		有效裂缝
	发育强度	最低	较低	较强		最强
同位素特征	锶同位素 (⁸⁷Sr/⁸⁶Sr)	样品时代 (P₂l)	0.706682 0.706757 0.703748 0.703601	0.728665 0.728512 0.725974	0.736103 0.736378	0.760977
	碳氧同位素 (δ¹³C—δ¹⁸C)					

图3.26　吉木萨尔凹陷芦草沟组致密油构造裂缝演化模式

(二) 层理缝

从层理缝形成的沉积基础、构造背景、有利因素等方面入手，结合芦草沟组致密油储层的层理缝发育特征，总结出层理缝的形成机制，建立了层理缝形成及演化、启闭与石油充注成藏模式。

1. 沉积基础

致密油储层中的层理缝源于致密油储层中的层理,因此,低能细粒沉积背景下形成低角度沉积层理是层理缝发育的地质基础。这些层理多赋存于浅湖-半深湖-深湖沉积背景下的三角洲前缘水下分流河道、河口坝、席状砂、前三角洲远砂坝、浊积水道和浊积扇等沉积微相。层理边界的纹层面本身是一个薄弱面或一个物质成分的突变面,是层理缝形成的先前部位。

2. 构造背景

多期规模构造运动,为层理缝的形成提供了动力。层理形成以后,后期构造运动产生的构造应力,包括拉张应力、挤压应力、走滑应力,都可能导致沉积地层中的薄弱面——层理面发生破裂,形成构造成因的层理缝。

3. 有利因素

致密储层往往紧临烃源岩,烃源岩在热演化过程中产生大量的有机酸,有机酸沿层理进行溶蚀作用,使得层理容易被溶蚀,形成溶蚀成因的层理缝。

烃源岩在热演化过程中的生烃增压、欠压实作用产生异常高峰压,均有利于层理裂开形成层理缝。

层理缝启闭与生排烃高峰的耦合匹配关系往往良好。烃源岩生排油高峰期往往是构造运动活动期、生烃增压最大时期、异常高压最大时期,也往往是有机酸溶蚀作用最强烈时期,有利于层理缝的开启与石油的大量充注的同时进行,两者往往具有良好的时空耦合关系。

致密油储层赋存于细粒沉积体系中,本身有较好的封盖和保存条件,使得充注于层理缝中的石油易于保存下来。

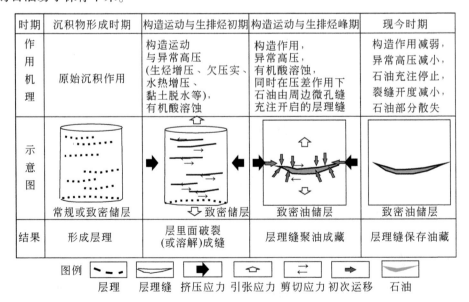

图 3.27 单个层理缝的形成与聚油模式

4. 层理缝的形成与聚油模式

由此可见，白垩纪末期的构造运动，正是层理缝开启与石油大量充注匹配最好的时期，即最后一次构造运动（晚白垩世），层理缝形成与石油充注同步，构造运动规模大，时间长，是最有利的成藏期。综合以上成果与认识，可建立层理缝聚油成藏机制与石油充注演化耦合模式。依据前面的特征与规律，总结出单个层理缝的形成与聚油模式：原始细粒沉积形成层理，构造运动与异常高压导致层理破裂形成层理缝，生排烃高峰与层理缝开启时空耦合导致石油充注入缝并保存至今（图3.27）。

第四节　裂缝分布规律

一、分布规律

（一）纵向分布规律

吉木萨尔凹陷芦草沟组致密油储层上甜点和下甜点分别划分为 4 个小层和 6 个小层，通过岩心和成像测井资料，统计上甜点 14 口井、下甜点 8 口井的裂缝密度，揭示构造缝、层理缝在纵向上的发育状况（图3.28）。

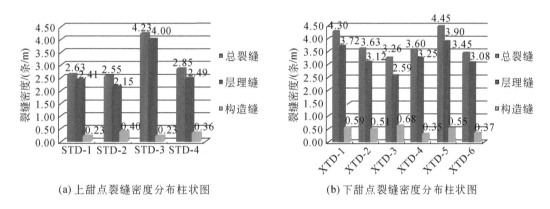

(a) 上甜点裂缝密度分布柱状图　　　　(b) 下甜点裂缝密度分布柱状图

图3.28　上、下甜点各小层裂缝密度分布柱状图

由图3.28所示，下甜点裂缝总体较上甜点发育，下甜点总裂缝密度都在 3.0 条/m 以上，上甜点则在 2.55 条/m 以上；研究区上甜点主力产层三号小层（STD-3）层理缝最发育，裂缝密度达 4.0 条/m，表明裂缝发育程度与致密油的含油富集程度有较好的相关性；下甜点的各小层裂缝密度普遍大于上甜点各小层，其中 XTD-1 和 XTD-5 号小层裂缝最发育，达到 4.0 条/m 以上；无论是上甜点，还是下甜点，层理缝的密度都远远大于构造缝，大约是构造缝的 3 ~ 6 倍，表明研究区目的层天然裂缝以层理缝为主，构造缝相对不发育。

（二）平面分布规律

研究过程中，引入裂缝综合评价指数 G 来评价天然裂缝发育程度（详见第五章）：

$$G = f\phi$$

裂缝综合评价指数 G 综合反映岩石裂缝储集能力和渗流能力，f 为裂缝渗透系数，ϕ 为裂缝孔隙度。

应用裂缝综合评价指数评价井点处裂缝孔渗的发育程度。经过统计分析，计算出了不同井点处上、下甜点的裂缝综合发育程度，并编绘出了芦草沟组上、下甜点裂缝综合指数平面分布图（图 3.29、图 3.30），从结果来看，裂缝综合评价指数高值区（即裂分发育有利区）的分布，上甜点主要分布在凹陷的中东部，尤其是 J28—J31 井一线范围内，裂缝发育程度相对最高；下甜点裂缝综合评价指数高值区主要分布在凹陷的中部偏南，J32—J251—J25 井附近裂缝发育程度最高。采用裂缝综合评价指数表征裂缝平面发育及分布特征，其结果与沉积相的分布、优质储层的分布、单井产能的分布有较好的相关关系。

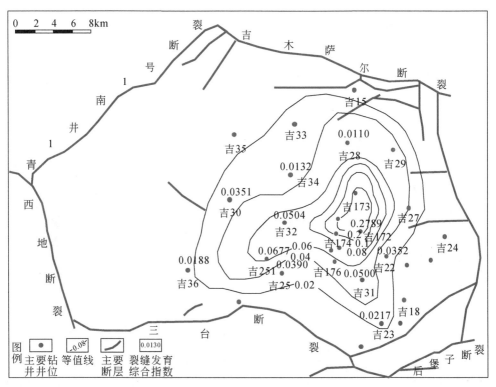

图 3.29　上甜点裂缝综合评价指数平面分布图

此外应用叠后地震资料进行裂缝发育状况及分布特征的预测。由于叠后地震预测原理是基于地震轴的形变大小或不连续性特征来检测裂缝的存在，芦草沟组致密油储层最为发育的层理缝因其倾角过小，即使集中发育，地震资料也很难检测到。故叠后地震预测结果可反映的裂缝类型主要是高角度的构造缝。由图 3.31 可见，当构造裂缝密度大于 0.5 条/m 时，叠后地震属性裂缝预测结果与井点统计的构造缝密度具有较好的正相关性。

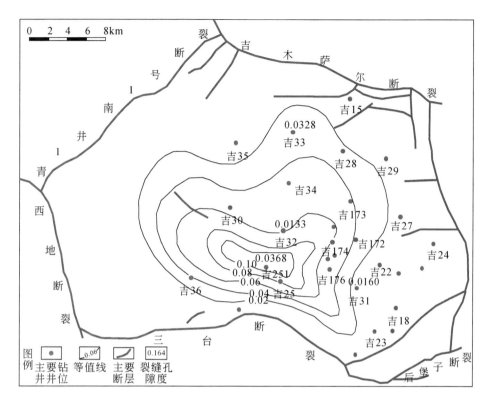

图 3.30　下甜点裂缝综合评价指数平面分布图

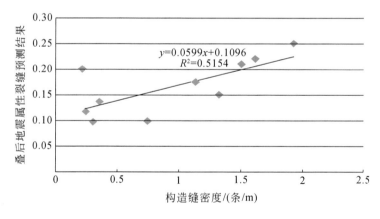

图 3.31　叠后地震属性裂缝预测结果与构造缝密度相关关系分析图

优选基于 S 变换的不连续性检测属性和曲率属性进行较大尺度的裂缝预测，这两种方法更加清楚地显示了断层附近所伴随产生的裂缝带，如图 3.32、图 3.33 所示，宏观上研究区内大尺度裂缝主要发育在深大断层附近，整体上大尺度裂缝相对不发育（图 3.33），其中上甜点在吉 172 井区和吉 37 井以东地区的较大尺度裂缝较为发育；下甜点较大尺度裂缝发育面积相对上甜点要小，在吉 173 井—吉 172 井—吉 311 井一线的东侧裂缝较为发育，预测结果与目前单井优质储层钻遇率、单井产能有较好的匹配关系。

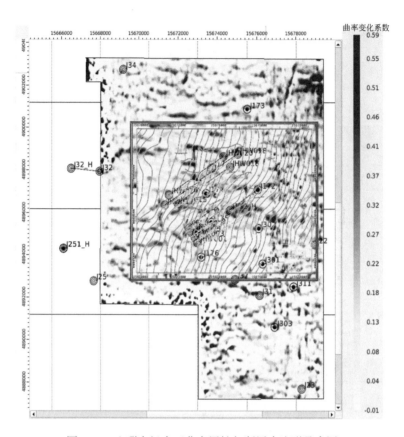

图 3.32　上甜点极大正曲率属性与断层多边形叠合图

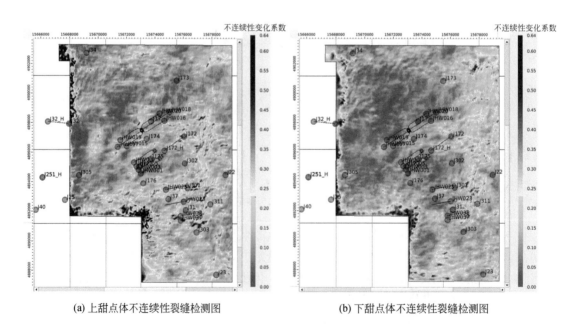

(a) 上甜点体不连续性裂缝检测图　　　　　　　　(b) 下甜点体不连续性裂缝检测图

图 3.33　芦草沟组上、下甜点体不连续性裂缝检测图

二、裂缝与沉积微相的关系

吉木萨尔凹陷二叠系芦草沟组总体上为一咸化湖相暗色细粒沉积体系。芦一段（P_2l_1）具有南北两个物源，南部三角洲为主要的陆源物源，可识别出三种混合沉积类型，分别是渐变式原地混合沉积、复合式相缘混合沉积和渐变式母源混合沉积。沉积相类型为三角洲相，微相类型有远砂坝、席状砂、砂质滩和滨浅湖泥等。

芦二段（P_2l_2）陆源物源以东南和东北两个物源为主，其中南部陆源碎屑注入量相对较高，与芦一段相比，也可识别出三种混合沉积类型，分别是突变式原地混合沉积、渐变式原地混合沉积和复合式相缘混合沉积。沉积相类型为滨浅湖相，微相类型有云砂坪、云泥坪、砂质坝、砂质滩和滨浅湖泥岩。

沉积微相是多种地质因素的综合表现，不同的沉积微相在矿物组成和岩性上有较大的差异，对天然裂缝（尤其是层理缝）的形成也有明显的控制作用。比如碳酸盐岩发育的沉积微相溶蚀缝可能较为发育，在水动力条件弱的沉积微相中，易形成交错层理、水平层理，为层理缝的形成提供了沉积基础。

不同的沉积微相其岩石类型、沉积构造、天然裂缝发育类型及其组合方式均存在较大差异。芦草沟组致密油六种主要的沉积微相的天然裂缝发育类型及组合方式如下（图3.34）：①云砂坪微相：主体岩石类型为粉砂质白云岩、泥晶白云岩，空间上薄互层分布，该微相内溶蚀孔、溶蚀缝较发育，多沿不同岩石类型层界面呈串珠状分布，局部溶蚀缝可与大角

沉积微相	岩性及其组合	岩石相类型	岩心裂缝实例	裂缝模式示意图	特征描述
云砂坪	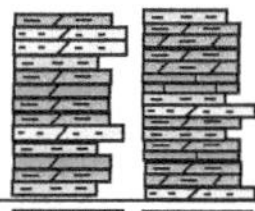	粉砂质白云岩、泥晶白云岩	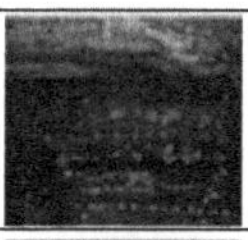	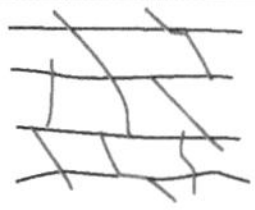	溶蚀缝、溶蚀孔较为发育，沿层面呈串珠状发育，也可相互连接形成网状裂缝
云泥坪	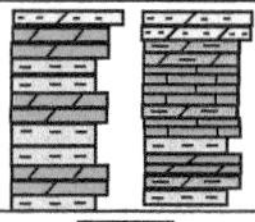	泥晶白云岩、泥岩	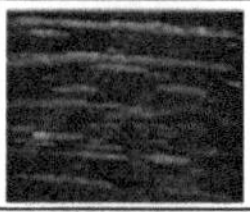	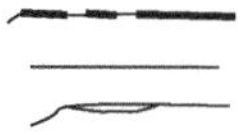	溶蚀的孔和缝主要沿着相对薄弱的层理面发育，有一定开度，且部分被填充
砂质坝	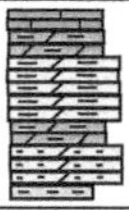	灰质/白云质粉砂岩	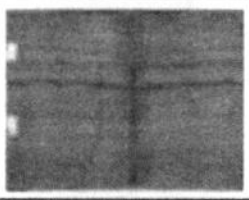		裂缝在薄层中密度更大，易在构造作用下形成与层理缝高角度相交的构造缝
远砂坝	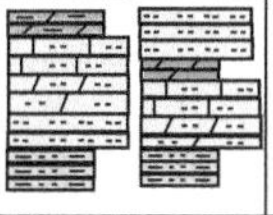	灰质/白云质粉砂岩、砂屑粉砂岩		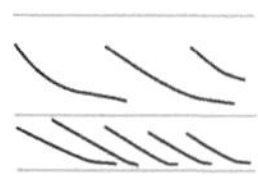	裂缝的发育程度受层厚的影响，砂坝中发育的交错层理影响裂缝发育形态
席状砂	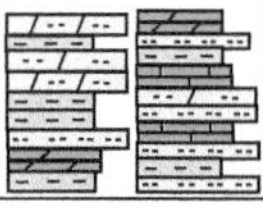	砂屑粉砂岩	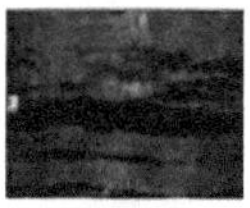	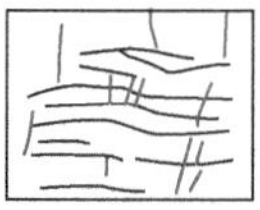	由于席状砂单层较薄，累积厚度大，裂缝顺层展布，发育程度高，高角度构造缝规模小
浅湖泥	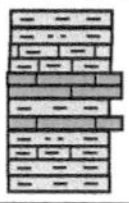	泥岩		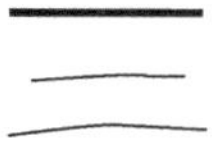	以低角度层理缝为主，单条出现且较平直，开度较小，通常与水平层理有关

图3.34　吉木萨尔凹陷芦草沟组主要沉积微相天然裂缝发育模式

度的构造缝相互交切连接形成网状裂缝网络。②云泥坪微相：主体岩石类型为泥晶白云岩、泥岩，平行层理、水平层理发育，层理缝发育，局部见溶蚀孔、溶蚀缝沿着相对薄弱的层理面发育，有一定开度，且部分被充填。③砂质坝微相：主体岩石类型为灰质/白云质粉砂岩，层理缝、构造缝相对均较发育，有效性较好，不同成因的天然裂缝空间交切连接，形成裂缝网络，可有效提升致密油储层的储集能力和渗流能力。④远砂坝微相：主体岩石类型为灰质/白质粉砂岩、砂屑粉砂岩等，单层厚度较大，裂缝的发育程度受层厚的影响，砂坝中发育的交错层理直接影响裂缝发育的形态，该微相常发育与交错层理产状一致的层理缝。⑤席状砂微相：主体岩石类型为砂屑粉砂岩，由于席状砂整体厚度大、内部纵向薄互层分布，主要发育层理缝，顺层分布，局部偶见小尺度构造缝。⑥浅湖泥微相：岩石类型为泥岩，层理极为发育，以低角度近水平层理缝为主，产状平直、开度小。

通过岩心观察和成像测井统计，综合确定了吉木萨尔凹陷芦草沟组致密油单井各小层裂缝密度，并编绘了各小层裂缝密度等值线图（图3.35）。从结果看，整体上裂缝发育状况与沉积微相有较好的相关性，图3.34中所述裂缝较发育的沉积微相范围内的裂缝密度高，裂缝发育。

(a) 上甜点各小层沉积微相图

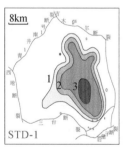  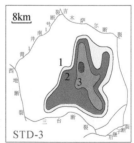 

(b) 上甜点各小层裂缝密度等值线图

 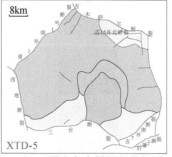 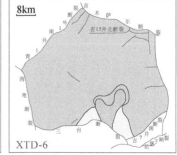

(c) 下甜点各小层沉积微相图

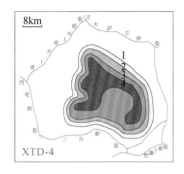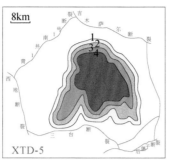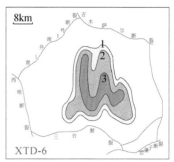

(d)下甜点各小层裂缝密度等值线图

图3.35　上、下甜点典型井主力小层裂缝密度与沉积相平面图

参 考 文 献

曹宇，张超谟，张占松，等.2014. 裂缝型储层电成像测井响应三维数值模拟［J］. 岩性油气藏，26（1）：92-95.

陈翠雀，罗菊兰，韩焘，等.2009. 低渗透率储层裂缝发育程度与储层产能关系研究［J］. 测井技术，33（5）：475-479.

陈世悦，龚文磊，张顺，等.2016. 黄骅坳陷沧东凹陷孔二段泥页岩裂缝发育特征及主控因素分析［J］. 现代地质，30（1）：144-154.

陈莹，谭茂金.2003. 利用测井技术识别和探测裂缝［J］. 测井技术，S1：11-14.

邓虎成，周文，周秋媚，等.2013. 新场气田须二气藏天然裂缝有效性定量表征方法及应用［J］. 岩石学报，29（3）：1087-1097.

邓少贵，王晓畅，范宜仁，等.2006. 裂缝性碳酸盐岩裂缝的双侧向测井响应特征及解释方法［J］. 地球科学，6：846-850.

董双波，柯式镇，张红静，等.2013. 利用常规测井资料识别裂缝方法研究［J］. 测井技术，37（4）：380-384.

傅海成，邹长春，肖承文，等.2015. 轮古地区古岩溶成像测井响应特征及其对岩溶发育的指示作用［J］. 中国岩溶，34（2）：136-146.

甘其刚，2005. 川西坳陷深层致密非均质裂缝性气藏地震识别技术研究［D］. 成都：成都理工大学，16-29.

高霞，谢庆宾，2007. 储层裂缝识别与评价方法新进展［J］. 地球物理学进展，5：1460-1465.

何建军，2008. 致密碳酸盐岩缝洞储层地震检测方法研究［D］. 成都理工大学，2-15.

贺洪举.1999. 利用FMI成像测井分析井旁构造形态［J］. 天然气工业，19（3）：94-95.

洪有密.1998. 测井原理及综合解释［M］. 东营：中国石油大学出版社：159.

胡文瑄，吴海光，王小林.2013. 准噶尔盆地吉木萨尔凹陷二叠系芦草沟组致密油储层岩性与孔隙特征研究［C］//中国矿物岩石地球化学学会. 中国矿物岩石地球化学学会第14届学术年会论文摘要专辑.

季宗镇，戴俊生，汪必峰.2010. 地应力与构造裂缝参数间的定量关系［J］. 石油学报，31（1）：68-72.

鞠伟，侯贵廷，黄少英，等.2014. 断层相关褶皱对砂岩构造裂缝发育的控制约束［J］. 高校地质学报，20（1）：105-113.

赖锦，王贵文，郑新华，等.2015. 油基泥浆微电阻率扫描成像测井裂缝识别与评价方法［J］. 油气地质与采收率，22（46）：47-54.

李红南，毛新军，胡广文，等.2014. 准噶尔盆地吉木萨尔凹陷芦草沟组致密油储层特征及产能预测研究 ［J］. 石油天然气学报（江汉石油学院学报），36（10）：40-44.

李华彬.2017. 井径测井在煤田测井中的应用分析 ［J］. 资源信息与工程，32（1）：60.

李建良，葛祥，张筠，2006. 成像测井新技术在川西须二段储层评价中的应用 ［J］. 天然气工业，7：49-51.

李哲，汤军，张云鹏，等.2012. 鄂尔多斯盆地下寺湾地区长8储层裂缝特征研究 ［J］. 岩性油气藏，24（5）：65-70.

刘冬冬，张晨，罗群，等.2017. 准噶尔盆地吉木萨尔凹陷芦草沟组致密储层裂缝发育特征及控制因素 ［J］. 中国石油勘探，22（4）：36-47.

陆敬安，伍忠良，关晓春，等.2004. 成像测井中的裂缝自动识别方法 ［J］. 测井技术，28（2）：115-117.

罗群，魏浩元，刘冬冬，等.2017. 层理缝在致密油成藏富集中的意义、研究进展及其趋势 ［J］. 石油实验地质，39（1）：1-7.

仇鹏，牟中海，蒋裕强，等.2011. 裂缝性储层的地震响应特征——以川中地区致密砂岩储层为例 ［J］. 天然气与石油，29（3）：49-53.

首祥云，康晓泉，姜艳玲，等.2003. 成像测井中的裂缝图象识别与处理 ［J］. 中国图象图形学报A辑，8（z1）：647-651.

孙加华，肖洪伟，么忠文，等.2006. 声电成像测井技术在储层裂缝识别中的应用 ［J］. 大庆石油地质与开发，25（3）：100-102.

孙炜，李玉凤，付建伟，等.2014. 测井及地震裂缝识别研究进展 ［J］. 地球物理学进展，29（3）：1231-1242.

唐小梅，曾联波，岳锋，等.2012. 鄂尔多斯盆地三叠系延长组页岩油储层裂缝特征及常规测井识别方法 ［J］. 石油天然气学报，34（6）：95-99.

童亨茂.2006. 成像测井资料在构造裂缝预测和评价中的应用 ［J］. 天然气工业，26（9）：58-61.

汪必峰.2007. 储集层构造裂缝描述与定量预测 ［D］. 青岛：中国石油大学（华东）.

汪勇.2013. 裂缝油气藏储层预测方法及应用研究 ［D］. 武汉：中国地质大学，4-39.

王珂，戴俊生，王俊鹏，等.2016. 塔里木盆地克深2气田储层构造裂缝定量预测 ［J］. 大地构造与成矿学，40（6）：1123-1135.

王树松.1996. 消除测井资料中井眼引起的噪声 ［J］. 测井科技，4：27-30.

王晓东，祖克威，李向平，等.2013. 宁合地区长7致密储集层天然裂缝发育特征 ［J］. 新疆石油地质，34（4）：394-397.

王允诚.1992. 裂缝性致密油气储集层 ［M］. 北京：地质出版社.

魏成章，李忠春，吴昌吉.1999. 柴达木盆地南翼山凝析气藏裂缝性储层特征 ［J］. 天然气工业，19（4）：5-7.

吴鹏程，陈一健，杨琳，等.2007. 成像测井技术研究现状及应用 ［J］. 天然气勘探与开发，30（2）：36-40.

吴志均，唐红君，安凤山.2003. 川西新场致密砂岩气藏层理缝成因探讨 ［J］. 石油勘探与开发，2：109-111.

蒽克来，操应长，朱如凯，等.2015. 吉木萨尔凹陷二叠系芦草沟组致密油储层岩石类型及特征 ［J］. 石油学报，36（12）：1495-1507.

夏晓敏，何柳，吴俊，等.2014. 川东北元坝地区须家河组四段致密砂岩气藏层理缝成因及成像测井识别 ［J］. 化工管理，5：18.

肖丽，范晓敏 . 2003. 利用成像测井资料标定常规测井资料裂隙发育参数的方法研究［J］. 吉林大学学报
（地球科学版），33（3）：559-563.

谢冰，白利，赵艾琳，等 . 2017. Sonic Scanner 声波扫描测井在碳酸盐岩储层裂缝有效性评价中的应用：
以四川盆地震旦系为例［J］. 岩性油气藏，29（4）：117-123.

闫建平，蔡进功，首祥云，等 . 2009. 成像测井图像中的裂缝信息智能拾取方法［J］. 天然气工业，
29（3）：51-53.

杨超，张金川，李婉君，等 . 2014. 辽河坳陷沙三、沙四段泥页岩微观孔隙特征及其成藏意义［J］. 石油
与天然气地质，35（2）：286-294.

尹帅，丁文龙，王濡岳，等 . 2015. 陆相致密砂岩及泥页岩储层纵横波波速比与岩石物理参数的关系及表
征方法［J］. 油气地质与采收率，22（3）：22-28.

袁青 . 2016. 准噶尔盆地吉木萨尔凹陷致密油储层裂缝精细表征及甜点评价［D］. 北京：中国石油大学
（北京）.

曾联波 . 2004. 低渗透砂岩油气储层裂缝及其渗流特征［J］. 地质科学，39（1）：11-17.

曾联波 . 2008. 低渗透砂岩储层裂缝的形成与分布［M］. 北京：科学出版社，3-37.

曾联波 . 2010. 低渗透油气储层裂缝研究方法［M］. 北京：石油工业出版社，2-43.

曾联波，高春宇，漆家福，等 . 2008. 鄂尔多斯盆地陇东地区特低渗透砂岩储层裂缝分布规律及其渗流作
用［J］. 中国科学（D辑：地球科学），38（增刊1）：41-47.

曾联波，柯式镇，刘洋，等 . 2010. 低渗透油气储层裂缝研究方法［M］. 北京：石油工业出版社，
49-52.

张光辉 . 2011. 油气储层测井裂缝识别方法研究及软件研制［D］. 成都：成都理工大学 .

张健，刘楼军，黄芸，等 . 2003. 准噶尔盆地吉木萨尔凹陷中–上二叠统沉积相特征［J］. 新疆地质，
21（4）：412-414.

张君峰，兰朝利 . 2006. 鄂尔多斯盆地榆林–神木地区上古生界裂缝和断层分布及其对天然气富集区的影
响［J］. 石油勘探与开发，（2）：172-177.

张亚奇，马世忠，高阳，等 . 2016. 咸化湖相高分辨率层序地层特征与致密油储层分布规律：以吉木萨尔
凹陷A区芦草沟组为例［J］. 现代地质，30（5）：1096-1104.

张云钊，曾联波，罗群，等 . 2018. 准噶尔盆地吉木萨尔凹陷芦草沟组致密储层裂缝特征和成因机制［J］. 天
然气地球科学，29（2）：211-225.

赵青 . 2003. 常规测井识别裂缝在塔河油田中的应用［J］. 新疆地质，21（3）：379-380.

邹才能，朱如凯，白斌，等 . 2015. 致密油与页岩油内涵、特征、潜力及挑战［J］. 矿物岩石地球化学通
报，34（1）：3-17.

Amiri H，Zare M，Widory D. 2015. Nitratenitrogen and oxygen isotope characterization of the Shiraz Aquifer
（Iran）［J］. Procedia Earth Planet Sci，13，52-55.

Brouwn J，Davis B，Gawankar K，et al. 2016. Imaging logging：getting downhole visual images［J］，Foreign
Logging Technology，37（4）：54-66.

Cao Z，Liu G D，Kong Y H，et al. 2016. Lacustrine tight oil accumulation characteristics：Permian Lucaogou
Formation in Jimusaer Sag，Junggar Basin. Int J Coal Geol，153，37-51.

Epstein S，Buchsbaum R，Lowenstam H A，et al. 1953. Revised carbonate-H_2O isotopic temperature scale［J］.
Geological Society of America Bulletin，64（11）：1316-1326.

Felici F，Alemanni A，Bouacida D，et al. 2016. Fractured reservoir modeling：from well data to dynamic
flow. Methodology and application to a real case study in Illizi Basin（Algeria）［J］. Tectonophysics，690，
117-130.

Feng Y L, Jiang S, Wang C F. 2015. Sequence stratigraphy, sedimentary systems and petroleum playsin a low-accommodation basin: Middle to upper members of the Lower Jurassic Sangonghe Formation, Central Junggar Basin, Northwestern China. J Asian Earth Sci, 105: 85-103.

Freund S, Beier C, Krumm S, et al. 2013. Oxygen isotope evidence for the formation of and esitic-dacitic magmas from the fast-spreading Pacifific-Antarctic Rise by assimilation-fractional crystallisation [J]. Chem Geol, 347: 271-283.

Gale J F, Reed R M, Holder J. 2007. Natural fractures in the Barnett Shale and their importance for hydraulic fracture treatments [J], AAPG Bulletin, 91 (4): 603-622.

Gao G, Zhang W W, Xiang B L, et al. 2016. Geochemistry characteristics and hydrocarbon-generating potential of lacustrine source rock in Lucaogou Famation of the Jimusaer Sag, Junggar Basin. J Petrol Sci Eng, 145: 168-182.

Gross M R. 1992. The origin and spacing of cross joints: example from the Monterey formation, Santa Barbara coastline, Cali fornia [J]. Journal of Structural Geology, 15 (6): 737-751.

He D, Li D, Fan C, Yang X. 2013. Geochronology, geochemistry and tectonostratigraphy of Carboniferous strata of the deepest Well Moshen-1 in the Junggar Basin, northwest China: Insights into the continental growth of Central Asia. Gondwana Res, 24: 560-577.

Jiang Y Q, Liu Y Q, Yang Z, et al. 2015. Characteristics and origin of tuff type tight oil in Jimusaer sag, Junggar Basin, NW China. Petrol Explor Develop, 42 (6), 810-818.

Kanjanapayont P, Aydin A, Wongseekaew K, et al. 2016. Structural characterization of the fracture systems in the porcelanites: comparing data from the Monterey Formation in California USA and the Sap Bon Formation in Central Thailand [J]. J Struct Geol, 90: 177-184.

Lee K, Park S J, Moon J, et al. 2016. B-Mn formation and aging effect on the fracture behavior of high-Mn low-density steels [J]. Scripta Mater, 124: 193-197.

Li D, He D, Tang Y. 2016. Reconstructing multiple arc-basin systems in the Altai-Junggararea (NW China): Implications for the architecture and evolution of the western Central Asian Orogenic Belt. J Asian Earth Sci, 121: 84-107.

Liang P, Chen H Y, Hollings P, et al. 2016. Geochronology and geochemistry of igneous rocks from the laoshankou district, north xinjiang: implications for the late paleozoic tectonic evolution and metallogenesis of East Junggar. Lithos, 266-267: 115-132.

Lu X C, Shi J A, Zhang S C, et al. 2015. The origin and formation model of Permian dolostones on the northwestern margin of Junggar Basin, China. J Asian Earth Sci, 105: 456-467.

Royer A, Lécuyer C, Montuire S, et al. 2013. What does the oxygen isotope composition of rodent teeth record [J]. Earth Planet Sci Lett, 361: 258-271.

Tao S, Shan Y S, Tang D Z, et al. 2016. Mineralogy, major and trace element geochemistry of Shichanggou oil shales, Jimusaer, Southern Junggar Basin, China: Implications for provenance, palaeoenvironment and tectonic setting. J Petrol Sci Eng, 146: 432-445.

van Golf-Racht T D. 1982. Fundamentals of fractured reservoir engineering [M]. New York: Elsevier Scientific.

Zeshan ISMAT. 2012. Evolution of fracture porosity and permeability during folding by cataclastic flow: Implications for syntectonic fluid flow [J]. Rocky Mountain Geology, 47 (2): 133-155.

Zhao S J, Li S Z, Liu X, et al. 2014. Intracontinental orogenic transition: insights from structures of the eastern Junggar Basin between the Altay and Tianshan orogens. J Asian Earth Sci, 88: 137-148.

第四章 致密油富集规律及甜点分布模式

随着致密油藏开发实践的不断深入，人们对致密油藏勘探开发初期的储层、油藏、工程方面的认识正在发生变化，并在不断地丰富、发展和完善。其中致密油藏含油性方面已成为关注的重点之一，含油性的认识正在不断地深化，从初期认为致密油藏宏观上大面积、连续含油，油气分布并不严格受构造控制，无论背斜、斜坡和向斜部位，均可获得工业油流，到目前多种资料显示致密油藏含油差异化分布特征明显，逐步认识到由于致密油藏含油性受多因素控制，其含油性表现为形式复杂、局部含油性差异大、变化快等特征（姚泾利等，2019；张金友，2016）。本书在对比海相、陆相致密油藏差异化含油特征基础上，以准噶尔盆地吉木萨尔凹陷芦草沟组致密油藏为主要解剖对象，结合国内其他典型致密油藏开展差异化含油特征研究，对差异化含油控制因素进行探讨，初步揭示了致密油富集规律，并建立了致密油储层甜点分布模式，旨在从开发角度揭示陆相致密油藏含油性的复杂性，为致密油藏开发区优选、水平井井位优选等提供支撑。

第一节 致密油差异化含油特征

海相、陆相典型致密油藏由于其发育的构造背景、沉积环境、成藏演化等因素的不同，各自的含油性特征及分布规律存在巨大差异（胡素云等，2018）（表4.1）。海相、陆相致密油均普遍存在差异化含油现象，陆相致密油差异化含油整体具有分布散、范围宽、差异大的特点。

表 4.1 国内外典型致密油（页岩油）藏特征对比

致密油藏	有利面积/$10^4 km^2$	资源量/$10^8 t$	岩性	厚度/m	原油密度/(g/cm³)	50℃原油黏度/(mPa·s)	气油比/(m³/m³)	压力系数	初期日产油量/t	最终可采油量/$10^4 m^3$
美国 Bakken	7	566.0	白云质-泥质粉砂岩	5~55	0.81~0.83	0.15~0.45	100~1000	1.20~1.80	35.0~250.0	1.80~10.20
美国 Eagle Ford	4		泥灰岩	30~90	0.82~0.87	0.17~0.58	500~15000	1.35~1.80	13.0~65.0	0.50~3.10
中国鄂尔多斯盆地长7油层组	8~10	35.5~40.6	粉细砂岩	20~80	0.80~0.86	1.00	73~112	0.75~0.85	2.0~35.0	0.30~2.20
中国松辽盆地扶余油层	8~9	19.0~21.3	粉细砂岩	5~30	0.78~0.87	0.80~5.16	27~46	0.90~1.30	1.4~55.0	1.54~2.89

致密油藏	有利面积/10⁴km²	资源量/10⁸t	岩性	厚度/m	原油密度/(g/cm³)	50℃原油黏度/(mPa·s)	气油比/(m³/m³)	压力系数	初期日产油量/t	最终可采油量/10⁴m³
中国准噶尔盆地芦草沟组	6~8	15.0~20.0	灰质粉砂岩灰质白云岩	80~200	0.88~0.92	73.00~112.00	15~17	1.10~1.75	2.4~67.0	0.16~1.59

分布散：表现在我国致密油（页岩油）整体分布面积较广，但单层厚度薄、纵向不集中、横向不连续，最为典型的是中国松辽盆地扶余油层致密油藏，分布范围达 $8\times10^4 \sim 9\times10^4 km^2$，储层为大型河流−三角洲沉积体系中的多种沉积相类型的河道砂体，单一砂体规模较小，纵向不集中，横向不连续。开发区致密油藏储层精细解剖表明，不同类型储集体发育规模存在一定差异，其中曲流河道砂体厚度为4~12m，砂体宽度为300~1000m；网状河道砂体厚度为3~6m，砂体宽度为200~500m；分流河道砂体厚度为3~4m，砂体宽度为100~300m，纵向上跨度大但单个油层薄，砂地比一般为15%~45%。

范围宽：海相致密油（页岩油）藏普遍地层压力系数较高（75%的致密油为异常高压），原油品质好，具有低黏度、高气油比的特点，原油黏度为0.15~0.58mPa·s，气油比为100~15000m³/m³。陆相致密油（页岩油）藏不同区块地层压力系数、原油黏度、气油比及含油饱和度明显不同，分布范围较宽，如大部分致密油（页岩油）地层压力为常压或异常高压，但鄂尔多斯盆地长7致密油地层压力系数仅为0.75~0.85，属于典型的低压型致密油；大部分致密油原油品质较好，但准噶尔盆地吉木萨尔凹陷芦草沟组致密油（页岩油）原油品质差，50℃原油黏度为73~112mPa·s，气油比仅为15~17m³/m³，属于低流度型致密油（页岩油）；大部分致密油源储一体或近源成藏，含油饱和度较高，但松辽盆地扶余致密油属于源下型致密油，充注程度低，含油饱和度小，绝大部分都小于60%，属于低充注型致密油。

差异大：在岩心尺度上，受岩性、层理、裂缝、沉积韵律等多因素影响，我国致密油（页岩油）取心井岩心中，普遍存在突出的差异化含油特征，如准噶尔盆地吉木萨尔凹陷芦草沟组致密油（页岩油）储层，岩心观察、荧光扫描均可直观观察到差异化含油特征，如新鲜岩心外渗原油颜色、黏度不同，饱含油、油浸、油斑、油迹等含油级别均有发育，含油性随岩性、层理呈现出厘米级的变化等；在薄片尺度上，致密油储层差异化含油特点更为突出，如储层基质、裂缝均含油，储层基质中仅部分含油，储层基质中整体较均匀含油，储层基质中溶蚀孔隙发育部位含油性好于其他部位，储层中微裂缝发育部位含油性好，以及沉积纹层间组构差异而导致含油不均。

本书从宏观分布、岩心尺度、油藏特性、单井产能四个方面对比分析了海相、陆相典型致密油差异化含油特征（表4.2）。

表4.2　海相、陆相致密油（页岩油）藏特征对比

类别	海相致密油	陆相致密油
宏观分布	平面分布范围广，纵向分布层系集中	平面分布整体广但连续性差，纵向多薄层且不集中
岩心尺度	明显的差异化含油特征	差异化含油特征显著
油藏特性	异常高压、原油黏度低、气油比高	压力系数、原油黏度及气油比分布范围宽
单井产能	单井初产及累产高	单井 EUR、初产、累产整体较低且差异较大

一、宏观差异化含油特征

海相致密油含油性平面分布范围广，纵向分布层系集中，如北美典型海相致密油——Bakken 致密油，其有利分布面积达 $7 \times 10^4 km^2$，纵向致密油主要集中于中 Bakken 组；陆相致密油分布范围较广，单层厚度薄，纵向不集中，横向不连续，以松辽盆地扶余致密油尤为典型，整体分布范围广，达数万平方千米，但致密油区块受沉积相、断层切割等因素影响，分布零散，纵向跨度大、储层分布不集中。

二、岩心尺度差异化含油特征

受岩性、层理、裂缝、沉积韵律等多因素影响，海相、陆相致密油均表现出明显的差异化含油特征（表4.3）。北美海相致密油储层的岩心含油性差异很大，有整体含油好、厚度大的层段，也有含油性呈厘米级变化的现象［表4.3（a）］。此外同段岩心，在白光和荧光照射条件下，也可观察到有砂无油现象，荧光颜色及级别存在差异［表4.3（b）、（c）］。陆相致密油岩心尺度也表现出明显的差异化含油特征，岩心观察、荧光扫描、滴水实验均揭示致密油含油性差异大、变化快的特点［表4.3（d）、（e）、（f）］。

表4.3　海相、陆相致密油岩心尺度差异化含油对比表

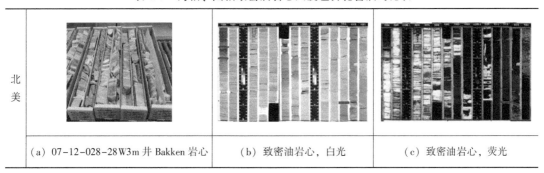

北美	(a) 07-12-028-28W3m 井 Bakken 岩心	(b) 致密油岩心，白光	(c) 致密油岩心，荧光

续表

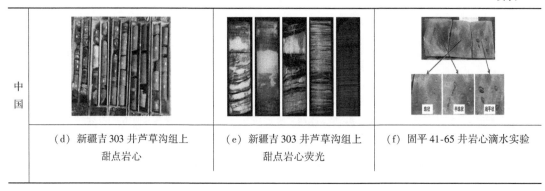

中国	（d）新疆吉303井芦草沟组上甜点岩心	（e）新疆吉303井芦草沟组上甜点岩心荧光	（f）固平41-65井岩心滴水实验

三、油藏性质体现差异化含油

　　海相致密油普遍异常高压、原油黏度低、气油比高，陆相致密油压力系数、原油黏度及气油比分布范围宽（图4.1、图4.2）。陆相以超压－常压为主（长庆低压），弹性能量相对弱，在当前以衰竭式开发为主体开发方式的情况下，较低地层压力会影响衰竭式开发的采收率。海相致密油地层压力系数普遍较高、油品性质较好，但不同地区致密油其原油构成明显不同（图4.3），同一地区原油重度在平面上变化较快（图4.4）。

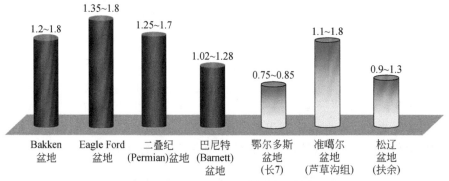

图4.1　海相、陆相致密油地层压力系数对比

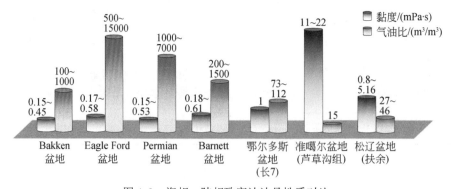

图4.2　海相、陆相致密油油品性质对比

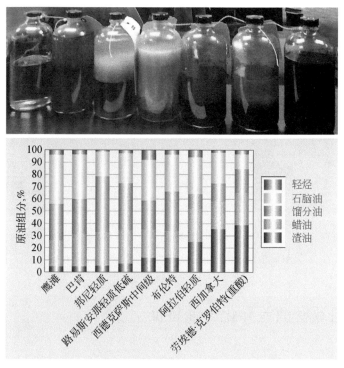

图4.3 不同地区海相致密油油品性质对比

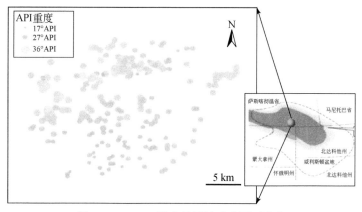

图4.4 Bakken致密油原油重度平面分布

四、单井产量体现差异化含油

受资源品质、地质条件、工艺技术等多因素控制，海相致密油单井初产及累产高，陆相致密油单井EUR、初产、累产整体较低且差异较大（图4.5）。海相致密油单井初期日产和EUR较高，如Bakken致密油单井初期日产一般为35～250t/d，EUR一般为1.8×10^4～

$10.2 \times 10^4 \mathrm{m}^3$；Eagle Ford 单井初期日产一般为 $13 \sim 65 \mathrm{t/d}$、EUR 一般为 $0.5 \times 10^4 \sim 3.1 \times 10^4 \mathrm{m}^3$，国内陆相致密油单井初期日产一般几吨至十几吨，EUR 一般为几千立方米至 $3 \times 10^4 \mathrm{m}^3$。海相致密油单井初产及 EUR 较陆相致密油高，但其在平面上也存在变化快、地区间差异较大的情况。

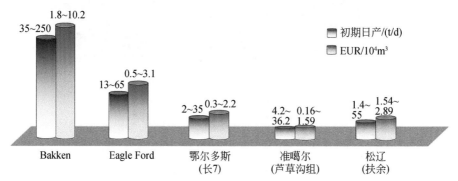

图 4.5　海相、陆相致密油初期日产、EUR 对比

五、芦草沟组致密油差异化含油特征

（一）岩心尺度差异化含油特征

岩心、薄片尺度可最直观地观察到致密油差异化含油特征。从吉木萨尔凹陷芦草沟组致密油岩心观察描述结果可见，岩心上有富含油、油浸、油斑、油迹等不同含油级别，其中油斑、油迹较常见，占比达 60% 以上（图 4.6）。

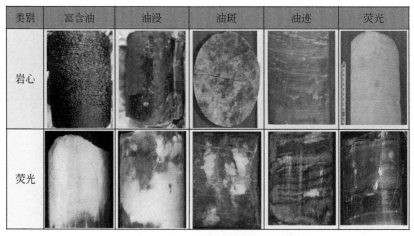

(a) 岩心及荧光显示不同含油级别

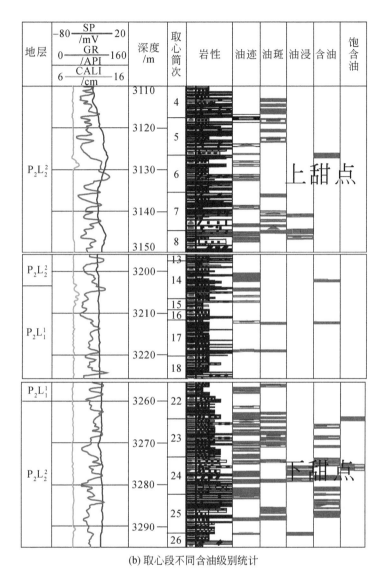

(b) 取心段不同含油级别统计

图4.6　吉木萨尔凹陷芦草沟组致密油岩心尺度差异化含油

　　吉木萨尔凹陷芦草沟组致密油岩心观察结果表明，含油性受岩石类型、储层物性、裂缝等因素控制作用明显。一般较粗粒的储层岩石物性好、含油性较好，随粒度增大，泥质含量减少，含油性有变好的趋势。此外，一般溶蚀孔、裂缝网络发育的部位，含油性也较好（图4.7）。

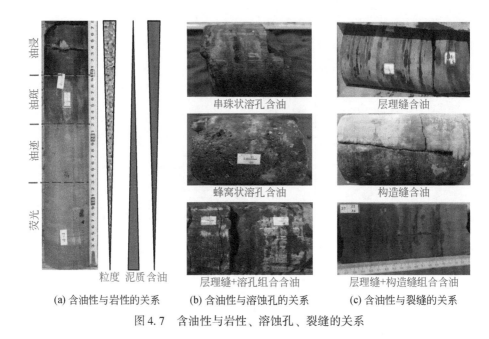

(a) 含油性与岩性的关系　　(b) 含油性与溶蚀孔的关系　　(c) 含油性与裂缝的关系

图4.7　含油性与岩性、溶蚀孔、裂缝的关系

(二) 薄片尺度差异化含油特征

通过铸体薄片、岩石薄片、荧光薄片观察描述,揭示了吉木萨尔凹陷芦草沟组致密油储层在微观尺度存在显著的差异化含油现象,如储层基质和裂缝均含油 [图4.8 (a)]、基质部分含油 [图4.8 (b)]、基质整体均匀含油 [图4.8 (c)]、溶蚀孔发育部位含油性较好 [图4.8 (d)]、裂缝发育部位含油性较好 [图4.8 (e)]、纹层间差异化含油 [图4.8 (f)]。

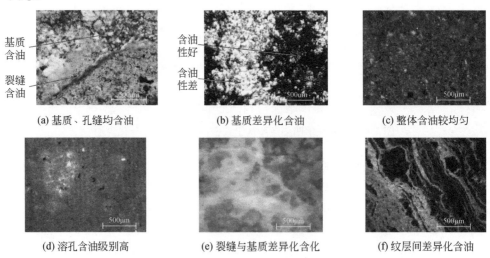

(d) 溶孔含油级别高　　(e) 裂缝与基质差异化含化　　(f) 纹层间差异化含油

图4.8　吉木萨尔凹陷芦草沟组致密油储层微观尺度差异化含油现象

(三) 含油性与物性的关系

基于对鄂尔多斯盆地长 7 致密油、准噶尔盆地芦草沟组致密油、松辽盆地扶余致密油 1073 个岩心样品的统计分析，结果表明陆相致密油含油性整体随储渗能力增强而变好，其中鄂尔多斯盆地长 7 致密油、松辽盆地扶余致密油当孔隙度大于 7% 时，含油级别可达到油斑及以上，而新疆芦草沟组致密油由于油品性质较差，大孔隙度条件下（大于 9%）才能达到油斑及以上含油级别（图 4.9）。

通过吉木萨尔凹陷芦草沟组致密油储层岩心、成像测井、荧光、铸体薄片、高压压汞等资料的观察描述及统计分析，该储层岩石类型粒度粗，纯度高，物性好，往往具有较好的含油性及可动用性（表 4.4）。

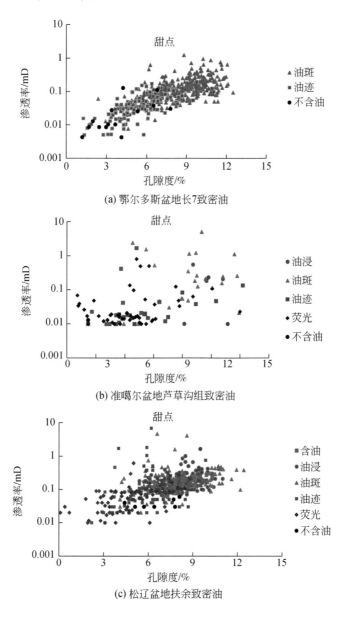

(a) 鄂尔多斯盆地长7致密油

(b) 准噶尔盆地芦草沟组致密油

(c) 松辽盆地扶余致密油

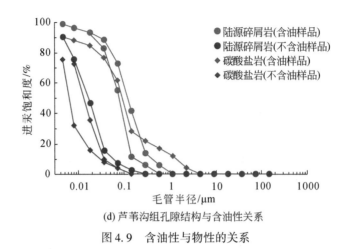

(d) 芦苇沟组孔隙结构与含油性关系

图 4.9　含油性与物性的关系

表 4.4　含油性与物性的关系

含油级别	岩心照片	FMI测井	荧光显示	铸体薄片	压汞	孔喉半径/nm	孔隙度/%	渗透率/mD	可动流体饱和度/%
富含油	黑褐色、油味重、油外渗、连续分布			面孔率15.6%		>1000	18.6	0.254	>30
油浸	褐色，油味重、含油连续分布			面孔率11.8%		500~1000	14.3	0.13	25~30
油斑	局部褐色，含油断续分布			面孔率10.6%		100~500	11.9	0.108	20~25
油迹	局部褐色，吸水性差，局部含油			面孔率8.2%		50~100	6.8	0.102	10~20
荧光	深灰色、致密，滴水缓渗			面孔率5.3%		<50	8.8	0.014	<10

（四）　测井解释结果

测井含油饱和度解释结果可提供单井纵向（直井解释结果）、横向（水平井解释结果）含油性的变化情况。测井解释结果表明，吉木萨尔凹陷芦草沟组致密油整体含油性较好，含油饱和度较高，但在空间上呈现不均匀分布的特点，如从水平井核磁含油饱和度测井解释结果来看，目的层含油饱和度整体较高，但变化较快［图 4.10（a）］；从含油饱和度绝对值来看，主体分布在50% ~80%［图 4.10（b）］；不同直井、水平井其平均含油饱和度也存在较大差异，为51.5% ~91.7%［图 4.10（c）］。

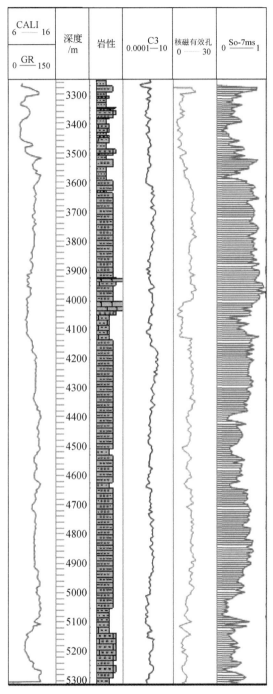

(a) 吉木萨尔凹陷芦草沟组致密油JWH018井测井解释综合图

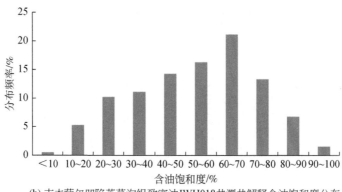

(b) 吉木萨尔凹陷芦草沟组致密油JWH018井测井解释含油饱和度分布

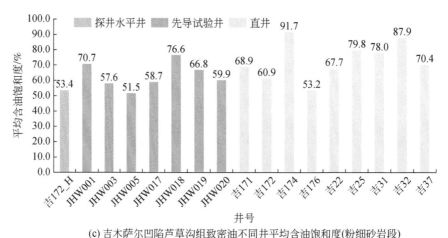

(c) 吉木萨尔凹陷芦草沟组致密油不同井平均含油饱和度(粉细砂岩段)

图4.10　吉木萨尔凹陷芦草沟组致密油单井测井解释含油饱和度分布

（五）开发先导试验区解剖

吉37井2013年8月压裂，抽汲日产油0.69t，2015年5月2级压裂下返试油，压裂液总量为692.5m³，加砂总量为55m³，2015年5月6日开始见油，最高日产油12.4m³，至2015年6月日产油稳定在10t左右，油压2MPa（图4.11、图4.12）。

吉37井直井分段压裂寻求有效产量取得突破后，部署了吉301~吉306共6口评价井，对吉301、302、303井共90余米岩心进行观察描述，结果表明吉301、吉303井取心段高荧光级别厚度比例大，富含油、油浸、油斑所占比例高，电测曲线上伽马值较低、声波时差较高、电阻率适中，整体含油性较好，而吉302井取心段高荧光级别厚度比例较小，富含油、油浸、油斑所占比例小，以荧光为主，电测曲线上伽马值较高、声波时差较低、电阻率较高，整体含油性较差（表4.5）。

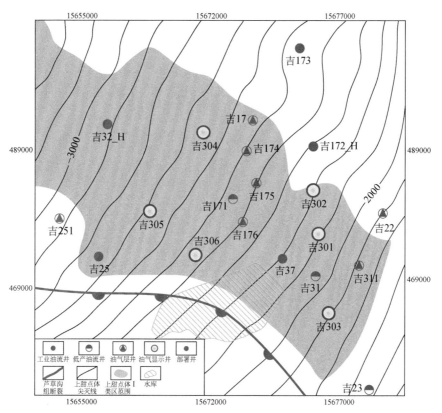

图 4.11　吉木萨尔凹陷东南区井位分布图

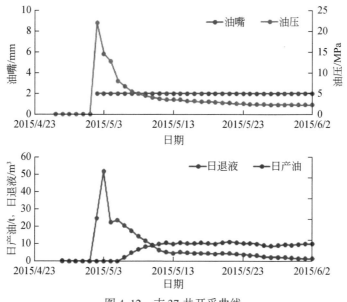

图 4.12　吉 37 井开采曲线

表 4.5　吉 301、吉 302、吉 303 井取心段含油性及电性对比

井号	取心段荧光级别	取心段含油级别	取心段电测曲线	GR/API	AC/(μs/ft)	RT/(Ω·m)	电性特征
吉 301				最大 106.1 最小 45.8 平均 69.6	最大 118 最小 63.9 平均 91	最大 1826.5 最小 6.7 平均 158.1	低伽马 中声波 低电阻
吉 302				最大 121.7 最小 42.5 平均 82.7	最大 129.8 最小 59.3 平均 73.4	最大 739.6 最小 9.6 平均 374.6	高伽马 低声波 高电阻
吉 303				最大 91.9 最小 46.9 平均 75.6	最大 109.8 最小 55.1 平均 93.5	最大 1997.3 最小 9.4 平均 196.1	中伽马 高声波 中电阻

通过对吉 301、吉 302、吉 303 井取心段岩心描述，揭示了吉木萨尔凹陷芦草沟组致密油含油性单井纵向和井间均存在较大差异，如吉 303 井第五筒岩心（2588.36～2596.33m），可见上、中、下三个含油段，上、下段储层溶孔不发育，油质相对好，颜色为褐色和黑褐色，而中段见 78cm 厚溶蚀孔发育带，含油级别达油浸—富含油，但油品差，呈黑色黏稠状（图 4.13）。在相同层位，吉 302 井取心段发育几米厚的云屑砂岩，滴酸强烈起泡，但滴水速渗，不含油，表明同一地区相同层位含油性差异大、变化快的特点。

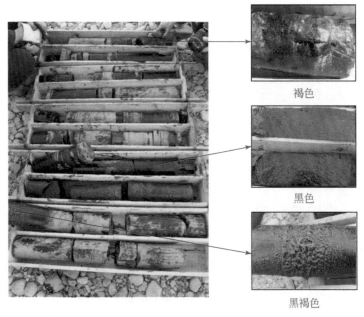

褐色

黑色

黑褐色

图 4.13　吉 303 井取心段含油性特征（第五筒 2588.36～2596.33m）

通过建立吉木萨尔凹陷东南部连井剖面，对芦草沟组上甜点取心段含油性进行分析研究，结果表明在井控程度较高的研究区东南部（图4.11），在井距1.5~1.8km的情况下，取心段含油性差异大、变化快，单井产能也存在较大差异（图4.14）。

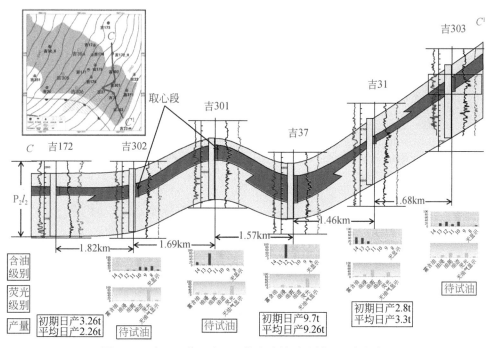

图 4.14　吉 172 井—吉 303 井含油性对比剖面（南北向）

第二节　微观赋存状态及可动用性

一、致密油赋存形式

吉木萨尔凹陷芦草沟组致密油储层岩石类型复杂、矿物类型多样、粒度细、薄互层分布，储渗空间整体为多成因、多尺度孔缝耦合共存，致密油高密度、高黏度、低流度特点突出（霍进等，2019）。岩心自吸法润湿性实验表明，储层润湿性为中性—弱亲油为主，复杂的孔隙结构和低品质的原油特性共同决定了致密油赋存状态具有类型多样、差异大的特点。前人研究表明，致密油储层中部分流体在渗流过程中被毛管力和黏附力等所束缚不能参与流动，因此依据致密油流动阻力的类型及大小不同，将致密油分为可动油、束缚油两类（图4.15），其中束缚油进一步细分为封闭态束缚油、吸附态束缚油（图4.15）。封闭态束缚油主要指赋存于"死胡同"型孔隙中的原油受毛管力束缚无法自由流动所形成的束缚油，吸附态束缚油主要指赋存于孔喉空间岩石颗粒表面、受黏附力约束而无法流动所形成的束缚油（图4.16）。

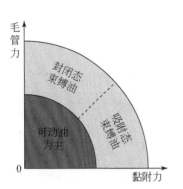

图 4.15　不同赋存状态分类

图 4.16　不同赋存状态致密油示意图

(a) 可动油

(b) 束缚油

图 4.17　致密油赋存状态特征

对吉木萨尔凹陷芦草沟组致密油储层密闭取心、常规取心，可观察到新鲜样品原油外渗 [图 4.17 (a)]，已完钻直井及水平井均获得不同程度的油流，证实了可动油的存在。但芦草沟组致密油储层致密、孔隙结构复杂、原油品质差的特点决定了工区致密油中束缚油比例高、束缚油赋存形式多样。岩心描述、荧光扫描 [图 4.17 (b)] 揭示工区各取心井取心井段荧光、油迹以束缚油为主的含油级别井段厚度比例约占 57%。

采用环境扫描电镜技术，对芦草沟组致密油典型井段 47 个样点进行仔细观察，有 6 种主要的致密油微观赋存形式（表 4.6），即裂缝型、孔隙型两种可动油连续赋存形式，以及薄膜型、毛管型、颗粒型、吸附型四种束缚油赋存形式。其中在裂缝和中-大孔隙中以可动油为主。在四种束缚油赋存形式中，薄膜型受原油与岩石孔缝表面间的黏附力束缚，呈薄膜状赋存于矿物颗粒表面，镜下最为常见；毛管型致密油是在致密储层喉道中，在高毛管压力作用下致密油易形成卡断，以短柱状赋存于喉道中；颗粒型致密油是因温度变化、原油凝固点高等因素影响残余油结蜡而呈颗粒状，赋存位置主要为石英、长石、方解石等矿物颗粒表面；吸附型致密油指致密油以吸附态赋存于与致密储层共生或互层源岩的微纳米孔中。环境扫描电镜观察结果表明，薄膜型致密油最为常见，颗粒型致密油是芦草沟组致密油较常见的赋存形式，在其他地区致密油储层中较为少见。

表4.6 芦草沟组致密油赋存形式分类及特征表

赋存类型	可动油		束缚油			
	裂缝型	孔隙型	薄膜型	毛管型	颗粒型	吸附型
赋存状态	连续状	连续状	薄膜状	短柱状	结蜡呈颗粒状	有机质吸附
介质类型	裂缝	溶蚀孔及孔径较大的原生孔隙	各类孔缝表面	微小喉道	岩石颗粒表面	源岩微纳米孔
典型图例						

二、致密油可流动喉道直径下限

致密油充注喉道直径下限是指地质条件下原油从烃源岩充注进入储集层所能达到的最小喉道直径。长期以来国内外学者对于常规储集层充注喉道直径下限的研究通常是在统计分析储集层物性资料的基础上判断的。致密油流动喉道直径下限是指地层条件下从储集层采出原油所需的最小喉道直径。本次研究采用束缚水膜厚度与油分子直径加和推算方法、比表面与喉道半径交会图法、启动压力梯度法、核磁离心法等，初步确定芦草沟组致密油流动喉道直径下限。

（一）束缚水膜厚度与油分子直径加和推算方法

束缚水膜厚度与油分子直径加和推算方法是目前研究储层喉道直径下限较常用的方法，该方法简便快捷，但该方法基于土壤束缚水膜厚度公式计算，局限于静态描述，因此其推算结果仅作为确定致密油流动喉道直径下限的参考。

束缚水膜厚度计算公式如下：

$$d = 7142 \times \phi \times S_{wi} / (A \times \rho_r) \tag{4.1}$$

式中，d 为水膜厚度（10^{-1} nm）；ϕ 为岩心孔隙度（%）；S_{wi} 为束缚水饱和度（%）；A 为岩石的比表面（m^2/g）；ρ_r 为岩石的密度（$10^3 kg/m^3$）。

采用式（4.1）对芦草沟组致密油储层9个样品进行计算（表4.7），计算结果为束缚水膜厚度 0.034~0.053 μm，平均为 0.043 μm。

表 4.7　芦草沟组致密油储层水膜厚度明细表

样品号	孔隙度/%	渗透率/$10^{-3}\mu m^2$	束缚水饱和度/%	束缚水膜厚度/μm
1	9.37	0.241	23.18	0.034
2	7.12	0.175	27.43	0.04
3	8.59	0.259	23.44	0.045
4	8.01	0.167	24.04	0.046
5	8.12	0.199	25.63	0.044
6	5.81	0.152	35.07	0.053
7	10.03	0.571	21.09	0.035
8	12.47	0.951	19.07	0.035
9	6.34	0.117	36.47	0.051

前人研究表面水分子直径 0.3nm、甲烷分子直径 0.38nm、正构烷烃直径 0.4~2nm、凝析油和轻质油分子直径 0.5~0.9nm、芳香烃分子直径 0.8~3nm、最大沥青质分子直径 4nm。按照束缚水膜厚度与油分子直径加和推算方法,水膜厚度取样品测试计算结果(表 4.7),油分子直径取最大沥青质分子直径 4nm,则芦草沟组致密油喉道直径下限为 72~110nm。

(二) 比表面与喉道半径交会图方法

在压汞实验中,随进汞压力增大,汞进入更小孔喉,比表面积随孔喉的减小而呈增大趋势,比表面积大的微小孔喉中致密油以束缚油的形式为主,因此建立比表面与喉道半径交会图,依据比表面积开始快速增大的拐点可估算流动喉道下限。

具体方法如下:

根据 Young-Laplace 方程,毛管压力孔喉半径的关系为

$$P_c = 2\sigma\cos\theta/r \tag{4.2}$$

式中,P_c 为毛管压力(MPa);θ 为汞与岩石固体表面的润湿角(°);σ 为汞-空气系统的表面张力(N/m);r 为孔喉半径(μm)。

毛细管岩石模型中孔隙比表面为

$$S_\phi = nA(2\pi r)L/(nA\pi r^2 L) \tag{4.3}$$

式中,S_ϕ 为孔隙比表面(cm²/cm³);n 为单位面积毛细管数(个/cm²);A 为样品截面积(cm²);r 为孔喉半径(μm);L 为样品长度(cm)。

由式(4.3)可得

$$S_\phi = 2/r \tag{4.4}$$

孔隙比表面指单位体积孔隙的总表面积,即

$$S_\phi = A_\phi / V_\phi \tag{4.5}$$

式中，A_ϕ 为孔隙总表面积（cm^2）；V_ϕ 为孔隙体积（cm^3）。

由式（4.4）、式（4.5）可得

$$A_{\phi i} = 2/r_i \Delta V \tag{4.6}$$

式中，$A_{\phi i}$ 为半径为 r_i 所控制的孔隙总表面积（cm^2）；r_i 为某一进汞压力 P_{ci} 所对应的喉道半径（um）；ΔV 为半径为 r_i 所控制的孔隙体积（cm^3）。

实际使用中，汞的表面张力取 480mN/m，润湿角取 140°，应用式（4.2），利用高压压汞进汞压力数据可求得对应的喉道半径；应用式（4.6），利用高压压汞进汞压力、孔隙体积、进汞饱和度数据可求得不同喉道半径控制的孔隙表面积。

本节利用 35 个高压压汞样品数据建立了累积孔隙表面积与喉道半径的交会图（图4.18），由图 4.18 可见，当喉道半径为 $0.05 \sim 0.1\mu m$，即喉道直径为 $0.1 \sim 0.2\mu m$ 时，比表面开始快速增大，则据此方法推算流动喉道直径下限为 $0.1\mu m$，即 100nm。

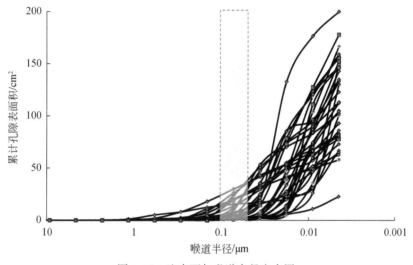

图 4.18　比表面与喉道半径交会图

（三）启动压力梯度法

通过渗流实验获取启动压力梯度，按照低渗致密储层存在启动压力梯度，且随喉道半径减小启动压力梯度增大的基本原理，依据实验数据建立喉道半径与启动压力梯度交会图，当喉道半径减小至某范围时，启动压力梯度急剧增大，则对应的喉道半径可作为流动喉道半径下限。

本节利用 5 个启动压力梯度实验测试结果建立了启动压力梯度与喉道半径交会图（图4.19），由图 4.19 可见，当喉道半径为 $0.05 \sim 0.15\mu m$，即喉道直径为 $0.1 \sim 0.3\mu m$ 时，启动压力梯度急剧增大，则据此方法推算流动喉道直径下限为 $0.1\mu m$，即 100nm。

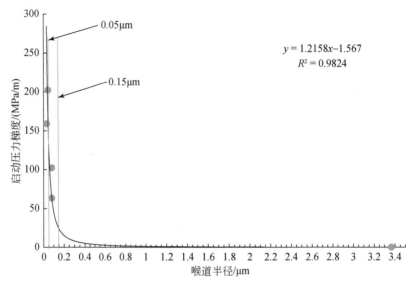

图 4.19　启动压力梯度与喉道半径交会图

(四) 核磁离心法

随离心力增大，岩心中由不同尺度喉道所控制的孔隙内的水被甩出，当离心力增大到一定程度，剩余含水饱和度变化很小或基本不变时，认为离心力对应的喉道半径为流动喉道半径下限。

本节利用核磁离心实验测试结果建立了不同离心力与流体孔隙度的关系图（图 4.20），由图 4.20 可见，当喉道半径为 0.05μm，即喉道直径为 0.1μm 时，流体孔隙度变化很小，则据此方法推算流动喉道直径下限为 0.1μm，即 100nm。

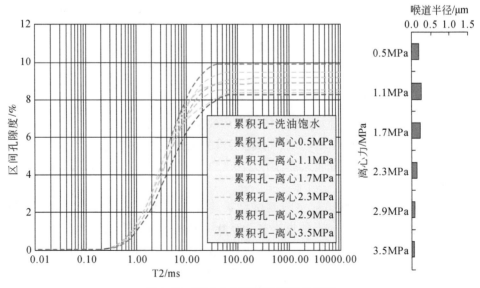

图 4.20　离心力与流体孔隙度关系图

（五）流动喉道下限

　　如上所述，本书采用束缚水膜厚度与油分子直径加和推算方法、比表面与喉道半径交会图法、启动压力梯度法、核磁离心法等分别确定了芦草沟组致密油流动喉道直径下限为 72～110nm、100nm、100nm、100nm，依据不同方法所确定的流动喉道直径下限，初步提出芦草沟组致密油储层流动喉道直径下限为 100nm。

　　鉴于致密油储层微观孔隙结构的复杂性和目前技术手段的局限性，致密油储层流动喉道直径下限的准确确定面临两方面的挑战，一是目前常用的水膜法、核磁离心法、环境扫描电镜+能谱法、启动压力梯度法等方法由于测试方法的自身局限性，以及测试样品数量及代表性等因素影响，所确定的下限值具有一定的不确定性；二是对于致密油开发而言，致密油储层流动喉道下限应是一个动态的值，随储层类型、原油性质、油藏温度和压力、生产压差等条件的改变而发生变化。因此，本书仅初步提出吉木萨尔凹陷芦草沟组致密油储层流动喉道下限为 100nm，后期随着基础理论水平的提高和实验测试手段的进步，将进一步补充修正芦草沟组致密油储层流动喉道直径下限的认识。

　　依据确定的储层流动喉道直径下限，对 31 个高压压汞资料不同孔喉半径控制的孔隙体积进行了分析评价，认为大于流动喉道直径下限的喉道控制的孔隙体积是有效连通的，这部分孔隙内流体是可流动的。从结果来看（图 4.21），整体上孔喉直径大于 100nm 的喉

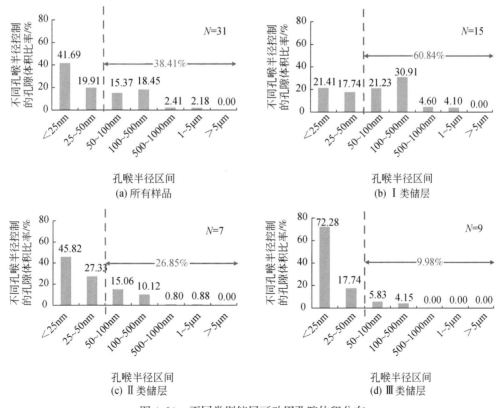

图 4.21　不同类别储层可动用孔隙体积分布

道控制了 38.41% 的孔隙体积，不同类别的储层存在明显差异，在 I 类储层中，孔喉直径大于 100nm 的喉道控制了 60.84% 的孔隙体积；在 II 类储层中，孔喉直径大于 100nm 的喉道控制了 26.85% 的孔隙体积；在 III 类储层中，孔喉直径大于 100nm 的喉道仅控制了 9.98% 的孔隙体积。

三、致密油可动用程度

致密油储层流体可动用性评价结果对于指导可动用储量计算、油藏数值模拟、合理开发技术政策的制定具有重要意义。本书主要采用核磁共振与压汞相结合的方法开展致密油储层微观可动用性评价研究。

（一）核磁共振

基本原理及步骤：经前期处理后，将岩样饱和水，由于水中的氢核具有核磁矩，核磁矩在外加静磁场的作用下产生能级分裂，此时对样品施加一定频率（拉莫尔频率）的射频场，核磁矩就会发生吸收跃迁，产生核磁共振，随后撤掉射频场，可接收到一个幅度随着时间以指数函数衰减的信号，即横向弛豫时间 T2，并反演计算出饱水状态下的 T2 弛豫时间谱；再对岩心采用离心法将饱水岩心中的水排出至束缚水状态，并测试计算出束缚水状态下的 T2 弛豫时间谱；通过饱水状态和束缚水状态 T2 弛豫时间谱可计算出可动流体饱和度。通过可动流体饱和度反映储层流体的可动用性。

选取芦草沟组致密油储层 10 块岩心进行核磁共振及离心实验，从实验结果看（表4.8），可动流体饱和度为 18.94%~56.97%，主体分布于 20%~40%，可动流体饱和度大致表现出随孔隙度增大而增大的趋势，但相关性较差。

表 4.8 核磁可动流体饱和度

序号	气测孔隙度/%	渗透率平均值/mD	可动流体饱和度/%
1	8.0	0.011	22.75
2	7.6	0.006	24.10
3	5.6	0.003	18.94
4	9.7	0.089	32.34
5	10.1	0.073	34.54
6	11.9	0.128	28.41
7	8.3	0.029	29.16
8	16.1	0.243	51.83
9	14.4	0.051	47.28
10	16.85	0.284	56.97

（二）压汞方法

基本原理：在压汞毛管曲线上，最高压力点对应的岩心含汞饱和度（SHg_{max}）相当于原始含油饱和度；在退汞曲线上，压力接近零时岩心的含汞饱和度（SHg_{min}）相当于残余油饱和度。根据最大进汞饱和度（SHg_{max}）和最小进汞饱和度（SHg_{min}）可求出退汞效率 WE：

$$WE = （SHg_{max} － SHg_{min}）/SHg_{max}$$

退汞效率可等效视为油藏流体的可动用程度。

据上述基本原理，应用 57 个常规压汞（最高进汞压力 20.48MPa）和 27 个高压压汞（最高进汞压力 163.84MPa）的实验结果来评价吉木萨尔凹陷芦草沟组致密油的可动用性。

常规压汞实验结果中退汞效率为 5.33% ~ 48.98%，平均为 20.15%，75% 的样品退汞效率处于 10% ~ 30%（图 4.22）；高压压汞实验结果中退汞效率为 11.94% ~ 38.72%，平均为 26.2%，主体分布于 20% ~ 40%（图 4.23）。

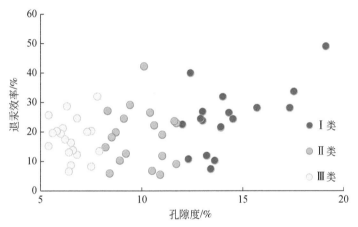

图 4.22　孔隙度与退汞效率交会图（常规压汞）

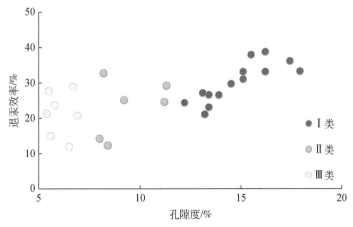

图 4.23　孔隙度与退汞效率交会图（高压压汞）

（三）微观可动用性

如上所述，本书采用核磁共振与压汞相结合的方法确定了致密油储层微观可动用性，吉木萨尔凹陷芦草沟组致密油储层微观流体可动用性集中分布在 20%~40%。

（四）可动流体分布特征

芦草沟组致密油整体为中性-弱亲油的润湿性，孔隙体积 80% 以上被半径小于 0.5μm 的喉道所控制，决定了其可动用程度较低，且主要被亚微米、纳米喉道控制（表 4.9）。而鄂尔多斯盆地延长组长 7 致密油可动流体饱和度整体较高，且较大比例分布在半径大于 0.1μm 喉道控制的孔隙内（表 4.10）。

表 4.9 芦草沟组致密油不同尺寸喉道控制可动流体饱和度

渗透率/mD	不同尺寸喉道控制可动流体饱和度/%				
	全部喉道	$r \leq 0.05\mu m$	$0.05 < r \leq 0.1\mu m$	$0.1 < r \leq 0.5\mu m$	$r > 0.5\mu m$
>0.1	31.76	8.26	8.86	8.95	5.69
<0.1	21.93	4.90	4.74	7.38	4.92

表 4.10 鄂尔多斯盆地延长组长 7 致密油不同尺寸喉道控制可动流体饱和度

渗透率/mD	不同尺寸喉道控制可动流体饱和度/%			
	全部喉道	纳米级喉道 $r \leq 0.1\mu m$	亚微米喉道 $0.1 < r \leq 1\mu m$	微米级喉道 $r > 1\mu m$
>1	65.89	6.05	32.93	26.92
0.5~1	62.04	8.61	40.33	13.10
0.2~0.5	58.89	9.24	43.42	6.23
<0.2	36.31	11.05	22.95	2.31

（五）其他实验流体可动用性特征

1. 微纳米 CT+水驱实验

为明确水驱油前后不同赋存形式致密油的可动用性变化，设计了微纳米 CT 扫描实验。在这一阶段研究中，对取心井岩样首先做饱油处理，并在岩样饱油状态下，对其进行第一次微纳米 CT 扫描，从而建立岩样的岩石组构、孔喉结构及流体分布模型；然后对饱含油岩样进行水驱油，水驱油后再对岩样进行第二次微纳米 CT 扫描，并建立水驱后的岩样的岩石组构、孔喉结构及流体分布模型。通过对岩样中致密油不同赋存状态及数量进行分析对比研究，建立不同赋存状态的致密油定量表征表（表 4.11）。研究过程中对 3 块岩石样品先后进行了饱含油、水驱状态下的微纳米 CT 扫描、建模、评价，结果表明物性好的样品孔喉大、连通性好、可动用性好，其中次生孔驱替程度最高。

表 4.11　水驱前后不同物性岩样流体赋存状态及数量统计表

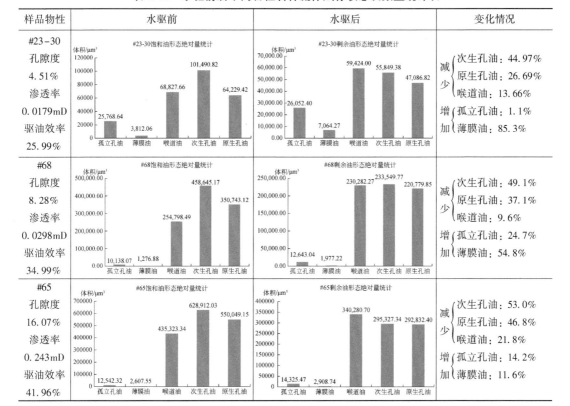

样品物性	水驱前	水驱后	变化情况
#23-30 孔隙度 4.51% 渗透率 0.0179mD 驱油效率 25.99%			减少{次生孔油：44.97% 原生孔油：26.69% 喉道油：13.66%} 增加{孤立孔油：1.1% 薄膜油：85.3%}
#68 孔隙度 8.28% 渗透率 0.0298mD 驱油效率 34.99%			减少{次生孔油：49.1% 原生孔油：37.1% 喉道油：9.6%} 增加{孤立孔油：24.7% 薄膜油：54.8%}
#65 孔隙度 16.07% 渗透率 0.243mD 驱油效率 41.96%			减少{次生孔油：53.0% 原生孔油：46.8% 喉道油：21.8%} 增加{孤立孔油：14.2% 薄膜油：11.6%}

2. 高温高压核磁实验

为分析研究区内岩样中流体可流动性，设计了拟油藏条件下可流动性实验，揭示出可动流体饱和度对温度敏感。随着温度升高，可动流体饱和度增大，且物性越好、增大的绝对量越大。拟油藏条件下可流动性实验共分为两个方面，一是成熟方法的应用，包括：①对岩心编号、称重，计算表观体积后测试初始状态的 T2 谱；②将岩心洗油、烘干，气测孔、渗，测试烘干状态的 T2 谱；③配制模拟地层水，将岩心抽真空后饱和模拟地层水，测试饱和水状态 T2 谱；④将饱和状态的岩心在 150psi[①]、300psi、450psi、600psi 离心力下离心，测试相应 T2 谱；⑤将岩心烘干，饱和水后，氟油驱水造束缚水，测试束缚水状态的 T2 谱。二是本次研究所创新发展的方法，包括：①以 5MPa 压力间隔增加岩心环压至地层压力，测试各种压力点的 T2 谱；②环压稳定后，以 5℃温度间隔改变岩心温度至地层温度，测试各温度点的 T2 谱；③选择合适的温度、压力，水驱氟油至剩余油状态，测试剩余油状态的 T2 谱；④将岩心高压压泵，进行数据处理，获得 T2 谱与压汞的刻度因子；⑤分析评价不同温度压力条件下不同赋存状态的流体数量及在不同孔喉区间的分布。

对岩样四种状态下（初始状态、烘干状态、饱和水状态和束缚水状态），以及各种压

---

①　$1psi = 6.89476 \times 10^3 Pa$。

力点、各温度点下的 T2 谱进行分析，可以发现可动流体饱和度对温度敏感，随着温度升高，可动流体饱和度增大，且物性越好，增大的绝对量越大，可动流体饱和度增大 60% ~ 118% （图 4.24）。

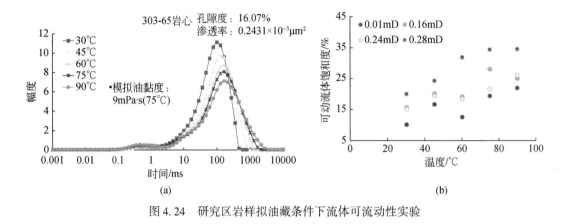

图 4.24　研究区岩样拟油藏条件下流体可流动性实验

第三节　储层差异化含油主控因素

一、致密油储层含油差异性控制因素

从源岩、储层、源储配置三个方面，明确陆相致密油长 7、扶余、芦草沟组三类典型致密油储层含油差异性控制因素。研究结果表明，长 7 致密油具有较好的含油性，扶余、芦草沟组致密油次之。

（一）烃源岩控制因素

烃源岩分布稳定且有机质丰度较高，可以为致密油的形成提供油源（邱振，李建忠等，2015）。烃源岩与致密油储层互层或紧邻时，运移距离短，充注强度大，油源相对充足；空间上距离烃源岩越远，充注强度越低，油源就会越少。烃源岩控制因素是影响我国陆相典型致密油差异化含油分布的基础因素。

烃源岩分布的各向异性在很大程度上控制了我国陆相致密油储层差异化含油的分布，TOC 的定量评价是烃源岩评价的基础。我国陆相典型致密油烃源岩以暗色泥岩、黑色页岩为主，不同地区的致密油藏，其烃源岩 TOC 差异较大。鄂尔多斯长 7 致密油中，烃源岩既有暗色泥岩，也有黑色页岩，其中暗色泥岩中 TOC 呈标准正态分布，TOC 为 3% ~4% 时达到峰值，此时暗色泥岩含量约 30%，黑色页岩中 TOC 大于 20% 的含量最高，约占 20%；松辽盆地扶余致密油烃源岩以黑色页岩为主，TOC 基本呈标准正态分布，TOC 为 1% ~2% 时达到峰值，此时黑色页岩含量约 75%；研究区吉木萨尔凹陷芦草沟组致密油烃源岩以黑色页岩为主体，TOC 总体上小于 13% （图 4.25）。

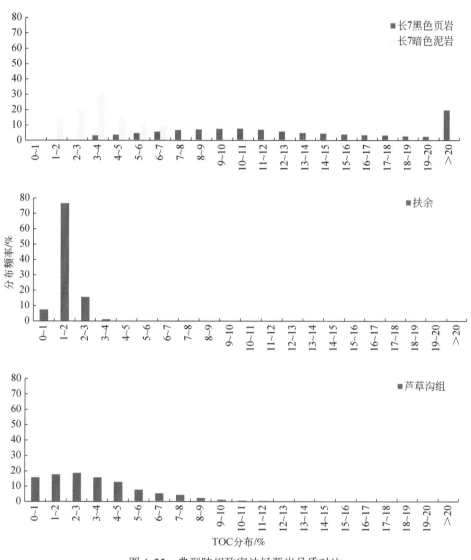

图 4.25　典型陆相致密油烃源岩品质对比

　　烃源岩发育的各向异性也在很大程度上决定着我国陆相致密油储层差异化含油的发育，镜质组反射率（R_o）常用来表征烃源岩热演化程度。我国不同地区的致密油藏，其烃源岩的热演化程度也存在较大差异。鄂尔多斯长 7 致密油以成熟油为主，含少量低成熟油，R_o 主要分布为 0.5% ~ 1.2%；松辽盆地扶余致密油以低成熟-成熟油为主，含少量未成熟油，R_o 主要分布为 0.4% ~ 1.2%；研究区吉木萨尔凹陷芦草沟组致密油以低成熟-成熟油为主，含少量未成熟油，R_o 主要分布为 0.7% ~ 1.0%（图 4.26）。

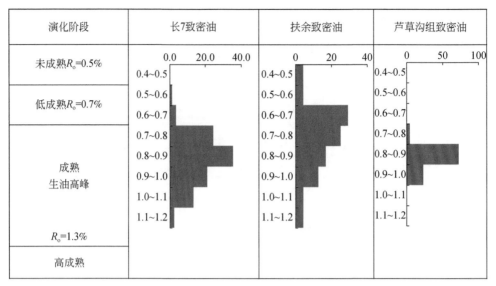

图 4.26　典型陆相致密油烃源岩热演化程度对比

(二) 源储配置控制因素

通过解剖国内典型致密油宏观含油性分布的基本特征, 得出源储配置等因素主要控制了致密油纵向宏观差异化含油分布。致密油储层与源岩互层或紧邻, 油源相对充足, 充注强度大, 运移距离短, 因此纵向上与其他层位常规油气藏相比, 致密油层段含油饱和度普遍较高, 向上、向下含油饱和度降低, 但受烃源岩品质、源储配置等因素影响, 各盆地致密油含油饱和度存在较大差异 (图 4.27)。源储配置控制因素是影响我国陆相典型致密油差异化含油分布的重要因素。

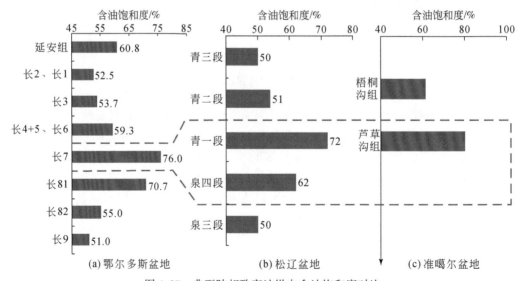

图 4.27　典型陆相致密油纵向含油饱和度对比

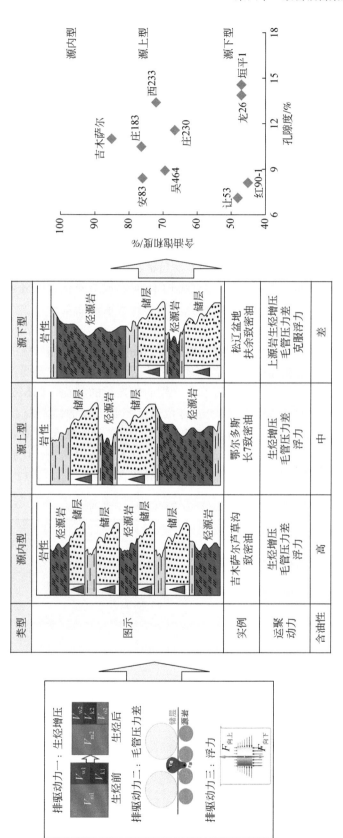

图 4.28 不同源储配置对差异化含油的控制作用

　　基于不同源储配置类型，对不同地区致密油含油饱和度差异进行分析，研究认为致密油排驱动力以生烃增压为主，毛管压力差为辅，浮力起一定作用。不同源储配置关系具有不同的排驱动力构成，在源岩品质、成熟度等因素基本一致的情况下，源内型致密油生烃增压、毛管压力差、浮力均为正向排驱动力，且上下烃源岩时空耦合使烃源岩中的原油排驱到储层中，因此含油饱和度最高；源上型致密油生烃增压、毛管压力差、浮力均为正向排驱动力，但仅下部烃源岩中的原油排驱到储层中，因此含油饱和度较高；源下型致密油生烃增压、毛管压力差为正向排驱动力，但排驱过程中需克服浮力作用，因此含油饱和度较低。实际典型致密油区块含油饱和度统计也证实源内型致密油含油饱和度最高（>80%）、源上型中等（55%~80%）、源下型较低（<55%）（图4.28）。

（三）储层宏观控制因素

　　解剖了国内典型致密油宏观含油性分布基本特征，沉积相、成岩相和断层等因素决定了致密油储层平面宏观差异化含油特点，并控制了纵向宏观差异化含油分布。沉积相、成岩相和断层切割等储层宏观控制因素是影响我国陆相典型致密油差异化含油分布的重要因素（姚泾利等，2019；张金友，2016）。

　　受致密储层沉积相、成岩相、断层等因素控制，陆相致密油横向、纵向宏观上含油连续性存在差异。准噶尔盆地吉木萨尔凹陷芦草沟组致密油储层分布主要受沉积相控制，其宏观含油性表现出纵向上在上、下甜点段富集，横向较连续的特征，储层分布稳定；鄂尔多斯盆地长7致密油储层分布受沉积相和成岩相双重控制，含油性宏观上纵向长71、长72较集中，平面上弱连续的特点，储层分布较稳定；松辽盆地扶余致密油储层分布主要受沉积相和断层切割控制，由于沉积相带窄、纵向跨度大、断层切割作用强，因此表现出整体分布范围广，但纵向不集中、横向不连续的差异化含油特点（表4.12）。

表4.12　典型陆相致密油宏观差异化含油对比表

典型致密油	沉积类型	控制因素	分布样式	分布特点
准噶尔盆地芦草沟组致密油	云坪、滩坝	沉积相		·单层厚度薄 ·纵向较集中 ·沉积相带宽 ·横向较连续
鄂尔多斯长7致密油	细粒重力流、三角洲前缘	沉积相、成岩相		·分布范围广 ·砂地比值高 ·纵向较集中 ·横向弱连续
松辽盆地扶余致密油	河流及三角洲水下分流河道	沉积相、断层		·分布范围广 ·沉积相带窄 ·纵向不集中 ·横向不连续

（四）储层微观属性控制因素

以吉木萨尔凹陷芦草沟组致密油为重点解剖对象，通过岩心描述、薄片鉴定、测井解释、实验测试等手段，揭示了我国陆相典型致密油受孔隙结构、主流喉道、可动流体等因素影响，在微观尺度上表现出强烈的差异化含油特征。孔隙结构、主流喉道、可动流体等储层微观属性控制因素是影响我国陆相典型致密油差异化含油分布特征的关键因素。

吉木萨尔凹陷芦草沟组致密油岩心观察结果表明，含油性受岩石类型、储层物性、裂缝等因素控制作用明显。一般较粗粒的储层岩石物性好、含油性较好，随粒度增大、泥质含量减少，含油性有变好的趋势，此外一般溶蚀孔、裂缝网络发育的部位，含油性也较好。

基于对鄂尔多斯盆地长7致密油、准噶尔盆地芦草沟组致密油、松辽盆地扶余致密油1073个岩心样品的统计分析，结果表明陆相致密油含油性整体随储渗能力增强而变好，其中鄂尔多斯盆地长7致密油、松辽盆地扶余致密油当孔隙度大于7%时，含油级别可达到油斑及以上，而准噶尔盆地芦草沟组致密油由于油品性质较差，大孔隙度条件下（大于9%）才能达到油斑及以上含油级别（表4.13）。对比孔隙结构、主流喉道、可动流体等储层微观属性特征，长7致密油储层微观属性最优，扶余致密油次之，芦草沟组致密油较差（表4.13）。

表4.13　典型陆相致密油微观差异化含油对比表

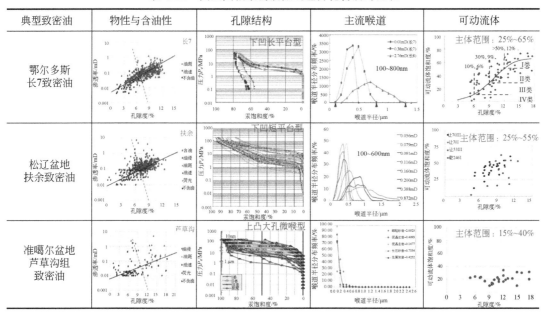

（五）致密油源岩、储层、源储配置等控制因素综合对比

我国致密油以陆相为主，整体具有岩石类型复杂、储层非均质性强、油质偏重、气油比偏低、压力系数变化大等特点，对于国内陆相致密油的研究手段主体沿用了常规油气藏的研究方法。本书提出了我国陆相典型致密油差异化含油分布特征的三大类控制因素：烃源岩控制因素、储层控制因素和源储配置控制因素。

烃源岩控制因素是基础，烃源岩分布、发育的各向异性决定了致密油分布、发育的各向异性。烃源岩控制因素具体又包括有机质类型、TOC 和有机质成熟度（R_o）。国内陆相典型致密油藏中，鄂尔多斯盆地长 7 致密油有机质类型为 Ⅰ 型、Ⅱ$_1$ 型、Ⅱ$_2$ 型，油页岩中 TOC 为 13.8%，泥岩中 TOC 为 3.75%，含量普遍较高，R_o 主体分布范围为 0.9% ~ 1.16%；松辽盆地扶余致密油有机质类型为 Ⅰ—Ⅱ$_1$ 型，TOC 分布范围为 0.9% ~ 3.8%，主体分布在 1% ~ 2.5%，R_o 主体分布范围为 0.7% ~ 1.1%；准噶尔盆地芦草沟组致密油有机质以 Ⅱ$_1$ 型为主，TOC 基本约 4.02%，R_o 主体分布范围为 0.78% ~ 1.12%（表 4.14）。

表 4.14　典型陆相致密油源岩、储层、源储配置差异化含油对比表

类型	烃源岩			储集岩		源储配置	
	有机质类型	TOC/%	R_o/%	宏观	微观	配置类型	成藏演化
长 7 致密油	Ⅰ、Ⅱ$_1$、Ⅱ$_2$	油页岩 13.8 泥岩 3.75	0.9 ~ 1.16	水下分流河道和砂质碎屑流砂体	大孔微喉 100 ~ 800nm 居多	源上型 源内型	一期成藏成熟
扶余致密油	Ⅰ—Ⅱ$_1$	0.9 ~ 3.8 主体 1 ~ 2.5	0.7 ~ 1.1	三角洲平原–前缘砂体层薄且分散	大孔微喉 100 ~ 600nm 居多	源下型	两期成藏成熟
芦草沟组致密油	Ⅱ$_1$ 为主	4.02	0.78 ~ 1.12	湖相长石岩屑粉细砂岩、砂屑云岩、云屑砂岩等	大孔微喉 < 400nm 为主体	源内型	两期成藏低熟–成熟

储层控制因素是关键，在很大程度上控制了国内典型致密油藏含油性分布基本特征。储层控制因素又可分为储层宏观控制因素、储层微观属性控制因素两大类。储层宏观控制因素包括沉积相、成岩相、断层切割等；储层微观属性控制因素具体包括岩性、裂缝、溶蚀孔、孔隙结构、主流喉道、可动流体等。储层宏观控制因素主要决定了致密油平面宏观差异化含油特点，储层微观属性控制因素主要控制了致密油层内差异化含油分布。

源储配置控制因素是核心，源储配置因素主要控制了致密油纵向宏观差异化含油分布。依据源储配置关系类型可以分为源内型、源上型和源下型；基于成藏演化可以分为一期成藏、两期成藏和多期成藏。不同的致密油藏源储配置关系，其排驱动力有很大不同，但通常致密油藏排驱动力以生烃增压为主，毛管压力差为辅，浮力起一定作用。鄂尔多斯盆地长 7 致密油以源上型、源内型为主，一期成藏；松辽盆地扶余致密油以源下型为主，两期成藏；准噶尔盆地芦草沟组致密油以源内型为主，两期成藏，以低熟–成熟油为主（表 4.14）。

通过烃源岩、储层、源储配置三个方面的对比研究，结果表明鄂尔多斯盆地长 7 致密油具有较好的含油性，松辽盆地扶余致密油、准噶尔盆地芦草沟组致密油含油性次之（表 4.14）。

二、差异化含油主控因素

通过基础研究与定量评价相结合，提出了陆相致密油差异化含油主控因素是宏观上受沉积相、成岩相控制，局部有效储层物性（尤其是渗透率）的差异决定了含油性的差异。

（一）基础研究与定量评价研究确定差异化含油主控因素

以吉木萨尔凹陷芦草沟组致密油为重点研究对象，结合构造、源储配置、沉积相、成岩相等宏观因素进行基础研究，研究结果表明研究区芦草沟组致密油构造简单，整体为一西倾单斜、源储互层、地层稳定分布；研究区致密油成岩、成藏演化史研究表明，研究区致密油藏具有油气充注期近致密，后期边致密边成藏的特点，因此在油气大规模充注时，芦草沟组致密油储层已经比较致密，因此致密油优先充注孔喉较大、储层物性较好的部位；而前期沉积相、成岩相研究表明，沉积相、成岩相对储层有明显的控制作用，优势沉积微相、成岩相中优质储层发育程度较高。因此，提出了吉木萨尔凹陷芦草沟组致密油差异化含油主控因素，宏观上主要受沉积相、成岩相控制，局部受有效储层物性（尤其是渗透率）的控制（图 4.29）。

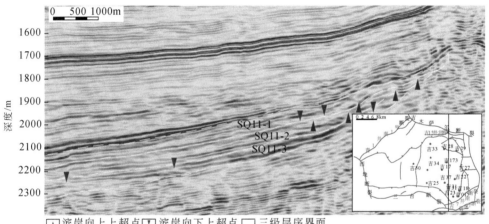

(a) 西倾单斜、源储互层、稳定分布

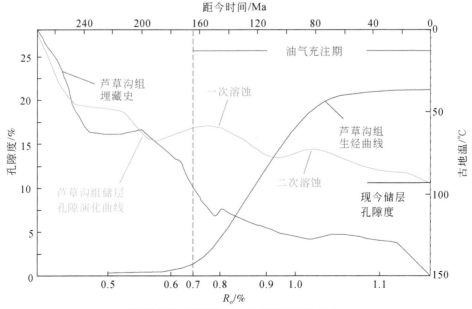

(b) 油气充注期近致密，后期边致密边成藏

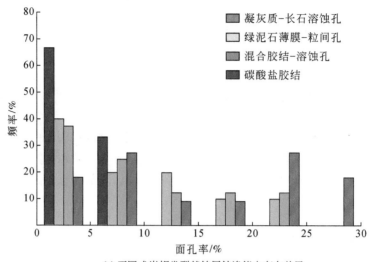

(c) 不同成岩相类型其储层储渗能力存在差异

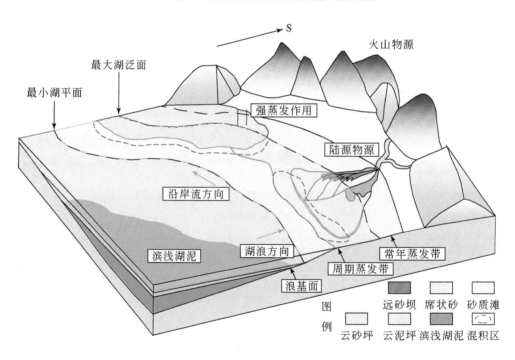

(d) 混合沉积区内优势微相有利区

图 4.29　吉木萨尔凹陷芦草沟组致密油差异化含油主控因素分析流程图

（二）微观测试验证有效储层物性的差异决定了含油性的差异

为了对致密油差异化含油特征进行进一步的系统研究，选取了含油性好的样品 3 块、含油性中等样品 3 块、含油性差样品 4 块进行了一系列实验测试，实验测试方案如下

（图4.30）。实验测试共包含四个方面的研究，分别是岩石学特征研究，研究技术手段包括矿物 X 射线衍射、QUEMSCAN；储层物性方面的研究，技术手段包括孔渗测试、高压压汞和氮气吸附；孔隙结构研究，技术手段包括高压压汞、扫描电镜、氮气吸附；可流动性方面的研究，技术手段包括高压压汞、核磁共振。通过微观实验系列测试，明确研究区致密油含油性与岩样物性、流体可动用性呈正相关关系。

通过对岩石学特征、储层物性、孔隙结构、可流动性等一样联测，得到相关实验数据，对数据进行统计分析，得到含油性与储层岩性、物性、孔隙结构、可流动性关系表（表4.15）：含油性好的样品其储渗能力强，退汞效率及可动流体饱和度高。

表4.15　含油性与储层岩性、物性、孔隙结构、可流动性关系表

含油性	岩石学特征			储层物性		孔隙结构				可流动性
	矿物种类和含量/%					孔喉半径/nm			退汞效率/%	可动流体饱和度/%
	石英	白云石	黏土矿物	孔隙度/%	渗透率/mD	最大	平均	中值		
好	18.6~25.9 22.25	43.7~56.4 50.05	2.0~1.5 1.75	5.64~9.72 7.68	0.003~0.089 0.046	0.357~1.097 0.727	0.093~0.331 0.212	0.041~0.042 0.042	32.952~40.006 36.479	18.94~32.34 25.640
中	14.1~35.7 28.48	11.5~22.7 17.10	2.3~9.5 5.00	3.99~11.87 7.02	0.001~0.128 0.036	0.178~5.335 1.913	0.067~1.805 0.620	0.025~0.525 0.182	8.669~44.026 30.265	14.60~28.41 20.233
差	6.0~31.6 14.00	78.6~81.7 80.27	1.0~4.7 2.65	0.57~10.09 5.04	0.001~0.073 0.020	0.053~0.752 0.291	0.019~0.361 0.119	0.014~0.026 0.019	16.621~41.682 29.335	12.23~34.54 21.598

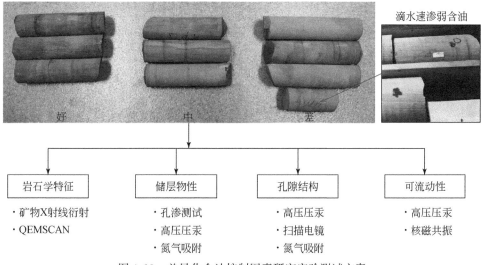

图4.30　差异化含油控制因素研究实验测试方案

（三）岩心观察揭示有效储层物性的差异决定了含油性的差异

对吉木萨尔凹陷芦草沟组致密油重点解剖，通过岩心描述、薄片鉴定、密闭取心、实验测试等手段，揭示研究区致密油受岩性、裂缝、溶蚀孔等因素影响，在微观尺度上表现出强烈的差异化含油特征。

吉木萨尔凹陷芦草沟组致密油岩心描述、实验测试结果表明，含油性受岩石类型、储层物性、裂缝等因素控制作用明显。一般较粗粒的储层岩石物性好、含油性较好，随粒度增大、泥质含量减少，含油性有变好的趋势，此外一般溶蚀孔、裂缝网络发育的部位，含油性也较好。吉木萨尔凹陷芦草沟组致密油岩心薄片鉴定、实验测试结果表明，含油性受岩石类型（岩性）控制作用明显。一般来说，粉细砂岩中高含油级别占比最大，其次为（含）白云质粉细砂岩，泥岩中高含油级别占比最低（图4.31）。

吉木萨尔凹陷芦草沟组致密油密闭取心、含油饱和度测试结果表明，有效储层段含油性受岩石物性控制作用明显。通常，有效储层段（尤其是Ⅰ、Ⅱ类储层）具有随岩石物性变好，含油饱和度增大趋势明显的特点（图4.32）。

（四）测井解释验证有效储层物性的差异决定了含油性的差异

对吉木萨尔凹陷芦草沟组致密油重点解剖，通过测井解释、实验测试、动态验证等手段，确定了吉木萨尔凹陷芦草沟组致密油上甜点体中，长石岩屑粉细砂岩段有效厚度大、连续性好、储渗能力强、含油饱和度高等基本特征，是研究区内致密油开发的主力层位（图4.33），验证了有效储层物性（尤其是渗透率）的差异决定了含油性的差异。

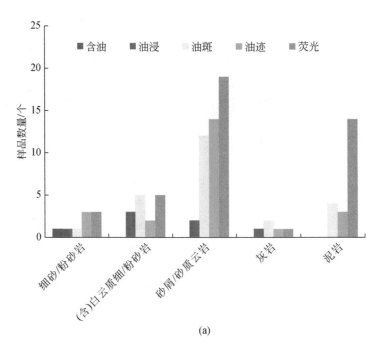

(a)

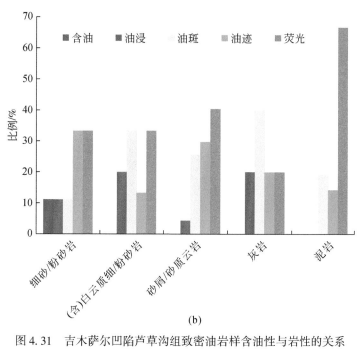

(b)

图 4.31 吉木萨尔凹陷芦草沟组致密油岩样含油性与岩性的关系

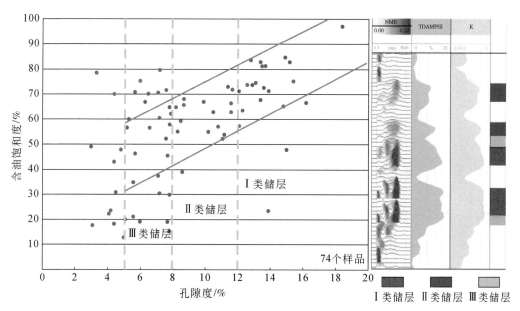

图 4.32 吉木萨尔凹陷芦草沟组致密油岩样含油性与物性的关系

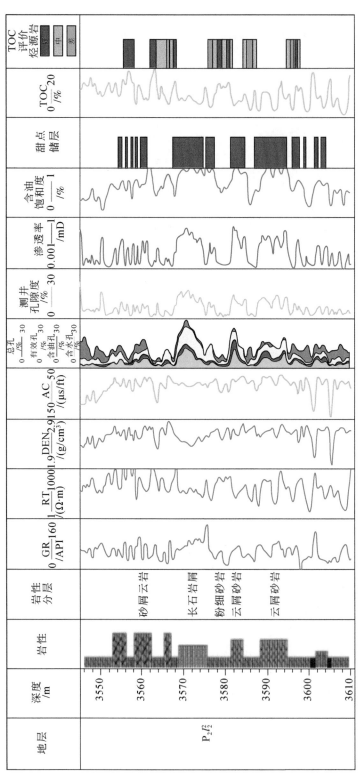

图 4.33 J32 井含油性综合对比图

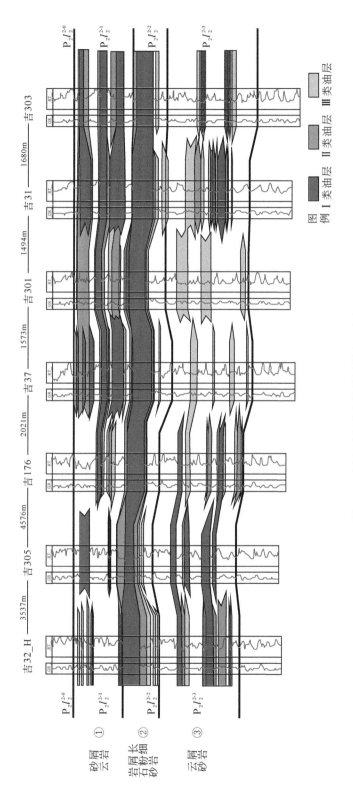

图 4.34　研究区上甜点体储层纵向分布剖面图

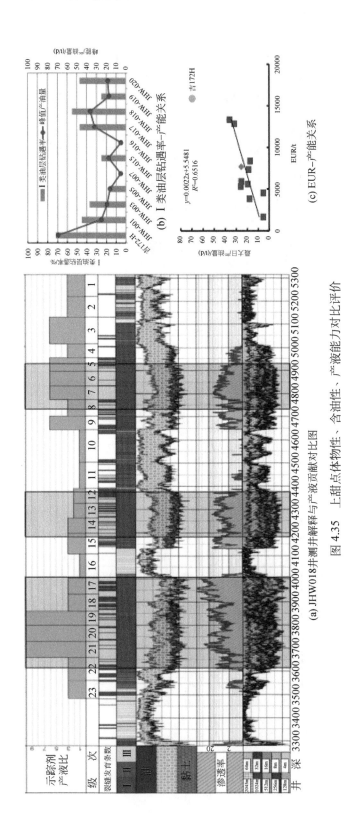

(a) JHW018井测井解释与产液贡献对比图

(b) I类油层钻遇率-产能关系

(c) EUR-产能关系

图4.35 上甜点体物性、含油性、产液能力对比评价

综合各单井含油性综合对比研究及储层孔渗能力分析研究，绘制上甜点体储层纵向分布剖面（图4.34），上甜点长石岩屑粉细砂岩层段有效厚度大，纵向分布连续性好，其有效储层物性（尤其是渗透率）好，从而决定了其含油性好的基本特征。

综合应用研究区内水平井测井解释、示踪剂分析评价、动态特征等资料，揭示出研究区内物性、含油性、储层类别、产液能力有较好的相关关系。如JWH018井，水平段主体钻遇上甜点长石岩屑粉细砂岩段，其物性、含油性、产液能力具有很好的对应关系，在上甜点长石岩屑粉细砂岩层段内，岩层孔隙度、渗透率越好，含油饱和度就越高，储层类别评价越好，产能贡献越大（图4.35）。

从以上成因机理、微观实验测试、岩心观察描述、测井解释验证四个方面分析评价综合确定，准噶尔盆地吉木萨尔凹陷芦草沟组致密油差异化含油主控因素是宏观上受沉积相、成岩相控制，局部有效储层物性（尤其是渗透率）的差异决定了含油性的差异。其他典型区块陆相致密油总体上也具有这一特点。

第四节 致密油富集规律及甜点分布模式

一、陆相致密油富集规律

近年来，不同学者主要从储层致密化机理、成藏动力、运移通道、成藏史等方面对陆相致密油富集规律进行了研究和探讨（杨华等，2016；胡素云等，2019；朱如凯等，2019）。

赵思远等（2007）利用测井、录井、地质资料等，对鄂尔多斯盆地吴定地区长7致密油富集规律进行了研究。认为广泛分布的成熟-高成熟（生油高峰）阶段优质烃源岩控制着油气的分布，较高的过剩压力为油气运移提供了动力，优势相下被致密砂、泥岩体遮挡的相对高孔、高渗砂体控制着油气聚集的部位。

赵莹（2017）对齐家—古龙地区致密油富集规律研究表明，致密油的富集主要受烃源岩和沉积作用控制。在成熟烃源岩控制区内，广泛分布的三角洲前缘相及滨浅湖相砂体为岩性复合油气藏的形成提供了良好的储集空间，其最有利的储油砂体类型是分流河道、河口坝砂体，其次是席状砂和滨浅湖砂坝砂体，这些砂体既是油气运移的通道又是油气良好的储集空间。

韩文学等（2014）从地质背景、烃源岩特征、储集空间、成藏动力等方面，将鄂尔多斯盆地长7段与松辽盆地扶余油层致密油的成藏机理和富集规律进行了系统对比。认为烃源岩厚度大，面积广泛分布，烃源岩类型好，有机质丰度高，成熟度高，生油强度大，是形成大面积连续型致密油藏的物质基础；微裂缝的发育可以改善储集空间，微裂缝发育的层段，致密油储量普遍较高；传统的浮力已经不能构成致密油藏的主要动力，优质烃源岩生烃所产生的异常压力，促使致密油聚集成藏。由此可知，优质烃源岩和储集岩时空耦合好的部位往往形成致密油富集区。

通过对吉木萨尔凹陷芦草沟组致密油（页岩油）、鄂尔多斯盆地延长组7段致密油、松辽盆地扶余致密油差异化含油特征分析、差异化含油主控因素评价，结合前人研究所取得的认识，认为陆相致密油富集主要受烃源岩、储集岩及源储配置三方面因素控制。首先在近源成藏的背景下，有效烃源岩的大面积分布是致密油藏形成的基础；致密储层中较高孔渗、天然裂缝发育的储层"甜点"是致密油富集的关键；优质烃源岩和优质储集岩具有良好的时空耦合关系是核心（图4.36）。那么对于某一具体的致密油地区而言，具有一定规模和分布范围的优质烃源岩和优质储集岩的叠合区，往往是该地区致密油富集区。

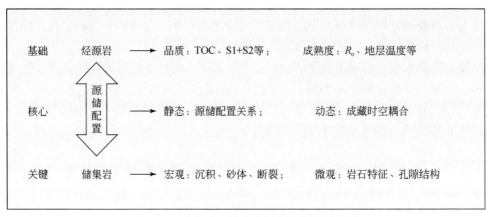

图4.36　陆相致密油富集规律控制因素特征

以吉木萨尔凹陷芦草沟组致密油（页岩油）为例，目前主体开发层系为芦草沟组二段（上甜点），其对应的烃源岩厚度普遍大于50m，整体分布较稳定（图4.37）。在烃

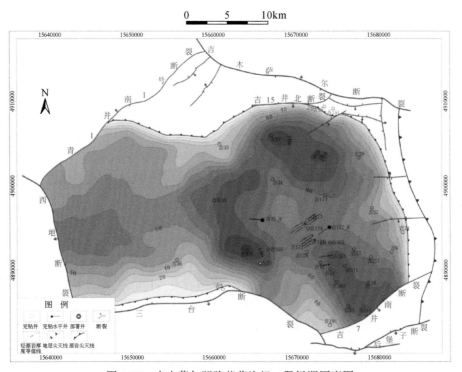

图4.37　吉木萨尔凹陷芦草沟组二段烃源厚度图

源岩大范围稳定分布的背景下，按照前述芦草沟组致密油差异化含油主控因素宏观上受沉积相、成岩相控制，局部有效储层物性（尤其是渗透率）的差异决定了含油性的差异的认识，其致密油富集主要受优质储集层分布控制。结合第一章、第二章、第三章所述，吉木萨尔凹陷芦草沟组致密油藏在混合沉积区的远砂坝、砂质坝、云砂坪等优势微相范围内以建设性成岩作用为主，所形成的储集层（储层"甜点"）基质物性较好，天然裂缝较发育，有利于邻近的烃源岩成熟排烃期间充注并储集，从而形成致密油相对富集区（图4.38）。

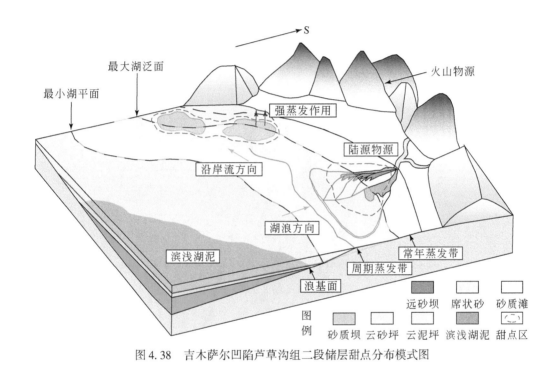

图4.38 吉木萨尔凹陷芦草沟组二段储层甜点分布模式图

二、陆相致密油甜点分布模式

模式是指事物的标准样式，是解决某一类问题的方法论，是理论与实践之间的中介环节，具有一般性、简单性、重复性、结构性、稳定性等基本特征。模式是一种指导，有助于高效地认识研究对象，有助于做出优良的方案，达到事半功倍的效果。

基于前述研究结果，以烃源岩、储集岩及源储配置三方面因素共同控制致密油空间差异化含油的理论认识为基础，基于三类典型致密油（页岩油）纵向及平面差异化含油分布特征，建立了对应的致密油（页岩油）差异化含油分布模式（图4.39）。

所建立的陆相致密油（页岩油）藏差异化含油分布模式总体上体现出烃源岩、储集岩及源储配置共同控制着含油性空间差异化分布，烃源岩品质优，储集岩物性好，且优势烃源岩和储集岩时空耦合好的部位是致密油（页岩油）富集区。不同地区致密油（页岩油）

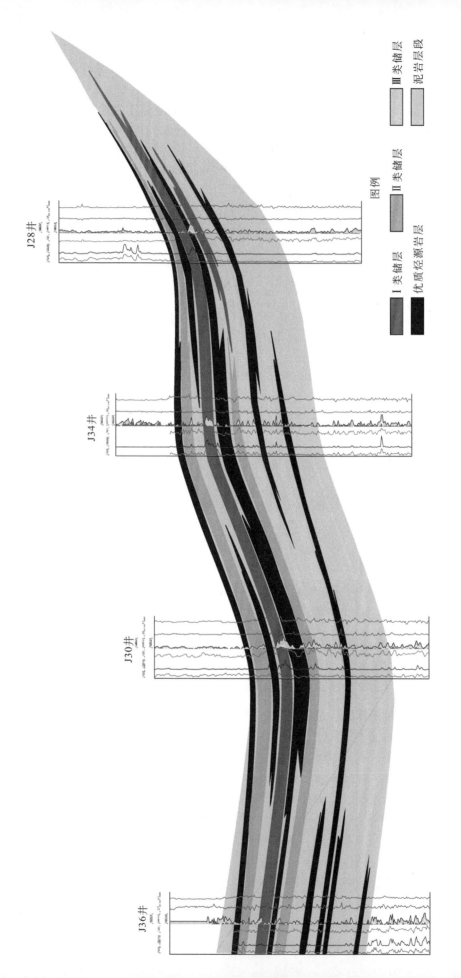

（a）准噶尔盆地吉木萨尔凹陷芦草沟组致密油（页岩油）

图例

Ⅰ类储层　　Ⅱ类储层　　Ⅲ类储层

优质烃源岩层　　泥岩层段

J36井　　J30井　　J34井　　J28井

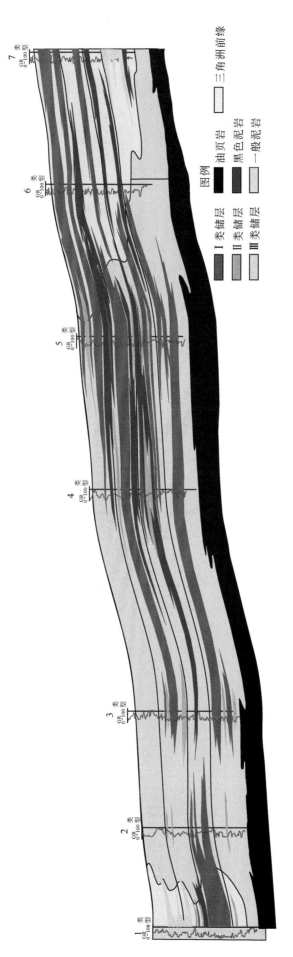

（b）鄂尔多斯盆地长7致密油

图例

Ⅰ类储层　　　油页岩　　　三角洲前缘

Ⅱ类储层　　　黑色泥岩

Ⅲ类储层　　　一般泥岩

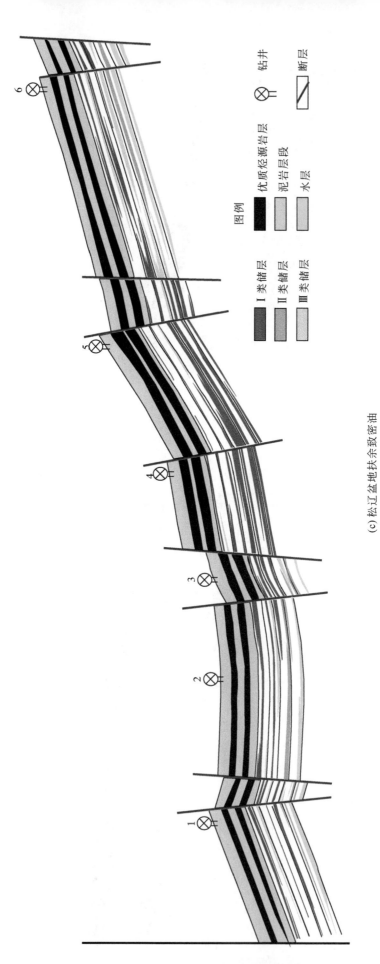

图例

I 类储层		优质烃源岩层
II 类储层		泥岩层段
III 类储层		水层

⊗ 钻井

断层

(c) 松辽盆地扶余致密油

图 4.39　陆相致密油(页岩油)差异化含油分布模式

富集区分布规律不同：①对于准噶尔盆地吉木萨尔凹陷芦草沟组致密油（页岩油）藏，在凹陷斜坡中部区域，优质烃源岩和混合沉积区远砂坝、砂质坝、云砂坪等优势微相紧密耦合，形成了致密油相对富集区，凹陷深部烃源岩品质较好，但储集层发育程度较差，斜坡高部位烃源岩及储集岩发育程度均较差，因此斜坡中部致密油含油性整体较好，是相对富集区［图 4.39（a）］；②对于鄂尔多斯盆地延长组（长 7）致密油藏，优质烃源岩和储集岩的叠合区往往是致密油相对富集区，如陇东地区 YP6 井—YP9 井区，优质油页岩与厚度较大、物性较好的砂质碎屑流砂体耦合，致密油富集，为该井区单井持续高产稳产奠定了坚实基础［图 4.39（b）］；③松辽盆地扶余油层致密油藏属于源下型致密油藏，致密油的富集条件更为苛刻，除了储集岩的必要条件，某种程度上更取决于优质烃源岩的分布，目前地质认识和开采动态表明，厚度大、品质优的烃源岩分布区下部，可形成致密油相对富集区，而在烃源岩厚度小、品质差的部位，往往致密油层含油差，油水同层，甚至下部砂体中为水层［图 4.39（c）］。

　　上述陆相致密油（页岩油）藏差异化含油分布模式是基于目前的静动态资料、技术手段、阶段认识条件下建立的。所建立的模式在实际应用中必须结合具体情况，实现一般性和特殊性的衔接，并根据实际情况的变化随时调整要素与结构，才会有针对性和可操作性。

第五节　致密油储层甜点分类体系及分布特征

　　在致密油储层中寻找"甜点"是油田开发的研究重点。目前对致密油储层"甜点"的评价及分类缺乏统一的标准和体系。因此，基于前述岩石相、沉积微相、成岩相、含油性等的研究，结合国内其他典型致密油的对比研究（赵继勇等，2018；方向等，2019），本节划分致密油储层甜点类型，并揭示不同类型甜点的空间分布特征，用以指导甜点识别与预测。

一、甜点综合分类评价体系

　　基于混合沉积特征、孔喉发育特征、成岩特征、含油性特征、甜点指数等建立甜点地质控制因素综合分类评价体系。沉积相关评价参数主要包括沉积控制的储层岩性各项参数及紧邻的烃源岩特性；成岩相关评价参数主要包括影响压实、胶结、溶蚀作用的关键矿物含量及成岩相相关参数（成岩综合参数、视压实率、视胶结率、视溶蚀率），含油性评价参数主要包括岩心含油级别、测井含油饱和度、可动流体饱和度；甜点指数主要指多信息融合测井解释甜点指数（详见第五章），此外还考虑了芦草沟组致密油储层裂缝发育特征。

　　研究区目的层各类甜点沉积特征存在差异性。Ⅰ类甜点发育在砂质坝、云砂坪、远砂坝、火山喷溢相 4 类沉积微相中，在上甜点体中以砂质坝、云砂坪为主，在下甜点砂体中以远砂坝为主。岩石类型包含灰质/白云质粉砂岩、泥晶白云岩和粉砂质白云岩；岩石中所含泥质含量最低；陆源碎屑和火山碎屑组分含量高于Ⅱ类、Ⅲ类甜点。Ⅱ类甜点发育在砂质滩、云砂坪、席状砂3类沉积微相中，在上甜点体中以砂质滩和云砂坪为主，在下甜点砂体中以席状砂为主。主要岩石类型为灰质/白云质粉砂岩、粉砂质白云岩、砂屑粉砂岩、泥晶白云岩。Ⅲ类甜点发育在潟湖、席状砂、滨浅湖泥3类沉积微相中，主要岩石类型为灰质/白云质粉砂岩、砂屑粉砂岩、灰岩、泥岩（表4.16）。

表4.16 芦草沟组致密油储层甜点沉积相关评价参数

评价因素	参数		甜点下限	甜点分类指标		
				Ⅰ类	Ⅱ类	Ⅲ类
岩性	微相类型		—	砂质坝/云砂坪/远砂坝/火山喷溢相	砂质滩/云砂坪/席状砂	潟湖/席状砂/滨浅湖泥
	组分含量/%	陆源碎屑组分	>20	>80	80~50	20~50
		碳酸盐组分	>10	>30	20~30	10~20
		火山碎屑组分	无下限	>50	10~50	0~10
	脆性指数		>0.5	>0.8	0.8~0.65	0.5~0.65
	泥质含量/%		<30	<15	15~20	20~30
烃源岩特性	有效厚度/m		≥5	≥30	5~30	≤5m
	有机质类型		II_2型	Ⅰ型、II_1型	II_1型	II_2型
	平均TOC/%		>1	>1	3~5	1~3
	R_o/%		0.6	0.9~1.1	0.8~0.9/1.1~1.3	0.6~0.8/1.3~1.5

成岩特征方面，Ⅰ类甜点主要发育在优势成岩相中，包括凝灰质–长石溶蚀孔相、绿泥石薄膜–粒间孔相、混合胶结–溶蚀孔相、碳酸盐胶结相等，黏土含量较低，一般低于10%，易溶组分含量高于Ⅱ类、Ⅲ类甜点，可达60%以上。Ⅱ类甜点主要发育在混合胶结–溶蚀孔相和碳酸盐胶结相中。Ⅲ类甜点主要发育在碳酸盐胶结相、混合胶结致密相中，少量发育在混合胶结–溶蚀孔相中，呈现出黏土含量较高而易溶组分含量较低的特点（表4.17）。

表 4.17 芦草沟组致密油储层甜点成岩相关评价参数

评价因素	参数		甜点体下限	甜点体分类指标		
				Ⅰ类	Ⅱ类	Ⅲ类
压实特性	抗压组分含量/%	石英	—	>20	10~20	0~10
		碳酸盐	—	30~20	10~20	0~10
	易压组分含量/%	岩屑	—	<5	5~15	>15
胶结特性	碳酸盐胶结物相对含量/%	方解石	<12	<4	4~8	8~12
		白云石	<9	<3	3~6	6~9
		含铁白云石	<9	<3	3~6	6~9
		总量	<27	<10	10~20	20~27
	黏土矿物含量/%	伊利石	<0.6	<0.6	0.6~0.9	0.9~1.2
		伊蒙混层	<8.1	<2	2~5	5~8
		绿泥石	<0.8	>1.2	0.8~1.2	<0.8
		总量	<10	<3	3~6	6~10
溶蚀特性	易溶组分含量/%	长石	—	>50	25~50	<25
		凝灰质组分	—	>30	15~30	<15
成岩相	成岩综合系数/%	以上甜点白云质粉砂岩为例	>5.5	>11.5	8.5~11.5	5.5~8.5
	视压实率/%		<70	<50	50~80	>80
	视胶结率/%		<75	<25	25~50	50~75
	视溶蚀率/%		>10	>45	25~45	10~25

芦草沟组致密油储层甜点物性方面存在 6 项主控因素，分别为孔喉分布、主流喉道半径、含油性、可动流体饱和度、成岩相、沉积微相类型。研究区致密储层的储层非均质性强，孔隙和喉道类型复杂，不同类型甜点的微观孔喉特征各不相同。基于 6 项主控因素的关键参数及相应的占比，通过平均孔喉半径（来自高压压汞实验）、主流喉道半径（来自恒速压汞实验）、退汞效率、连通孔喉半径、孔喉综合参数等对甜点进行评价。Ⅰ类甜点中孔隙孔径较大，连通性好于Ⅱ类、Ⅲ类甜点，平均孔喉半径可达 1.805μm，主流喉道半径可达 2.41μm，连通孔喉半径大于 0.196μm，以前述研究中的Ⅰ类孔喉结构为主，孔喉综合参数大于 0.23。Ⅱ类甜点以Ⅱ类孔喉结构为主，孔喉参数为 0.13~0.23。Ⅲ类甜点以Ⅲ类孔喉结构为主，仅有少量平均孔喉半径约 0.119μm 的孔隙，喉道基本不发育，主流喉道半径小于 0.005μm，孔喉参数小于 0.13。

对于储层天然裂缝而言，Ⅰ类甜点中构造缝较发育，Ⅱ类甜点中构造缝发育程度低，层理缝较发育，Ⅲ类甜点中构造缝发育程度低，层理缝较发育。

对于储层含油性而言，Ⅰ类甜点中岩心含油级别多为饱含油、油浸，测井解释含油饱和度多大于 75%，可动流体饱和度大于 30%；Ⅱ类甜点中岩心含油级别多为油斑、油浸，测井解释含油饱和度为 65%~75%，可动流体饱和度为 20%~30%；Ⅲ甜点中岩心含油级别多为油斑、油迹，测井解释含油饱和度多小于 65%，可动流体饱和度小于 20%。

通过多信息融合测井解释得到甜点指数，Ⅰ类甜点中甜点指数大于 0.75，Ⅱ类甜点中甜点指数为 0.6~0.75，Ⅲ类甜点中甜点指数小于 0.6。

综合以上研究，通过沉积微相、宏观物性参数、微观孔喉参数（孔喉分布、主流喉道半径）、成岩相、含油性、甜点指数等多个方面将芦草沟组致密油甜点划分为 Ⅰ、Ⅱ、Ⅲ 类（Ⅲ类在目前经济技术条件下无法有效动用）（表 4.18）。

表 4.18 芦草沟组致密油储层甜点综合分类体系

甜点分类	Ⅰ类				Ⅱ类				Ⅲ类（非甜点）			
沉积微相	火山喷溢相	砂质坝/云砂坪/远砂坝			砂质滩/云砂坪/席状砂				潟湖/席状砂/滨浅湖泥			
岩石相	沉凝灰岩	灰质/白云质粉砂岩	泥晶白云岩	粉砂质白云岩	灰质/白云质粉砂岩	粉砂质白云岩	砂屑粉砂岩	泥晶白云岩	灰质/白云质粉砂岩	砂屑粉砂岩	灰岩	泥岩
易溶组分含量/%	>60	>40	>10	>25	25~40	15~25	10~30	<10	<25	<10		>25
黏土含量/%	<10	<10	<6		10~18	7~10	10~15	7~10	>18	>15		<6
成岩相类型	凝灰质-长石溶蚀相、绿泥石薄膜-粒间孔相		混合胶结-溶蚀孔相/碳酸盐胶结相		混合胶结-溶蚀孔相/碳酸盐胶结相				混合胶结-溶蚀孔相（少量）碳酸盐胶结相/混合胶结致密相			
孔隙度/%	14	12.3	9.5	9.5	8.8	6.2	8.8	6.2	3.4	1.2	1.1	0.1
渗透率/mD	>0.1				>0.01				<0.01			
平均孔喉半径（高压压汞）/μm	0.07~1.80/0.62				0.03~0.53/0.21				0.02~0.36/0.12			
主流喉道半径（恒速压汞）/μm	1.43	2.41	0.93	1.17	0.24	0.11	0.14	0.11	<0.05		0.04	0.01
退汞效率/%	32.9~40.1/36.5				8.7~44.1/30.3				12.2~34.5/21.6			
裂缝发育特征	构造缝较发育				构造缝发育程度低、层理缝较发育				构造缝发育程度低、层理缝较发育			
岩心含油级别	饱含油/油浸				油斑/油浸				油迹/油斑			
测井含油饱和度/%	>75				65~75				<65			

续表

甜点分类	Ⅰ类	Ⅱ类	Ⅲ类（非甜点）
可动流体饱和度/%	>30	20~30	<20
多信息融合测井解释甜点指数	>0.75	0.6~0.75	<0.6

二、致密油甜点分布特征

受沉积微相、成岩相等因素的控制，芦草沟组致密油储层不同类型的甜点在平面和垂向上呈现出差异化的分布规律和组合方式。芦草沟组致密油储层甜点在垂向上主要有多期孤立状、单一厚层状和单一薄层状等3种组合关系。不同类型甜点之间侧向接触关系主要有侧拼式和孤立式。

在垂向上，Ⅰ类甜点主要分布在 $P_2l_2^{2-2}$ 小层，在 $P_2l_2^{2-5/6}$ 小层少量发育，单层甜点厚度为 2~9m，平均为 5.4m。横向连续性较好，垂向上的组合关系以多层孤立状和单一厚层状为主。其中，多层孤立状表现为多层的甜点在垂向上孤立分布，两甜点之间没有明显的叠置，单层甜点厚度为 2~5m，甜点间的隔层保存较好且较厚。单一厚层状表现为厚度 4~9m 的单层甜点，上、下发育有稳定的隔层，且垂向上不存在多层甜点叠置，易于识别。Ⅱ类甜点主要分布在 $P_2l_2^{2-2}$ 小层，在 $P_2l_2^{2-5}$ 小层发育较少，厚度为 1~6m，平均为 3.6m，垂向上以多层孤立状和单一薄层状为主。其中，单一薄层状表现为厚度小于 4m 的单层甜点上、下发育稳定、较厚的隔层。Ⅲ类甜点厚度为 1~6m，平均为 3.8m，垂向上以多层孤立状和单一薄层状为主（图 4.40、图 4.41）。

甜点体之间侧向接触关系主要有侧拼式和孤立式（图 4.40、图 4.41）。其中，侧拼式表现为不同类型的单层甜点仅在侧向上拼接，没有垂向上的叠置，常见 2 个或 2 个以上的单层甜点侧向拼接或 2 个单层甜点侧向紧邻但不接触。孤立式表现为单层甜点呈孤立透镜状，垂向上没有叠置，侧向上也没有拼接。

上甜点体Ⅰ类甜点及Ⅱ类甜点集中分布于相对厚层的砂质坝及云砂坪沉积微相。在白云质粉砂岩中更易形成绿泥石薄膜-粒间孔相和凝灰质-长石溶蚀孔相（图 4.42）。甜点体分布的沉积主控因素为碎屑颗粒含量，成岩主控因素为易溶组分含量。在 $P_2l_2^{2-2}$ 小层中陆源碎屑颗粒含量高，储层抗压实能力强，有利于保护原生孔隙，同时，因砂质坝及云砂坪微相中较多沉积白云质粉砂岩及岩屑长石粉细砂岩，故而岩石中长石颗粒含量高，在储层中易形成大规模溶蚀，有利于扩大孔喉半径，增强储层质量，形成有利甜点区。

平面上，上甜点主要分布在 $P_2l_2^{2-2/3/5/6}$ 小层。Ⅰ类甜点在各小层分布较为集中。其中，Ⅰ类甜点在 $P_2l_2^{2-2}$ 小层分布范围最大，以连片状为主；在 $P_2l_2^{2-6}$ 小层分布范围最小，呈土豆状、细条状离散分布。Ⅱ类甜点在各小层分布较为分散，以短条带状、土豆状为主。Ⅲ类甜点分布范围大于Ⅰ类、Ⅱ类甜点，在各小层呈连片状分布。

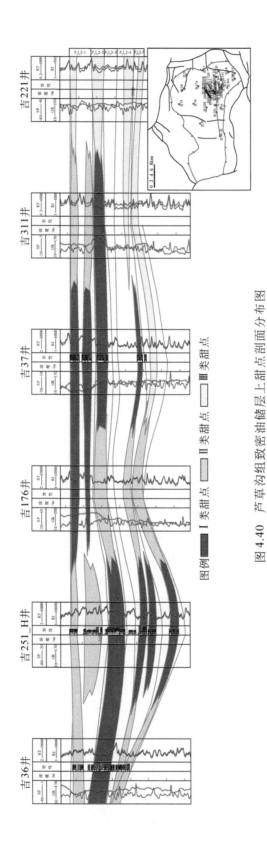

图 4.40 芦草沟组致密油储层上甜点剖面分布图

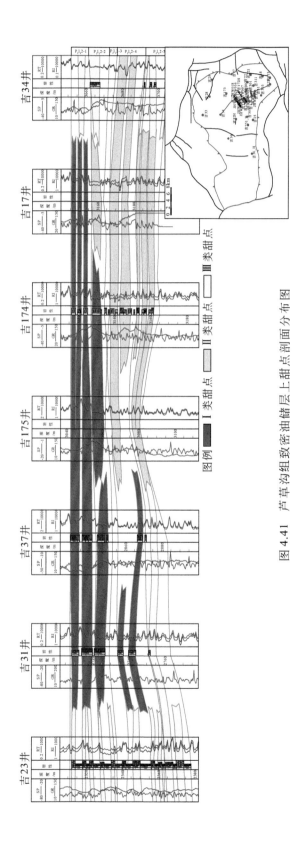

图 4.41　芦草沟组致密油储层上甜点剖面分布图

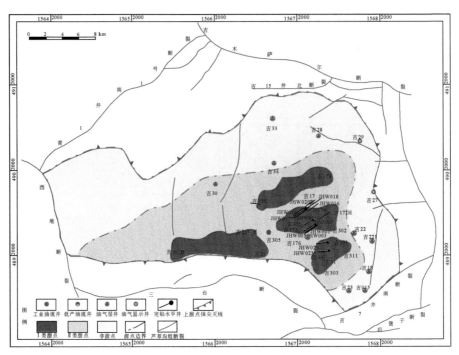

图 4.42　芦草沟组 $P_2l_2^{2-3}$ 小层甜点平面分布图

参 考 文 献

陈世加，高兴军，王力，等.2014. 川中地区侏罗系凉高山组致密砂岩含油性控制因素［J］. 石油勘探与开发，41（4）：421-427.

丹尼尔·耶金.2012. 能源重塑世界［M］. 朱玉彝，阎志敏，译. 北京：石油工业出版社.

窦宏恩，马世英.2012. 巴肯致密油藏开发对我国开发超低渗透油藏的启示［J］. 石油钻采工艺，34（2）：120-124.

杜金虎，刘合，马德胜，等.2014. 试论中国陆相致密油有效开发技术［J］. 石油勘探与开发，41（2）：198-205.

方向，杨智，郭旭光，等.2019. 中国重点盆地致密油资源分级评价标准及勘探潜力［J］. 天然气地球科学，30（8）：1094-1105.

郭公建，谷长春.2005. 水驱油孔隙动用规律的核磁共振实验研究［J］. 西安石油大学学报（自然科学版），20（5）：45-48.

韩文学，查明，高长海.2014. 致密油成藏主控因素对比及意义——以鄂尔多斯盆地长 7 段与松辽盆地扶余油层为例［J］. 桂林理工大学学报，34（4）：629-634.

胡素云，朱如凯，吴松涛，等.2018. 中国陆相致密油效益勘探开发［J］. 石油勘探与开发，45（4）：737-748.

胡素云，陶士振，闫伟鹏，等.2019. 中国陆相致密油富集规律及勘探开发关键技术研究进展［J］. 天然气地球科学，30（8）：1083-1093.

黄振凯，陈建平，薛海涛，等.2013. 松辽盆地白垩系青山口组泥页岩孔隙结构特征［J］. 石油勘探与开发，40（1）：58-65.

霍进，何吉祥，高阳，等.2019.吉木萨尔凹陷芦草沟组页岩油开发难点及对策 [J]. 新疆石油地质，40（4）：379-388.

贾承造，邹才能，李建忠，等.2012.中国致密油评价标准、主要类型、基本特征及资源前景 [J]. 石油学报，33（3）：343-350.

靳军，向宝力，杨召，等.2015.实验分析技术在吉木萨尔凹陷致密储层研究中的应用 [J]. 岩性油气藏，27（3）：18-25.

匡立春，孙中春，欧阳敏，等.2013.吉木萨尔凹陷芦草沟组复杂岩性致密油储层测井岩性识别 [J]. 测井技术，37（6）：638-642.

鲁雪松，刘可禹，卓勤功，等.2012.库车克拉2气田多期油气充注的古流体证据 [J]. 石油勘探与开发，39（5）：537-544.

蒙启安，白雪峰，梁江平，等.2014.松辽盆地北部扶余油层致密油特征及勘探对策 [J]. 大庆石油地质与开发，33（5）：23-29.

庞正炼，邹才能，陶士振，等.2012.中国致密油形成分布与资源潜力评价 [J]. 中国工程科学，14（7）：60-67.

彭晖，刘玉章，冉启全，等.2015.致密油储层不同储渗模式下生产特征研究 [J]. 西南石油大学学报（自然科学版），37（5）：133-138.

戚厚发，1989.天然气储层物性下限及深层气勘探问题的探讨 [J]. 天然气工业，9（5）：26-29.

秦积舜，李爱芬，等.2006.油层物理学 [M]. 东营：中国石油大学出版社.

邱振，李建忠，吴晓智，等.2015.国内外致密油勘探现状、主要地质特征及差异 [J]. 岩性油气藏，27（4）：119-126.

孙雨，邓明，马世忠，等.2015.松辽盆地大安地区扶余油层致密砂分布特征及控制因素 [J]. 石油勘探与开发，42（5）：589-597.

万文胜，杜军社，佟国彰，等.2006.用毛细管压力曲线确定储集层孔隙喉道半径下限 [J]. 新疆石油地质，27（1）：104-106.

魏漪，冉启全，童敏，等.2016.致密油压裂水平井全周期产能预测模型 [J]. 西南石油大学学报（自然科学版），38（1）：99-106.

吴浩，牛小兵，张春林，等.2015.鄂尔多斯盆地陇东地区长7段致密油储层可动流体赋存特征及影响因素 [J]. 地质科技情报，34（3）：120-125.

向阳，向丹，等.致密砂岩气藏水驱动态采收率及水膜厚度研究 [J]. 成都理工学院.

杨和山，陈洪，卞保利.2012.吉木萨尔凹陷构造演化与油气成藏 [J]. 内蒙古石油化工，15：138-140.

杨华，李士祥，刘显阳.2013.鄂尔多斯盆地致密油、页岩油特征及资源潜力 [J]. 石油学报，34（1）：1-11.

杨华，傅强，齐亚林，等.2016.鄂尔多斯盆地晚三叠世延长期古湖盆生物相带划分及地质意义 [J]. 沉积学报，34（4）：688-693.

杨华，梁晓伟，牛小兵，等.2017.陆相致密油形成地质条件及富集主控因素——以鄂尔多斯盆地三叠系延长组7段为例 [J]. 石油勘探与开发，44（1）：12-20.

杨正明，骆雨田，何英，等.2015.致密砂岩油藏流体赋存特征及有效动用研究 [J]. 西南石油大学学报（自然科学版），37（3）：85-92.

姚泾利，曾溅辉，罗安湘，等.2019.致密储层源储结构对储层含油性的控制作用——以鄂尔多斯盆地合水地区长6～长8段为例 [J]. 地球科学与环境学报，41（3）：267-280.

张革，张金友，赵莹，等.2019.松辽盆地北部齐家地区青山口组二段互层型泥页岩油富集主控因素 [J]. 大庆石油地质与开发，38（5）：143-150.

张洪，张水昌，柳少波，等．2014. 致密油充注孔喉下限的理论探讨及实例分析［J］. 石油勘探与开发，41（3）：367-373.

赵继勇，樊建明，薛婷，等．2018. 鄂尔多斯盆地长 7 致密油储渗特征及分类评价研究［J］. 西北大学学报（自然科学版），48（6）：857-866.

赵思远，贾自力，康胜松，等．2017. 鄂尔多斯盆地吴定地区长 7 致密油富集规律研究［J］. 延安大学学报（自然科学版），36（1）：65-69.

赵莹．2017. 齐家—古龙地区青山口组沉积演化及其对致密油富集的意义［J］. 西部探矿工程，6：47-57.

赵政璋，杜金虎，邹才能，等．2012. 致密油气［M］. 石油工业出版社．

郑民，李建忠，吴晓智，等．2016. 致密储集层原油充注物理模拟——以准噶尔盆地吉木萨尔凹陷芦草沟组为例［J］. 石油勘探与开发，43（2）：219-227.

朱如凯，邹才能，吴松涛，等．2019. 中国陆相致密油形成机理与富集规律［J］. 石油与天然气地质，40（6）：1168-1184.

张金友．2016. 陆相拗陷盆地烃源岩内致密砂岩储层含油性主控因素——以松辽盆地北部中央坳陷区齐家凹陷高台子油层为例［J］. 沉积学报，34（005）：991-1002.

邹才能，陶士振，杨智，等．2012. 中国非常规油气勘探与研究新进展［J］. 矿物岩石地球化学通报，31（4）：312-322.

邹才能，陶土振，侯连华，等．2013a. 非常规油气地质（第二版）［M］. 北京：地质出版社．

邹才能，杨智，崔景伟，等．2013b. 页岩油形成机制、地质特征及发展对策［J］. 石油勘探与开发，40（1）：14-26.

邹才能，杨智，张国生，等．2014. 常规-非常规油气"有序聚集"理论认识及实践意义［J］. 石油勘探与开发，41（1）：14-27.

Cander H. 2012. What is unconventional resources［R］. Long Beach，California：AAPG Annual Conventionand Exhibition.

Jin J，Xiang B，Yang Z，et al. 2015. Application of experimental analysis technology to research of tight reservoir in Jimsar Sag［J］. Lithologic reservoirs，27（3）：18-25.

Miller B A，Paneitz J M，Mullen M T. 2008. The successful application of a compartmental completion technique used to isolate multiple hydraulic-fracture treatments in horizontal Bakken shale wells in Noah Dakota［C］// SPE Annual Technical Conference and Exhibition，21~24 September，Denver，Colorado，USA.

Qian M，Xue F B，Jiang P L，et al. 2014. Fuyu tight oil characteristics and exploration countermeasures in north songliao basin［J］. Petroleum Geology & Oilfield Development in Daqing，2014.

第五章 致密油储层甜点表征方法与技术

致密油储层具有低孔低渗的特点，为连续型油藏，无统一油水界面和压力系统，边界不清晰，天然裂缝发育，增加了描述和识别的难度。传统的常规储层表征方法不能准确有效地描述致密油储层特征，无法完全满足开发有利区优选、井位部署、开发优化设计等工作的需要。本书在历经 5 年研究基础上，基本形成了以致密油拟油藏条件可流动性实验评价、天然裂缝表征及预测、测井多信息融合甜点识别评价、效益开发动态判别指数评价为核心的致密油储层甜点表征方法与技术系列，为致密油可动用性分析、裂缝表征、甜点评价、有利区优选等提供了技术手段。

第一节 致密油拟油藏条件可流动性实验评价方法

致密油储层流体可动用性评价结果对于指导可动用储量计算、油藏数值模拟、合理开发技术政策的制定具有重要意义。目前普遍采用压汞实验、核磁离心法、驱替实验等方法来确定致密油微观可动用性（李海波等，2014；公言杰等，2016）。鉴于吉木萨尔凹陷芦草沟组致密油与国内外其他典型致密油相比，高黏度、低流度特点极为突出，基于高温高压核磁实验设备，本书自主研发了致密油拟油藏条件可流动性实验评价方法，为认识在不同温度、不同压力及油藏温压条件下致密油可动用性提供了新方法。

一、致密油可流动性实验评价方法现状

前人在研究油藏流体微观可动用性时，一般通过压汞实验获得的退汞效率、核磁离心法确定的可动流体饱和度，以及驱替实验确定的采出程度等来确定致密油微观可动用性。

（一）压汞实验法

压汞实验法以毛管束模型为基础，假设多孔介质是由直径大小不相等的毛管束组成。汞不润湿岩石表面，是非润湿相，相对来说，岩石孔隙中的空气或汞蒸气就是润湿相。往岩石孔隙中压注汞就是用非润湿相驱替润湿相。当注入压力高于孔隙喉道对应的毛管压力时，汞进入孔隙之中，此时注入压力就相当于毛细管压力，所对应的毛细管半径为孔隙喉道半径，进入孔隙中的汞体积即该喉道所连通的孔隙体积。不断改变注入压力，就可以得到孔隙分布曲线和毛管压力曲线。

（二）核磁离心实验法

核磁共振技术是一种快速无损检测技术，其原理是地层中的氢核自旋系统在外加静磁场及射频脉冲的作用下，处于低能态的核磁矩通过吸收射频脉冲提供的能量跃迁至高能态，产生核磁共振现象，根据测得的 T1、T2 值可计算孔隙度、束缚水饱和度等参数。目前核磁共振技术在石油工业中的应用主要集中在 3 个方面，一是核磁共振测井，二是核磁共振录井，三是低场核磁共振室内岩心分析。其中利用核磁共振技术进行室内岩心分析时，结合离心法实现气驱水或通过泵提供动力实现水驱油，认为减少的流体饱和度为可动流体饱和度，进而通过可动流体百分数评价致密油可动用性。

（三）驱替实验方法

将制好的岩样测定相关参数后，饱和模拟油，进行水驱油实验，在水驱油过程中测定不同注入倍数时驱出油的量，从而分析确定不同注入倍数的采出程度，进而确定致密油微观可动用性。

二、基于微纳米 CT 扫描的致密油可流动性实验评价方法

针对致密油储层微观孔喉细微、基质渗透率极低的特点，采用先进的微纳米 CT 扫描与水驱油实验相结合的方法，定量可视地评价了致密油微观可动用性。

（一）原理及流程

微纳米 CT 是利用锥束 X 射线穿透物体，由岩心旋转 360° 所得到的大量 X 射线衰减图像重构出三维的立体模型。微纳米 CT 具有在不破坏样本的条件下，能够通过大量的图像数据对很小的特征面进行全面展示的优势。X 射线源和探测器分别置于转台两侧，X 射线穿透放置在转台上的样本后被探测器接收，样本可进行横向、纵向平移和垂直升降运动，以改变扫描分辨率（图 5.1）。当岩心样本纵向移动时，距离 X 射线源越近，放大倍数越大，岩心样本内部细节被放大，三维图像更加清晰，但同时可探测的区域会相应减小。

研究过程中采用美国通用电气公司生产的 GE Phoenix Nanotom M 纳米 CT 扫描仪，致密油样本直径为 0~120mm，CT 仪电压最大为 180kV，CT 仪分辨率可达 0.2μm，功率为 1~20W。

实验流程：①饱油岩心钻取标准岩心；②对钻取的岩心进行饱油状态 CT 扫描；③对饱油岩心进行水驱油实验；④驱替后岩心进行二次 CT 扫描；⑤数据处理及分析（图 5.2）。

检验测试结果包括：①饱油岩心三维孔喉、骨架结构、粒度、裂缝分布，孔隙三维分布、孔隙大小、孔隙度、水及油三维数量及分布；②水驱油实验后岩心三维孔喉、骨架结构、粒度、裂缝分布，孔隙三维分布、孔隙大小、孔隙度、水及油三维数量及分布；③两次微纳米扫描（水驱油前后）不同赋存状态致密油数量及分布的变化情况。

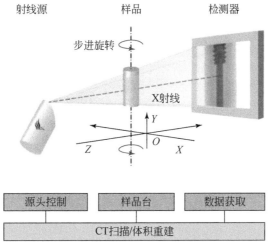

图 5.1　微纳米 CT 扫描成像原理示意图

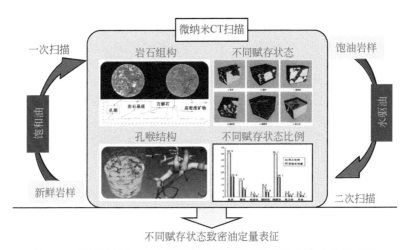

图 5.2　基于微纳米 CT 扫描的致密油可流动性实验评价方法流程图

(二) 实验结果

　　按照前述实验流程，在吉木萨尔凹陷芦草沟组致密油主力层位（芦草沟组二段，上甜点），按照岩性决定物性、物性决定含油性的认识，分别选取了物性好、中、差三块样品。制备成直径为 2mm 的标准样后，采用 GE Phoenix Nanotom M 纳米 CT 扫描仪，设置优化后的扫描参数，进行样品的扫描和数字重构，分别获取初始模型、孔隙模型、喉道模型、球棍模型、流体模型等（图 5.3）。

　　对钻取的饱油状态岩心进行 CT 扫描，结果如图 5.4 所示，随岩石样品孔隙度及渗透率增大，其孔隙单元的数量及总孔隙体积呈增大趋势，喉道数量增多且连通程度更高，球棍模型则表现出孔喉整体均匀分布的特征，最终流体模型体现出含油数量多、饱和度高的特点（图 5.4）。对所构建的流体模型进行含油单元体积及球度定量统计分析，结果表明三块

放进设备
打开射线
获得成像数据
取样制样
放置样品
设置扫描参数
GE设备自带datos acq
软件重构三维模型
孔隙模型
球棍模型
喉道模型
流体模型

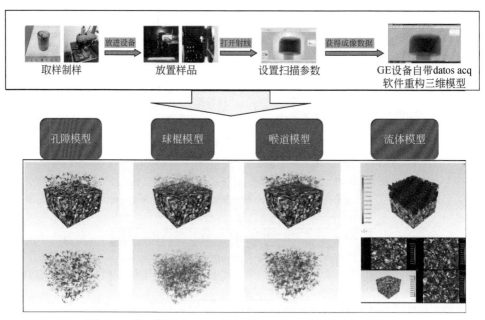

图 5.3　基于微纳米 CT 扫描的致密油可流动性实验评价流程

致密油样品其微观含油单元体积主体分布在 10～500μm³，物性越差的样品其小体积的微观含油单元数量比例越高，反之，物性越好的样品其较大体积的微观含油单元数量比例越高；三块致密油样品的微观含油单元球度主体分布在 0.4～0.7，物性越差的样品其微观含油单元球度越高，反之，物性越好的样品其微观含油单元越不规则，球度越低（图 5.5）。

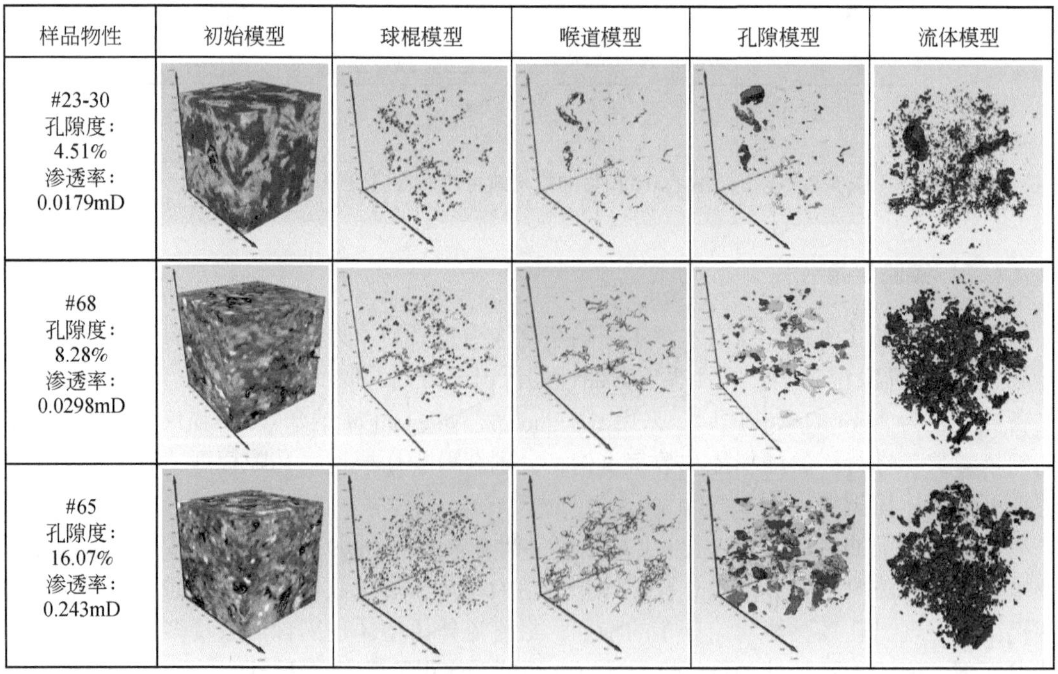

样品物性
初始模型
球棍模型
喉道模型
孔隙模型
流体模型
#23-30
孔隙度：
4.51%
渗透率：
0.0179mD
#68
孔隙度：
8.28%
渗透率：
0.0298mD
#65
孔隙度：
16.07%
渗透率：
0.243mD

图 5.4　饱油样品微纳米 CT 扫描后各类模型重构结果

φ=4.51%，K=0.0179mD
φ=8.28%，K=0.0298mD
φ=16.07%，K=0.243mD
比例/%
100
80
60
40
20
0
>10 000
5 000~10 000
1 000~5 000
500~1000
100~500
50~100
10~50
<10
体积/μm³
≥0.9
0.8~0.9
0.7~0.8
0.6~0.7
0.5~0.6
0.4~0.5
0.3~0.4
0.2~0.3
0.1~0.2
<0.1
球度

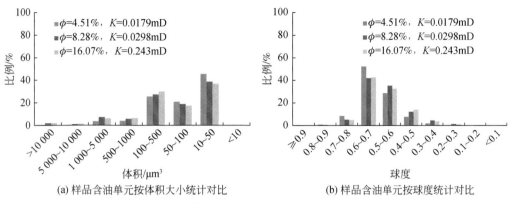

(a) 样品含油单元按体积大小统计对比　　(b) 样品含油单元按球度统计对比

图 5.5　饱油样品微纳米 CT 扫描后含油单元体积及球度对比

对上述三个饱油状态岩心进行水驱油后，进行剩余油状态的二次 CT 扫描，结果如图 5.5 所示，从结果看，整体特征和饱油状态微纳米 CT 扫描结果一致，随岩石样品物性变好，其孔隙单元的数量及总孔隙体积增大，喉道数量增多且连通程度更高，球棍模型可看出孔喉整体均匀分布，流体模型体现出流体数量多、驱替程度高、剩余油饱和度较低的特点（图 5.6）。

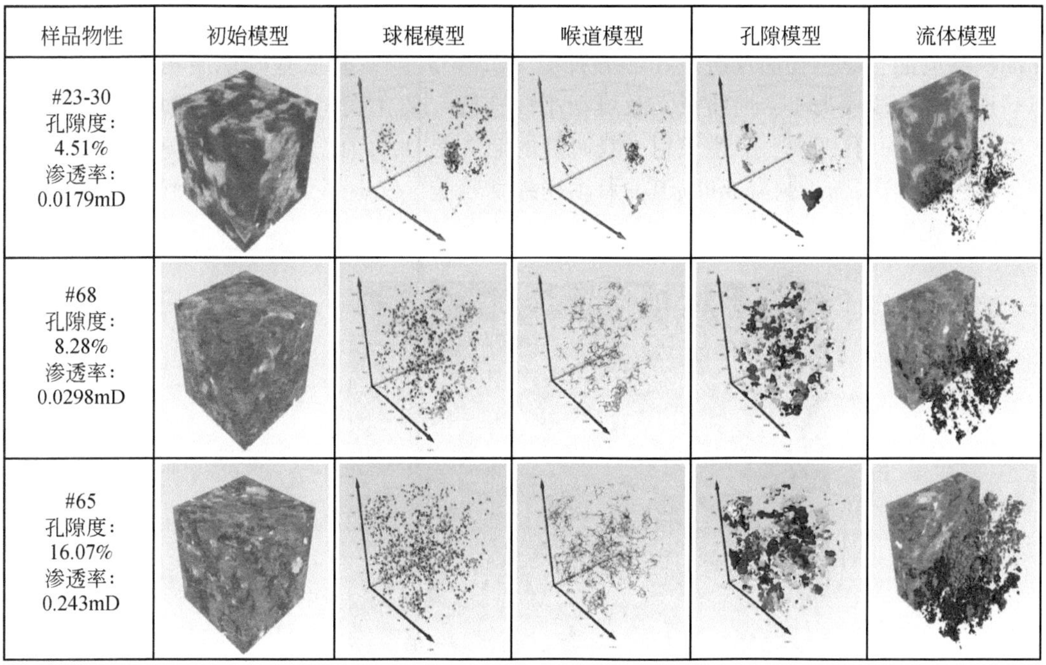

样品物性
初始模型
球棍模型
喉道模型
孔隙模型
流体模型
#23-30 孔隙度: 4.51% 渗透率: 0.0179mD
#68 孔隙度: 8.28% 渗透率: 0.0298mD
#65 孔隙度: 16.07% 渗透率: 0.243mD

图 5.6　水驱油后样品微纳米 CT 扫描后各类模型重构结果

基于岩石样品饱油状态和水驱油后微纳米 CT 扫描结果构建的数字模型进行定量统计（表 5.1），从结果看物性较差的#23-30 样品，水驱油实验后剩余油饱和度 74.01%，相当于 25.99% 的致密油可动用；物性中等的#68 样品，水驱油实验后剩余油饱和度 65.01%，相当于34.99%的致密油可动用；物性最好的#65样品，水驱油实验后剩余油饱和度58.04%，相当于41.96%的致密油可动用。从而也印证了物性越好、含油性越好、可动用性越强的前期认识。

表5.1　饱油状态和水驱油后 CT 扫描流体饱和度变化对比

样品编号	CT孔隙率/%	CT渗透率/mD	喉道平均半径/μm	含水饱和度/%	含油饱和度/%
#23-30 饱和油	1.25	0.0084	1.42	0.49	99.51
#23-30 剩余油	1.13	0.0079	0.76	25.99	74.01
#68 饱和油	3.92	0.0134	1.83	0.64	99.36
#68 剩余油	3.37	0.0122	1.28	34.99	65.01
#65 饱和油	6.7	0.1133	1.88	0.77	99.23
#65 剩余油	6.56	0.1092	1.46	41.96	58.04

　　为进一步细化不同地质成因类型的孔隙、喉道内致密油的数量、赋存状态及可动用性的认识。在对上述三个岩石样品饱油状态和水驱油后微纳米 CT 扫描结果对比分析基础上，结合前期基础地质研究取得的认识，对水驱油前后，不同地质成因的孔喉内致密油赋存状态及可动用性进行分析评价。首先，将致密油储层内的致密油赋存状态分为薄膜油、孤立孔油、喉道油、原生孔油及次生孔油五种类型（图5.7），并从基础地质角度对各自的形态、连通性、规模大小、地质意义及可动用性进行定义（表5.2）。从地质成因角度分析，次生孔油由于其孔隙大、喉道较粗，具有好的储渗能力，因此一般含油性好、可动用程度高，原生孔油次之，薄膜油和喉道油可动用程度较低，仅小部分可动，而孤立孔油相当于死孔隙，无法动用。

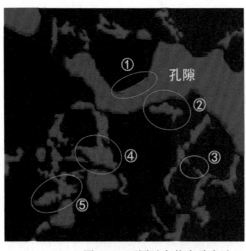

① 薄膜油

② 孤立孔油

③ 喉道油

④ 原生孔油

⑤ 次生孔油

图5.7　不同赋存状态致密油

表5.2　不同赋存状态致密油基本特征

可动性	类型		形态	连通性	尺度	地质意义
不可动	孤立孔油		形态多样，近球状较多	配位数≤1	微小孔	死孔
部分可动	薄膜油		薄片状，厚度≤孔或喉半径		面积大厚度薄	孔喉表面部分
	喉道油		管状、柱状	配位数≤2	细、长	喉道
主体可动	连通孔油	原生孔油	多边形空隙	配位数≥3	较大孔隙	原生孔
		次生孔油	不规则空隙，壁面圆滑			溶蚀孔

　　按照地质成因对孔喉分类，通过微纳米 CT 相关参数判别统计，实现了对薄膜油、孤立孔油、喉道油、原生孔油及次生孔油在水驱油前后其绝对数量和变化情况的统计（表5.3）。从统计结果来看，有三方面特点，一是单位体积内物性好的样品中次生孔油、原生孔油等可动致密油数量多，而孤立孔油等不可动或可动性差的致密油数量少；二是物性好的样品水驱油实验驱出的油比例明显高于物性差的样品；三是从孔喉地质成因角度看，次生孔油采出的程度最高，原生孔油次之，孤立孔油水驱前后变化不大。

表5.3　水驱前后不同地质成因孔喉中致密油分布变化情况

样品物性	水驱前	水驱后	变化情况
#23-30 孔隙度：4.51% 渗透率：0.0179mD 驱油效率：25.99%			减少{次生孔油：44.97% 原生孔油：26.69% 喉道油：13.66%} 增加{孤立孔油：1.1% 薄膜油：85.3%}
#68 孔隙度：8.28% 渗透率：0.0298mD 驱油效率：34.99%			减少{次生孔油：49.1% 原生孔油：37.1% 喉道油：9.6%} 增加{孤立孔油：24.7% 薄膜油：54.8%}
#65 孔隙度：16.07% 渗透率：0.243mD 驱油效率：41.96%			减少{次生孔油：53.0% 原生孔油：46.8% 喉道油：21.8%} 增加{孤立孔油：14.2% 薄膜油：11.6%}

三、致密油拟油藏条件可流动性实验评价方法实践

吉木萨尔凹陷芦草沟组致密油与国内外其他典型致密油相比，具有原油稠、气油比低、密度大等特点，整体高黏度、低流度特点极为突出。例如，在研究过程中，室温15℃条件下，从大的绝缘桶中倒出5L原油作相关实验使用，但由于该原油极为黏稠，无法倒出足够量，必须多次浇开水实现增温降黏后，才能完成取油样的工作（图5.8）。因此，常温常压下评价芦草沟组致密油已无法完全满足研究和生产的需求。为此，基于高温高压核磁实验设备，笔者自主研发了致密油拟油藏条件可流动性实验评价方法，并开展了相关实验，为认识在不同温度、不同压力及油藏温压条件下致密油可动用性提供了手段。

室温15℃，原油黏稠　　　　浇开水增温降黏　　　　原油流动性增强

图5.8　吉木萨尔凹陷芦草沟组致密油高黏度特点突出

（一）实验原理及流程

致密油拟油藏条件可流动性实验评价方法具体步骤如下（图5.9）。

（1）选取储层岩石样品，制备成标准样品，进行编号、称重、计算表观体积，并采用高温高压核磁共振岩心分析装置测试原始状态 T2 谱。

（2）对所述储层岩石样品进行洗油、烘干，采用气测法测定孔隙度和渗透率，并采用高温高压核磁共振岩心分析装置测试烘干状态 T2 谱。

（3）配制模拟地层水，将所述储层岩石样品抽真空后饱和模拟地层水，并采用高温高压核磁共振岩心分析装置测试饱水状态 T2 谱。

（4）将饱水的储层岩石样品在不同离心力条件下离心，并采用高温高压核磁共振岩心分析装置测试不同离心条件下 T2 谱。

（5）将经过步骤4测试的储层岩石样品烘干，饱和模拟地层水，采用黏度与实际原油相当的氟油驱水造束缚水，并采用高温高压核磁共振岩心分析装置测试束缚水状态 T2 谱。

（6）将所述储层岩石样品以适当压力间隔增加环压至致密油藏原始地层压力状态，并采用高温高压核磁共振岩心分析装置测试不同压力条件下 T2 谱。

（7）待环压稳定后，以适当温度间隔将所述储层岩石样品增温至致密油藏原始地层温度状态，并采用高温高压核磁共振岩心分析装置测试不同温度条件下 T2 谱。

（8）在致密油藏原始地层压力、地层温度条件下，对所述储层岩石样品进行水驱氟油

至剩余油状态，并采用高温高压核磁共振岩心分析装置测试剩余油状态的 T2 谱。

（9）将所述储层岩石样品进行高压压汞测试，以获得 T2 谱与高压压汞之间的刻度因子。

（10）对所述储层岩石样品在不同温度、压力条件下的 T2 谱进行分析评价，以获得不同条件下、不同赋存状态流体数量及在不同喉道控制孔隙体积中的分布。

前 5 个步骤属于常规成熟的做法，通过核磁离心法获取常温常压条件下，样品可动流体饱和度等参数；后 5 个步骤考虑不同温度、不同压力条件下，以及拟油藏温度压力条件下，借助高温高压核磁共振岩心分析装置完成 T2 谱的测定，进而评价不同温度、不同压力条件下的致密油可流动性（图 5.9）。

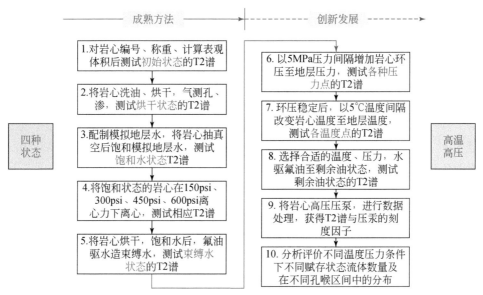

图 5.9　致密油拟油藏条件可流动性实验评价方法流程图

（二）**典型实例**

选取吉木萨尔凹陷芦草沟组致密油 10 块样品进行常规可流动性实验，进而对其中 4 块进行不同温度压力条件下可流动性实验，含常规测试、常温常压条件下核磁共振可动水测试、不同温度和压力条件下核磁共振可动油测试、核磁共振水驱油测试等四方面实验内容。具体操作如下：前期进行岩心切割、岩心标号等基础工作；测试岩样原始状态下的核磁共振 T2 谱；洗油烘干、气测孔渗后测量核磁共振 T2 谱；常温常压下可动水核磁共振测试；不同压力下可动油核磁共振测试；不同温度下可动油核磁共振测试；水驱油结束后的剩余油饱和度及剩余油分布测试；对岩心进行高压压汞，获得的 T2 谱转换为孔径分布的刻度因子。

表5.4 拟油藏条件可流动性实验岩样基本信息

序号	井号	岩样编号	长度/cm	直径/cm	岩石密度/（g/cm³）	有效孔隙度/%	渗透率/10⁻³ μm²
1	302	23/30	4.026	2.511	2.51	4.51	0.0179
2	303	5-48	3.970	2.519	2.57	7.09	0.7785
3	303	41	3.936	2.521	2.47	7.29	0.0592
4	303	49	3.991	2.519	2.26	16.85	0.2838
5	303	65	4.005	2.517	2.17	16.07	0.2431
6	303	68	3.997	2.519	2.37	8.28	0.0298
7	303	69	4.004	2.519	2.24	14.27	0.1597
8	303	72	3.962	2.512	2.33	14.39	0.0513
9	303	78	4.017	2.521	2.46	8.08	0.1138
10	303	85	4.000	2.518	2.58	4.57	0.0102

1. 前期岩心切割、岩心标号等基础工作

选取吉木萨尔凹陷芦草沟组致密油吉302井、吉303井上甜点（芦二段）的10块岩石样品，进行样品编号，并完成岩样长度、直径、密度、孔隙度、渗透率等基本参数的测量（表5.4）。10个岩样岩石密度为2.17～2.58 g/cm³，有效孔隙度为4.51%～16.85%，渗透率为0.0102×10⁻³～0.7785×10⁻³ μm²。

2. 岩样原始状态、烘干状态下核磁共振T2谱

分别测量岩样初始状态、一次烘干、二次烘干状态下的核磁共振T2谱。初始状态下核磁信号来源于岩样中残余流体和有机质，烘干处理后去除了样品中残余流体，根据烘干前后岩心核磁共振T2谱分析，待测样品烘干前后核磁共振T2谱差异较小（图5.10），差异主要由于烘干导致的岩样内油、水含量的减少。

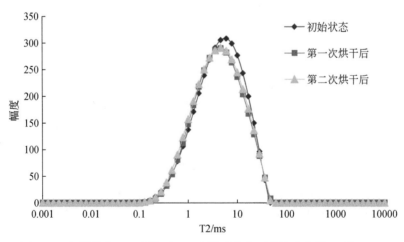

图5.10 初始状态、一次烘干、二次烘干状态下的核磁共振T2谱（65）

3. 常温常压下可动水测试

应用索氏抽提器方法，采用酒精+苯+氯仿（比例为 1∶2∶2）混合液作为洗油溶剂，对 10 块岩石样品进行洗油后，将岩石样品饱和模拟地层水，测量核磁共振 T2 谱，之后将饱和后岩心进行高速离心，测量离心后核磁共振 T2 谱，通过对比饱和水状态和离心状态的核磁共振 T2 谱求出待测样品 T2 截止值、可动流体百分数（图 5.11）。

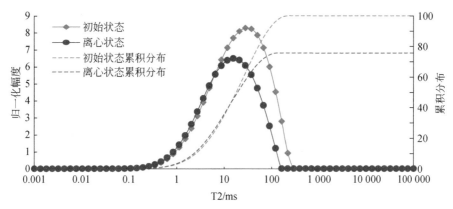

图 5.11 饱水状态、离心状态下的核磁共振 T2 谱（65）

可动流体 T2 截止值在核磁共振测量中是一项重要的参数，借助该参数可划分为可动流体和束缚流体，从而对岩石进行评价划分。目前可动流体 T2 截止值是通过室内离心标定法进行的。T2 截止值的标定方法是：对离心前后的 T2 谱分别作 T2 累积曲线，从离心后的 T2 累积曲线最大值处作与 X 轴平行的直线，与离心前 T2 累积曲线相交，由交点引 X 轴的垂线与 X 轴相交，该交点对应的弛豫时间为可动流体 T2 截止值。

利用确定的可动流体 T2 截止值，可计算得到可动流体饱和度。10 块岩样常温常压下的 T2 截止值为 2.78~49.93ms，平均为 30.66ms，可动流体饱和度为 17.22%~48.55%，平均为 32.73%（表 5.5）。

表 5.5 常温常压条件下 T2 截止值和可动流体饱和度

井号	编号	孔隙度/%	渗透率/$10^{-3}\mu m^2$	流体饱和度/%	T2 截止值/ms	可动流体饱和度/%
302	23-30	4.51	0.0179	93.26	2.78	43.87
303	5-48	7.09	0.7785	92.72	37.27	48.55
303	41	7.29	0.0592	99.58	20.77	25.53
303	49	16.85	0.2838	98.35	21.54	39.24
303	65	16.07	0.2431	99.35	49.93	24.48
303	68	8.28	0.0298	99.55	27.82	17.67
303	69	14.27	0.1597	99.45	46.41	43.85

续表

井号	编号	孔隙度/%	渗透率/$10^{-3}\,\mu m^2$	流体饱和度/%	T2 截止值/ms	可动流体饱和度/%
303	72	14.39	0.0513	98.43	37.27	17.22
303	78	8.08	0.1138	92.63	49.93	28.45
303	85	4.57	0.0102	98.59	12.91	38.41

4. 不同压力下可动油测试

为了研究压力对致密油可动性的影响，对 4 块饱和油状态的岩心进行变围压测试。岩心的围压分别设置为 5MPa、10MPa、15MPa、20MPa、25MPa、30MPa、34MPa，每次增压稳定 1h，测定饱和油状态岩心 T2 谱随压力的变化。从测试结果看，随着压力的增大，T2 幅度总体上有减小的趋势，且右端点左移，但总体上压力的增大对可动油流体饱和度的影响较小（图 5.12、图 5.13，表 5.6）。

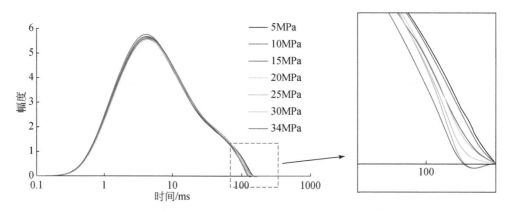

图 5.12　23-30 岩心在不同围压下 T2 谱对比图

表 5.6　不同压力条件下可动流体饱和度变化情况

压力/MPa	23-30 岩心可动流体饱和度/%	41 岩心可动流体饱和度/%	49 岩心可动流体饱和度/%	78 岩心可动流体饱和度/%
5	6.74	11.2	19.43	35.83
10	6.59	10.93	19.38	36.11
15	6.31	11.11	19.12	35.72
20	6.46	10.73	18.89	35.57
25	6.37	10.28	18.96	35.28
30	6.35	10.07	18.56	35.15
34	5.72	9.92	18.46	34.95

4 块饱和油状态的岩心进行变围压测试结果表明，压力对研究区致密油可动流体饱和度影响较小，围压从 5MPa 增至 34MPa，4 个样品可动流体饱和度变化率分别为 15.1%、11.4%、5%、2.5%，平均为 8.5%，整体表现出样品物性（渗透率）越差，在可动流体饱和度增压条件下，可动流体饱和度损失越大的特点（表 5.6、图 5.12）。这表明物性差的样品以微小孔喉为主，初始可动流体饱和度就小，增压后可流动性进一步减弱，导致可动流体饱和度有明显的降低。

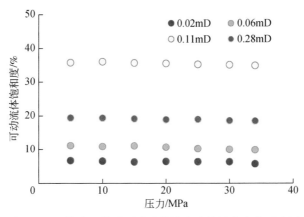

图 5.13　4 块岩心样品可动流体饱和度随压力变化对比图

5. 不同温度下可动油测试

为了研究温度对致密油可动性的影响，对 4 块饱和油状态的岩心进行变温度测试。岩心的测试温度分别设置为 30℃、45℃、60℃、75℃、90℃，测定不同温度条件下饱和油状态岩心 T2 谱的变化。从测试结果看，温度对岩心中流体的黏度和弛豫性质有影响。随着测试温度升高，饱和油状态的岩心 T2 谱向右移动同时 T2 谱幅度降低，可动流体有增大的趋势，温度对可动流体百分数的影响要比压力更为明显（图 5.14）。

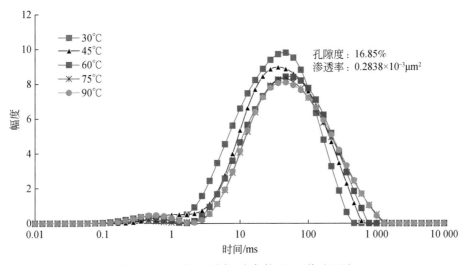

图 5.14　49 岩心不同温度条件下 T2 谱对比图

4块饱和油状态的岩心变温度测试结果表明，温度对研究区致密油可动流体饱和度的影响明显，温度从30℃增至90℃，4个样品的可动流体饱和度较30℃时增大了分别为73.1%、73.7%、60.6%、117.7%，平均为81.3%（表5.7、图5.15）。

表5.7　不同温度条件下可动流体饱和度变化情况

温度/℃	49岩心可动流体饱和度/%	65岩心可动流体饱和度/%	69岩心可动流体饱和度/%	85岩心可动流体饱和度/%
30	19.93	15.02	15.55	10.04
45	34.20	19.24	20.00	16.58
60	31.85	18.28	19.00	12.47
75	34.34	21.60	28.00	19.29
90	34.50	26.09	24.98	21.86

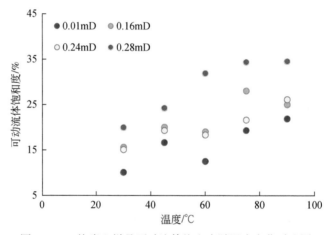

图5.15　4块岩心样品可动流体饱和度随温度变化对比图

我国致密油属于陆相致密油，与北美海相致密油相比，普遍具有原油黏度较大、气油比低、流度小的特点，导致在不同的温度、压力条件下，致密油赋存状态和可动用性存在明显差异、不容忽视。开展不同温度压力条件下微观可流动性评价研究，明确该类非常规石油资源拟油藏条件下的可动用性，对于制定有针对性的开发技术对策具有重大意义。

6. 水驱油结束后的剩余油饱和度及剩余油分布

为了获取可动流体在不同尺度喉道控制孔隙体积内的分布特征，通过水驱油实验确定采出程度（流体可动用程度）、压汞与核磁实验确定刻度因子的方法，定量评价不同尺度孔喉内可动流体分布特征。

首先，在水驱油过程中测定不同注入倍数时的T2谱（水的核磁共振信号被消除），分析不同注入倍数的采收率及对应剩余油饱和度的变化（图5.16）。随着注入倍数的增大，T2谱分布范围缩小（右端点左移），T2谱的幅度减小，说明油逐步被驱出。

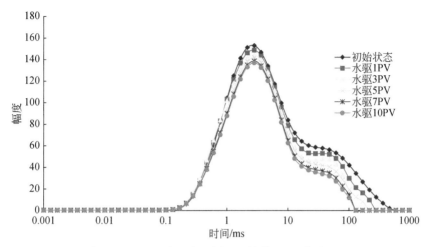

图 5.16　23/30 岩心在不同注入倍数下 T2 谱对比图

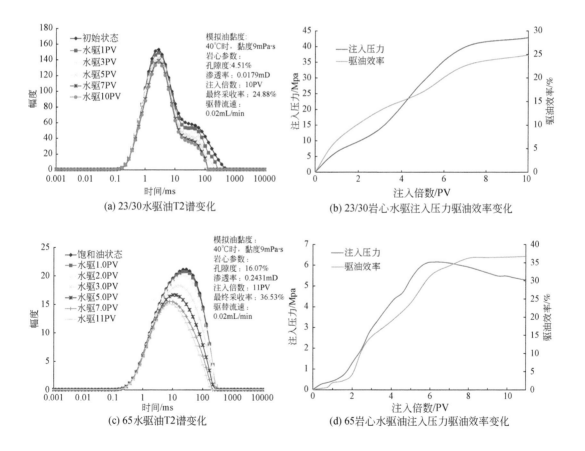

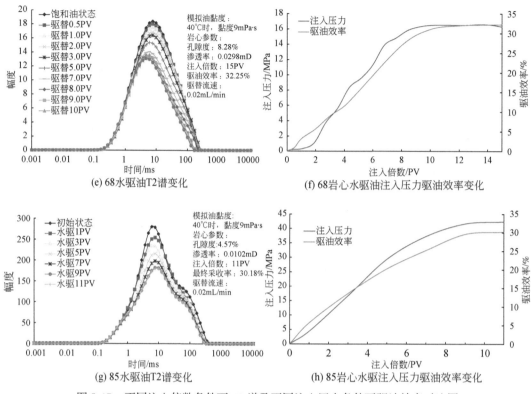

图 5.17　不同注入倍数条件下 T2 谱及不同注入压力条件下驱油效率对比图

23/30 岩心（$\phi = 4.51\%$，$K = 0.0179\text{mD}$），流量为 0.02mL/min 时驱替 10PV，最大驱替压力 42.77MPa，最终采收率为 24.88%；65 岩心（$\phi = 16.07\%$，$K = 0.243\text{mD}$），流量 0.02mL/min 驱替 11PV，最大驱替压力 6.15MPa，最终采收率为 36.53%；68 岩心（$\phi = 8.28\%$，$K = 0.0298\text{mD}$），流量 0.02mL/min 驱替 15PV，最大驱替压力 16.50MPa，最终采收率为 32.25%；85 岩心（$\phi = 4.45\%$，$K = 0.0102\text{mD}$），流量 0.02mL/min 驱替 11PV，最大驱替压力为 42.30MPa，最终采收效率为 30.18%（图 5.17）。

其次，通过高压压汞及核磁 T2 谱数据，获得 T2 谱与压汞的刻度因子。

弛豫时间 T2 与孔隙半径 R_c 之间关系可简化为

$$\text{T2} = C \cdot R_c$$

因此，T2 与 R_c 成正比，可通过压汞刻度求取换算系数 C。

通过对 4 块岩心的压汞刻度，得到各块岩心的换算系数 C，其中 23-30 岩心 C 为 148.41，65 岩心 C 为 403.43，68 岩心 C 为 897.85，85 岩心 C 为 221.41（图 5.18）。

最后，应用获取的 C 结合核磁共振 T2 谱来确定流体赋存孔喉的半径分布，定量描述不同孔喉半径条件下岩心剩余油分布及采收程度变化情况。

获得岩心在不同注入倍数下的 T2 谱后，由 4 块岩心的压汞数据刻度，可得到不同注入倍数剩余油赋存孔喉半径的分布，通过对比进而可得该 4 块岩心可动油赋存孔喉半径的分布及各孔喉半径范围对采收率的贡献（图 5.19）。从结果看，可动用的流体主要赋存于半径 0.01μm 以上的孔隙中。

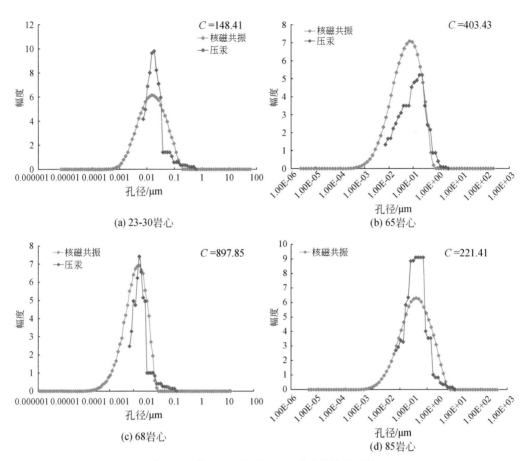

图 5.18　高压压汞与核磁 T2 谱计算换算系数 C

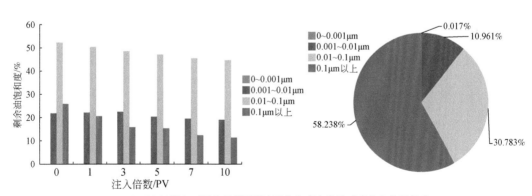

(a) 23-30岩心不同孔径范围剩余油饱和度变化及对采收率的贡献率

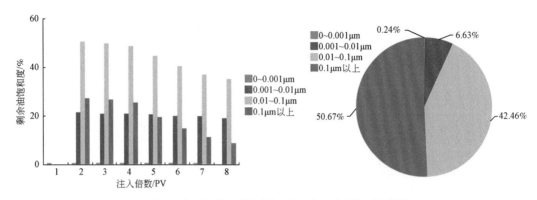

(b) 65岩心不同孔径范围剩余油饱和度变化及对采收率的贡献率

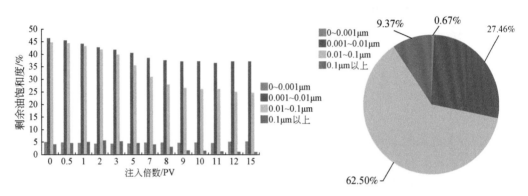

(c) 68岩心不同孔径范围剩余油饱和度变化及对采收率的贡献率

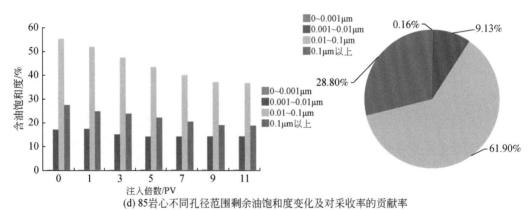

(d) 85岩心不同孔径范围剩余油饱和度变化及对采收率的贡献率

图5.19 不同孔喉半径范围剩余油饱和度变化及对采收率的贡献

第二节 致密油储层裂缝表征方法

对致密储层的天然裂缝进行全面、准确的定量表征及预测对于有效开发非常重要。国内外对天然裂缝的研究手段主要有地质分析与描述、测井识别与评价、裂缝预测与检测等方法（王志章，1999；唐诚，2013）。地质分析与描述主要包含有岩心、薄片分析与描述，以及野外露头调查两种方法；测井识别与评价主要有常规测井识别与评价、成像测井识别与评价两种手段；裂缝预测与检测主要有曲率法、构造应力场模拟法、地震属性裂缝预测法、分形方法预测裂缝法、反向传播神经网络预测裂缝法及灰关联理论预测裂缝法等方法。

在对准噶尔盆地吉木萨尔凹陷芦草沟组致密油储层天然裂缝研究过程中，应用并探索了多种天然裂缝识别、表征及预测方法，支撑深化了对天然裂缝类型、特征、成因及分布的认识。除以往储层裂缝表征方法外，创新形成的新型玫瑰花图法、裂缝甜点综合评价指数评价法对于科学认识储层裂缝具有现实意义。

一、新型玫瑰花图法

目前裂缝表征存在表征参数多、表征方法不统一、表征内容不规范等挑战，主要表现在表征裂缝特征参数的图件繁多、复杂、分散，难以判断不同组裂缝之间的差别，不利于裂缝的对比、评价。为此提出了一种新的裂缝表征的方法——新型玫瑰花图法。

（一）方法的提出背景

通常用玫瑰花图来表征裂缝的走向、倾向和倾角。走向玫瑰花图主要用于表征裂缝的走向和各组裂缝的数量，每个尖对应的角度代表该组的平均走向，长度代表数目。倾向玫瑰花图主要表征各组裂缝的平均倾向和数量，每个尖对应的角度代表该组的平均倾向，长度代表数目。倾角玫瑰花图主要表征裂缝的倾向和倾角，圆周上的角度表示倾向方位角，圆心距圆上的距离表示倾角，0～90°（图5.20）。

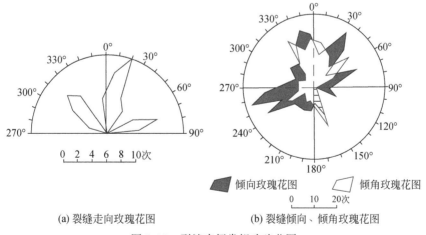

(a) 裂缝走向玫瑰花图　　　　(b) 裂缝倾向、倾角玫瑰花图

图 5.20　裂缝表征常规玫瑰花图

普通玫瑰花图存在的不足之处是，能表征裂缝的产状，但不能表征裂缝其他的主要参数特征，如规模、充填性、密度等发育程度。能否借用通常表征裂缝产状的玫瑰花图来统一表征裂缝的主要特征参数，即能否用一个图，将裂缝的主要特征参数都简单明了地表达

出来，以一条或一组甚至多组裂缝的主要特征进行表征和对比？在经过大量实践和探索后，提出了可表征裂缝关键特征参数的新玫瑰花图法。

（二）方法的主要内涵

目前通过岩心描述、野外露头观测，获取的天然裂缝关键特征参数有裂缝产状、规模、充填性、发育程度等四类七项参数（表5.8）。

表5.8　裂缝表征的关键参数

关键表征内容	关键表征参数
裂缝产状	走向，倾向，倾角
裂缝规模	长度，开度
裂缝充填性	充填程度（全充填、半充填、未充填）
裂缝发育程度	裂缝线密度

在常规玫瑰花图基础上，将裂缝规模参数、发育程度参数、充填性参数通过特定的方式展示出来，形成表征裂缝关键特征参数的新型玫瑰花图（图5.21）。

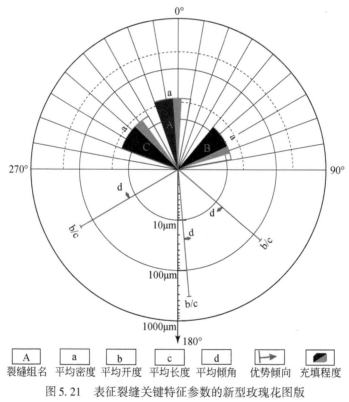

图5.21　表征裂缝关键特征参数的新型玫瑰花图版

图版内涵（图5.21）：①等分方位角圆为36等分，每分10°，表征裂缝的展布，即延伸方向（走向）；②上半圆，每一个扇形体表征一组断裂的优势走向范围、密度和充填程度，扇形体的起、止度数范围即是该组裂缝优势走向范围，扇形体的半径即是该组裂缝的平均裂缝密度，具体数字（a）标注在扇形体弧线之上，扇形体内不同的阴影充填的次级扇形体，依顺时针分别表示该组裂缝全充填、半充填和未充填的比例；③下半圆，每一根辐条代表上半圆扇形体对应组裂缝的平均走向、平均开度、平均长度、平均倾角、优势倾向。辐条方位角为平均走向，辐条长度（圆的半径）为平均开度（b），辐条上小箭头的方向代表裂缝倾向，小箭头的位置代表倾角（从圆心到圆外边线，对应从 $0°$ 到 $90°$）（d表示），c代表裂缝的平均长度，A、B、C表示裂缝组名称。

新玫瑰花图法与其他方法相比，有以下优势和特点。

（1）简单巧妙：只用一个简单的图就可以清楚地表征裂缝的关键内容和参数。

（2）规范标准：有利于将表征内容和参数规范化，如采用统一方法提出的四类七项参数。

（3）特征鲜明：容易比较、对比不同裂缝的关键特征，不同裂缝的特征一目了然。

（4）操作性强：方法简单，易于推广。

（5）灵活性强：四类七项参数易于获得，即使某些参数缺失，也不影响表征。但在对比不同裂缝的表征内容时，要遵行同类才能对比的原则。

（三）方法的实际应用

依据吉木萨尔凹陷芦草沟组致密油储层裂缝参数数据，按照裂缝关键参数的新玫瑰花图法，得到吉木萨尔凹陷芦草沟组致密油储层裂缝表征的新玫瑰花图（图5.22）。

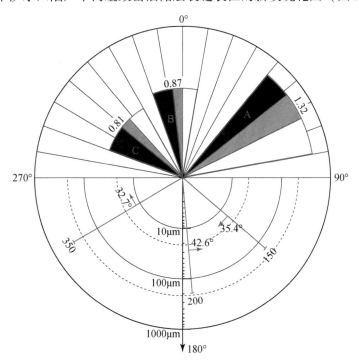

图 5.22　吉木萨尔凹陷芦草沟组致密油储层裂缝新玫瑰花图

由图 5.22 可知，吉木萨尔凹陷芦草沟组致密油储层发育北东向（A组）、近南北向（B组）和北西向（C组）三组裂缝。从反映发育程度的裂缝密度来看，以北东向裂缝为主，其裂缝密度为 1.32 条/m，其次是近南北向展布的裂缝，其裂缝密度为 0.87 条/m，北西向那组发育程度较低，其裂缝密度为 0.81 条/m。从开度方面看，还是 A 组开度最大，其平均开度为 350μm；其次是 B 组，平均开度是 200μm；C 组的开度最小，平均为150μm。从倾角看，A 组和 C 组裂缝为低角度构造缝，B 组为中角度构造裂缝。从充填程度看，A 组的未充填和半充填占比最大，其次是 C 组，充填程度最高的是 B 组。综合以上参数，北东向的 A 组裂缝最发育，最有利于致密油富集，其次是 B 组和 C 组。各组裂缝发育程度及主要特征可直观明了地从图中判断。由于裂缝各参数多来自岩心，很难得到裂缝长度的数据，因此图中没有给出长度参数。

新玫瑰花图法也可对单口井目的层的裂缝进行定量表征，图 5.23 是研究区 7 口井上甜点裂缝表征的新玫瑰花图的平面分布图，可一目了然地获得各井区的裂缝发育特征，以及裂缝主要表征参数情况和在整个研究区的变化规律。

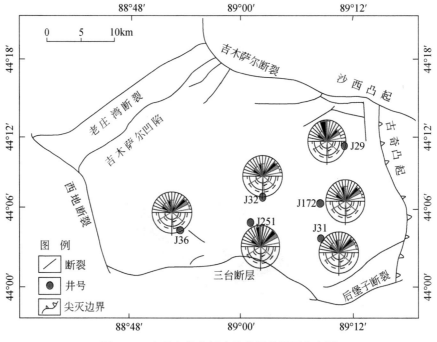

图 5.23　上甜点单井新玫瑰花图的平面分布图

二、单井裂缝识别与评价

通过测井资料来判别和表征裂缝是常用的裂缝分析表征方法。前人基于常规测井识别和分析裂缝的方法开展了大量的研究，发现中子孔隙度、声波时差、密度和电阻率等常规测井序列相较于其他序列对于识别储层裂缝整体发育状况效果较好，主要用于区分和判断裂缝发育段和非裂缝段。

相较于常规测井技术，特殊测井技术中的成像测井技术可通过不同色标将围绕井壁全方位的岩石物理信息转化为最直观的高分辨率图像，进而反映全井段裂缝的展布形态和发育情况，是现今观察和分析裂缝最直观的方法之一。此外，通过成像测井技术还可提取裂缝段的相关数据，为定量表征裂缝的各项参数提供重要依据。

（一）基于常规测井的裂缝表征

因为裂缝与其基岩的地球物理特征存在明显差异，所以测井的响应情况（即测井曲线形状、数值）也不相同。在实际生产过程中，可以依据这种不同曲线形状的变化特征来探测裂缝及其分布规律，以达到识别裂缝和表征裂缝的目的。

1. 声波测井

声波测井主要反映储层基质孔隙度，其首波会沿着岩层基质传播并绕开地层中的孔、洞、缝。当地层中裂缝角度较低时，声波的首波需借助裂缝中的物质作为媒介传播，这些媒介相对基质来说，会使声波首波发生较大的衰减，进而造成声波的首波不能被记录下来。而仪器记录的是首波后到达的波，从而使声波时差增大，出现周波跳跃现象，这在测井曲线上表现为短小的锯齿状。在实际生产中，声波时差曲线对低角度裂缝的响应比高角度裂缝更明显，更容易识别，所以可以采用声波时差曲线来识别低角度裂缝和网状裂缝。

2. 双侧向电阻率测井

在钻井过程中，开启的裂缝会被钻井液或者泥浆滤液充填，又因这些液体的电阻率要比围岩低很多，所以深、浅侧向电阻率测井时，电阻率会出现一些差异，裂缝层段的电阻率会明显降低，围岩的电阻率则为相对高值；从而可以利用这种高电阻率背景下的低电阻率现象判断裂缝的存在情况。一般情况下，如果地层中不存在裂缝且径向上无电阻率变化时，深浅侧向电阻率会重合；当地层存在水平裂缝时，测量的电阻率会降低，同时由于水平裂缝对深侧向的聚焦作用的影响大于对浅侧向测井的影响，则会出现浅侧向电阻率大于深侧向电阻率，形成曲线负差异的现象；当裂缝为高角度时，则出现正差异现象。因此，可以采用双侧向测井对裂缝的倾角进行定性判别，判别公式如下。

目前采用以下判别式：

$$y = \left(R_{\text{LLD}} - R_{\text{LLS}} \right) / \sqrt{R_{\text{LLD}} R_{\text{LLS}}}$$

式中，R_{LLD} 和 R_{LLS} 分别为深、浅侧向电阻率（$\Omega \cdot m$）。对于高角度裂缝，电阻率表现为曲线较平缓，深、浅双侧向电阻率一般表现为正差异，$y>0.1$；当 $0<y<0.1$ 时为斜交裂缝，裂缝倾斜角较小，呈正差异，当 $y<0$ 时，裂缝倾角为低角度或裂缝不发育。根据双侧向电阻率的降低幅度和正、负差异及电阻率的变化，可确定裂缝发育层段的分布。

3. 放射性测井

自然伽马能谱测井通过测量地层中天然放射性元素铀、钍、钾的含量来反映地层信息，主要是因为铀易溶于水中，当铀随着流体流动时，容易被孔隙周围的岩体吸附，从而造成地下水流经的地方铀含量高于无地下水流经的岩层，因此地下水流经裂缝时，裂缝壁的铀含量则会升高，进而可以根据地层中铀含量的变化来识别裂缝。然而应用自然伽马能谱资料的相对高铀值来识别裂缝的方法与地下流体的运移及活跃程度密切相关。对于有裂缝的地层，若地层水很活跃，裂缝壁上的铀含量会较高，则裂缝易通过测井资料识别；若地层水不活跃或者基本不流动，此时裂缝壁不会大量吸附铀元素，这样含裂缝层段与无裂缝层段铀含量则相差不大，此时用自然伽马能谱测井就不能很好地识别裂缝，所以自然伽马能谱测井识别的裂缝是地下水较活跃处岩层中的裂缝。

应用上述基于常规测井的储层裂缝表征方法，对吉木萨尔凹陷芦草沟组致密油储层裂缝进行识别和分析。裂缝在常规测井曲线上的表现为：地层密度测量值减小，声波时差增大，补偿中子孔隙度增高；由于铀容易在裂缝壁上沉积，这使得自然伽马能谱测井中在裂缝发育层段的无铀伽马和自然伽马值出现明显的差异，自然伽马能谱测井值明显高于伽马测井值，双侧向电阻率明显变低并有正差异出现，对于斜交缝差异不明显，对于低角度或水平裂缝，声波、中子、密度反应较灵敏，呈指状曲线。

（二）基于成像测井的裂缝表征

地层电阻率成像测井是以扫描或阵列的方式测量岩石电阻率沿井壁或井周的二维或三维方式的一种新型测井技术（贺洪举，1999），是目前识别和评价裂缝分布最有效的测井手段。成像测井通过测量井壁微电阻率的变化，并进行一系列处理、配色，从而得到清晰直观的彩色图像来反映地层特征。在成像测井图上，不同的颜色代表了不同的电阻率，图像颜色随着电阻率的增加而变浅，两者呈负相关关系。成像测井可以识别多种地质特征如沉积特征、构造特征等，每种特征均在成像测井图上有不同的表现方式（图5.24）。成像测井能识别裂缝，主要是由于在钻井过程中，泥浆侵入开启的裂缝，且泥浆电阻率明显低于围岩电阻率，表现为暗色特征，进而识别裂缝。裂缝发育处一般表现为正弦曲线，根据曲线形态可确定裂缝的形态、走向、倾向和倾角，进而定量描述裂缝的产状、密度和开度等参数。电阻率成像测井主要是通过测量裂缝充填物的电阻率情况来识别裂缝的开启程度，裂缝类型主要包括：①未充填裂缝，裂缝中完全被钻井液充填，形成低电阻特征，为暗色正弦曲线［图5.25（a）］；②未完全充填裂缝，指裂缝张开的部分位置被充填，轨迹为明暗相间的类正弦曲线，暗色部分为裂缝的张开部分，被泥浆侵入，亮色部分为充填部位［图5.25（b）］；③完全充填缝，指被矿物完全充填的裂缝，若被高阻矿物充填，如石英、方解石，则图像为亮色正弦曲线，或电阻率与岩石基质电阻率相近而无明显特征［图5.25（c）］。

在实际生产中，成像测井首先要区分天然裂缝和钻井诱导缝。钻井诱导缝主要是指在钻井时由于机械振动或地层应力不均释放等因素形成的非天然裂缝，如压裂缝、井壁垮塌缝等。不同成因的钻井诱导缝有不同的形态，但共同特点就是发育两条近垂直且180°相位对称的暗色图像。其中，重泥浆压裂缝常发育于椭圆井眼的短轴方向，即现今最大水平主应力方向；井壁垮塌缝为两条对称分布的粗细不匀的暗色条纹，常形成于椭圆井眼的长轴方向，即现今最小主应力方向［图5.26（a）］。天然裂缝分为构造裂缝和非构造裂缝（如层理缝），构造缝通常有一定的倾角，而层理缝则是平行于层理，沿层理发育，连续性较差［图5.26（b）（c）］。在成像测井图上，层理缝表现为密集、产状一致基本平行于纹层的暗色条纹，其形成与层理面的泥质含量密切相关；若泥质含量较高，岩层可以通过发生塑性变形来释放应力，从而不利于裂缝的形成；若泥质含量很少，相邻层的砂岩未被完全隔离，成岩时容易固结在一起，不易形成层理缝；因此泥质含量适中的层理面才有利于形成层理缝（张亚奇等，2016）。

成像测井模式		图像特征	地质解释
块状模式	亮段		致密砂岩、致密火成岩等高阻高密度地层
	暗段		泥岩，多孔缝碳酸盐岩疏松的低阻低密度地层
	亮暗段截切		高阻高密度地层与低阻低密度地层由于断层形成的突变接触
条带状模式	连续的明暗条纹		砂泥岩互层、泥质条带灰岩等
	不连续的明暗条纹		砂岩成分非均质变化
线状模式	单一亮线		低阻地层中的缝、断层面等被高阻物质充填
	单一暗线		高阻地层中的缝、断层面等被低阻物质充填
	组合线		岩层面、层理、火成岩流线构造等
	断续线		断续状层理等
斑状模式	亮斑		孔洞被低阻物质充填、高阻地层中夹杂低阻物质如结核
	暗斑		高阻物质充填的孔洞，高阻砾石、化石、结核等
杂乱模式	杂乱		变形层理、滑塌、生物扰动等
对称沟状模式	阻列对称线		现今地应力定向释放、压裂等产生的对称雁列诱导缝
	竖形对称条带		椭圆井眼、重泥浆压裂崩塌等
空白模式	无图像		仪器故障
规则条纹模式	斜列等距		机械刮痕

图 5.24 成像测井地质特征解释模式图（王允诚等，1992）

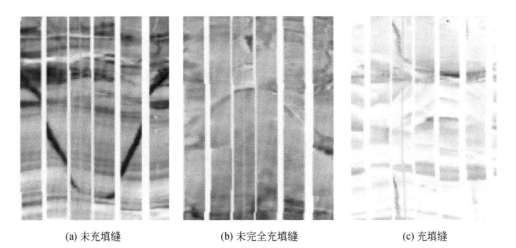

(a) 未充填缝　　　　(b) 未完全充填缝　　　　(c) 充填缝

图 5.25 微电阻率扫描成像测井裂缝类型（王允诚等，1992）

 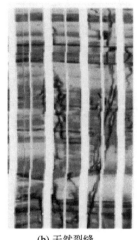 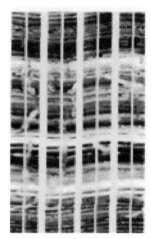

(a) 压裂缝   (b) 天然裂缝   (c) 水平层理和层理缝

图5.26　裂缝电阻率成像测井特征（王允诚等，1992）

　　吉木萨尔凹陷芦草沟组致密油发育的天然裂缝类型多样，从成像测井图像可识别的角度，将裂缝归纳为以下几种基本类型。

　　（1）按照裂缝壁的平坦程度可将裂缝分为构造缝和非构造缝两类。

　　（2）按照裂缝的充填情况可以将裂缝分为充填裂缝和未充填裂缝两类。

　　（3）按照裂缝电阻率的大小可以将裂缝分为高导缝和高阻缝两类。

　　应用电阻率成像测井资料，对吉木萨尔凹陷芦草沟组致密油储层进行裂缝识别，目的层发育多种裂缝，主要可见（水力）压裂缝、构造缝、层理缝等（图5.27）。构造缝是研究区成像测井图像中识别出来的主要裂缝类型，一般以组系的形式出现，可见少量共轭剪切裂缝，一般情况下其中一组的发育受到抑制。研究区的非构造缝包括层理缝和缝合线，层理缝是通过产状来与构造缝相区分，来源于上覆岩层压力的缝合线基本平行于层面，由于裂缝壁的不规则会在成像测井中呈现锯齿状的特征，有时会伴随垂直裂缝壁的高电导异常。

　　层理在吉木萨尔凹陷芦草沟组致密油储层中最为发育，成像测井图上的表现特点为密集、连续、低角度、产状一致的暗色细条纹，但不是所有层理都会形成裂缝，这与层理面的泥岩多少有关。泥岩含量多，泥岩发生变形释放应力，不易形成层理缝，即使形成层理缝也容易被后期改造重新充填；而泥岩含量少，层理两侧的砂岩未被完全隔开而成岩固结，也不易形成层理缝。只有层理面泥岩含量适中才易形成层理缝。

　　研究区目的层裂缝的主要充填物包括方解石、泥质及黄铁矿，不同充填物在成像测井上有着明显不同的响应特征，钙质充填物电阻率高，充填后的裂缝在图像中呈现异常高值，表现为亮色或白色；黄铁矿充填后的裂缝电阻率极低，在井壁成像中对应黑色的正弦形状；泥质充填物孔隙度较高，电阻率较低，表现为电阻率相对低值；未充填裂缝在钻井时一般会充填高导的钻井液，表现为电阻率低值。根据不同地质结构的成像测井响应，总结出如图5.28所示的识别模式。

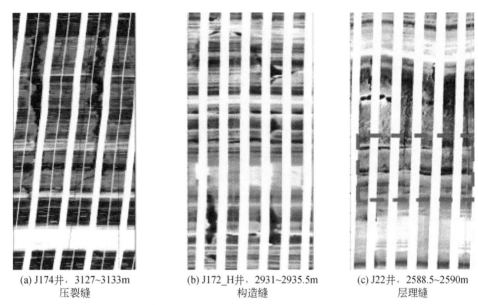

(a) J174井，3127~3133m
压裂缝

(b) J172_H井，2931~2935.5m
构造缝

(c) J22井，2588.5~2590m
层理缝

图 5.27　吉木萨尔凹陷芦草沟组致密油不同类型裂缝成像测井特征

成像测井模式	图像特征	响应特征	地质解释
块状模式	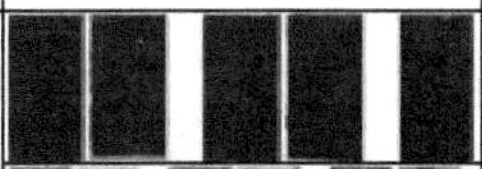	大段暗色	泥岩层
	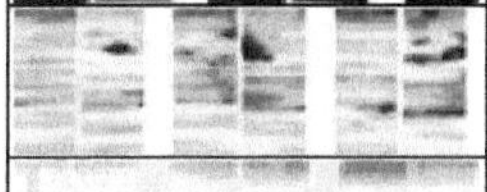	大段黄色	砂岩层
	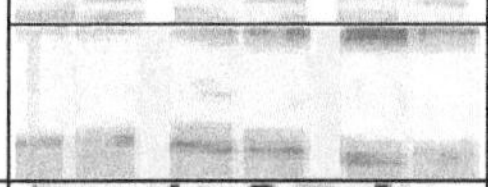	大段亮色	灰岩层
条带状模式		平行高电导异常	层界面
		宽度变化不大高电导条带	泥质条带
线状模式		亮色正弦曲线	钙质充填裂缝
		黑色正弦曲线	黄铁矿充填裂缝
		暗色正弦曲线，宽度变化明显	泥质、未充填裂缝
	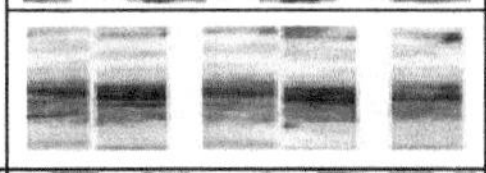	不规则锯齿状，可能有垂直走向的高电导异常	缝合线
其他		对称垂直条带	椭圆井眼
		羽毛状或雁行状正弦曲线	钻具扰动

图 5.28　芦草沟组致密油储层不同类型地质结构成像测井特征

成像测井不但可以对裂缝进行识别，还可以通过测井数据处理计算裂缝的参数，如裂缝长度、密度、开度和孔隙度等。通过对研究区 6 口井的成像测井图进行裂缝识别，并结合该成像测井计算的参数进行统计分析，得出发育的裂缝以斜交缝为主，主要发育在云质粉砂岩和泥质灰岩中，裂缝线密度为 2.28 ~ 3.17 条/m，裂缝面密度为 1.67 ~ 2.46m/m²，裂缝开度为 0.25 ~ 0.48mm。从裂缝密度、长度、宽度的分布看，裂缝主要发育于芦草沟组上甜点和下甜点储层，且下甜点储层裂缝发育程度较高。

三、裂缝综合评价指数

（一）方法的提出背景

目前通常用裂缝密度、裂缝孔隙度、裂缝渗透率来表征和评价裂缝的发育程度，它们反映的问题有以下几点：①参数单一，只反映裂缝某一方面的发育程度，如裂缝孔隙度只反映裂缝的储集能力，裂缝渗透率只反映裂缝的渗透能力，裂缝密度只反映裂缝条数的相对多少；②很难客观地反映裂缝发育程度的非均质性；③缺乏综合反映天然裂缝储集能力、渗流能力，以及二者差异的表征方法。在经过大量调研和实践后，本节提出可表征裂缝储渗能力的裂缝综合评价指数及判别图版。

（二）方法的主要内涵

1. 裂缝综合评价指数 G

裂缝综合评价指数（G）为裂缝发育程度与裂缝孔隙度的乘积，综合反映岩石裂缝孔渗性的发育程度（侯贵廷，2010）：

$$G = f \times \phi_f = \rho_s \times D \times \phi_f$$

$$f = \rho_s \times D = \frac{\sum_{i=1}^{n} l_i}{S_B} \times \left[-\lim_{x \to 0} \frac{\ln N(x)}{\ln x} \right]$$

$$\rho_s = \frac{l_t}{S_B} = \frac{\sum_{i=1}^{n} l_i}{S_B}$$

$$D = -\lim_{x \to 0} \frac{\ln N(x)}{\ln x}$$

$$\phi_f = m_f \sqrt{R_m \left(\frac{1}{R_{LLS}} - \frac{1}{R_T} \right)}$$

式中，G 为裂缝综合评价指数；f 为裂缝渗透指数；ϕ_f 为裂缝孔隙度；ρ_s 为裂缝面密度；D 为裂缝分形维数；l_t 为裂缝累计长度；S_B 为岩石的流动横截面上基质总面积；x 为格子边长；$N(x)$ 为确定裂缝存在的格子数目；R_{LLS} 为浅侧向电阻率（$\Omega \cdot m$）；R_{LLD} 为深侧向电阻率（$\Omega \cdot m$）；R_T 为地层真实电阻率（$\Omega \cdot m$）；R_m 为泥浆滤液电阻率（$\Omega \cdot m$）；m_f 为裂缝孔隙度指数。

其中裂缝分形维数 D 反映裂缝分布的均匀性，裂缝面密度 ρ_s 反映裂缝自身的发育状况，裂缝孔隙度 ϕ_f 反映裂缝的储集性，裂缝渗透指数 f 综合反映裂缝发育程度与裂缝分布均匀程度，即渗流能力。

2. 裂缝分类评价图版

以 f（裂缝渗透指数）为横坐标（反映反映裂缝渗透性），以 ϕ（裂缝孔隙度）为纵坐标（反映反映裂缝储集性），建立直角坐标系，以 ϕ 轴的 0.003%、f 轴的 0.1 作一直线，取其上 1/4 和 3/4 点分别与 f 轴和 ϕ 的对边轴中间点相连，取这两条线的中间点相连，将坐标体系分为 Ⅰ、Ⅱ、Ⅲ、Ⅳ、Ⅴ 共五个区，从而形成裂缝发育程度的分类评价图版（图 5.29）。

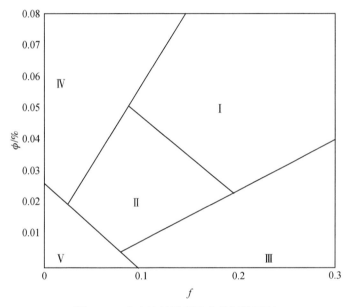

图 5.29　致密油储层裂缝分类评价图版

Ⅰ 类区为相对高渗高孔裂缝发育区；Ⅱ 类区为中高渗中高孔裂缝发育区；Ⅲ 类区为相对高渗低孔裂缝发育区；Ⅳ 类区为相对高孔低渗裂缝发育区；Ⅴ 类区为低孔低渗裂缝发育区。只要计算出评价单元的 ϕ_f（裂缝孔隙度）和 f（裂缝渗透指数），将它们投影到致密油储层分类评价图版中，依据其位置所在区域，就可知道该评价单元裂缝储渗性能的基本特点，并可与其他评价单元的评价结果进行比较。

（三）方法的实际应用

应用裂缝综合评价指数 G 的定义及计算方法，将典型井目的层的上、下甜点段的参数代入上述计算公式，得到裂缝综合评价指数计算结果（表 5.9、表 5.10）。

表 5.9 芦草沟组上甜点裂缝综合评价指数统计表

评价指数	井号					
	J22	J23	J25	J28	J30	J31
面密度/（条/m²）	0.550	0.525	1.175	0.850	1.425	1.138
裂缝孔隙度/%	0.043	0.051	0.027	0.045	0.023	0.035
分形维数	1.063	1.030	1.234	1.060	1.078	1.270
裂缝综合评价指数	0.025	0.028	0.039	0.041	0.035	0.050

评价指数	井号					
	J32	J34	J36	J37	J172	J251
面密度/（条/m²）	1.963	0.575	0.550	1.100	4.500	1.962
裂缝孔隙度/%	0.025	0.029	0.034	0.033	0.038	0.030
分形维数	1.253	1.072	1.007	1.003	1.601	1.154
裂缝综合评价指数	0.060	0.018	0.019	0.037	0.277	0.068

表 5.10 芦草沟组下甜点裂缝综合评价指数统计表

评价指数	井号					
	J24	J31	J32	J33	J35	J251
面密度/（条/m²）	1.3	0.4	0.8	0.55	0.831	1.825
裂缝孔隙度/%	0.057	0.04	0.047	0.039	0.074	0.061
分形维数	1.116	1.009	1.164	1.068	1.032	1.238
裂缝综合评价指数	0.082	0.016	0.043	0.023	0.064	0.137

基于单井上、下甜点裂缝综合评价指数计算结果（表5.9、5.10），结合吉木萨尔凹陷沉积背景、储层分布等特征，编绘了芦草沟组致密油上、下甜点裂缝综合指数平面分布图（图5.30）。上甜点裂缝有利区分布于J28—J251—J31井区域；下甜点裂缝发育有利区分布于J30—J34—J251—J174井区域。基于裂缝综合评价指数的裂缝预测结果与勘探成果认识吻合较好。

依据计算出的 ϕ_f（裂缝孔隙度）和 f（裂缝渗透指数），将它们投影到致密油储层裂缝分类评价图版中，从结果（图5.31）看，上甜点中［图5.31（a）］J172井处于Ⅰ类区，裂缝相对高渗高孔，与该井在上甜点获得高产工业油流的生产实际相符；J251井、

J32 井、J30 井位于Ⅱ类区，属于相对中高渗中高孔裂缝发育区，也获得商业油气流；J23 井、J28 井、J22 井、J36 井等位于Ⅳ类区，除 J36 井效果较好外，其他井生产情况较差。下甜点中［图 5.31（b）］除 J251 井落入Ⅰ类区外，其他 4 口井均在Ⅳ类区，J251 井在下甜点生产效果较好，具有较高的单井产量，而其他 4 口井在下甜点的开发效果较差。利用致密油储层裂缝分类评价图版对裂缝发育程度进行分类评价，其评价结果与实际比较吻合，对致密油甜点的预测和开发效果的预判有重要的指导作用。

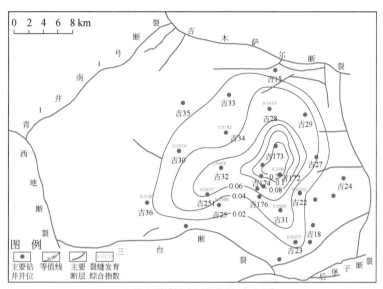

(a) 上甜点裂缝综合评价指数平面分布

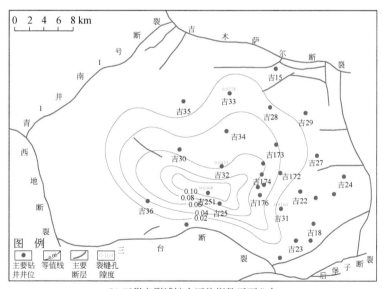

(b) 下甜点裂缝综合评价指数平面分布

图 5.30　芦草沟组上、下甜点裂缝综合评价指数平面分布图

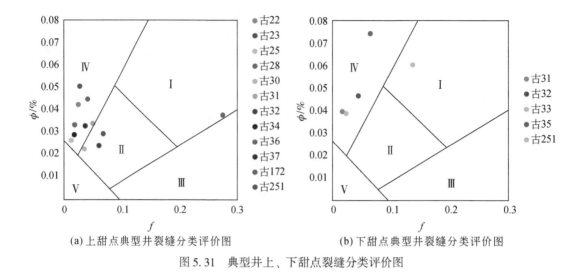

(a) 上甜点典型井裂缝分类评价图　　　　　(b) 下甜点典型井裂缝分类评价图

图 5.31　典型井上、下甜点裂缝分类评价图

第三节　致密油测井多信息融合甜点识别评价方法

一、研究现状及挑战

致密油甜点是指在现有经济技术条件下，能够实现效益开发的致密油地质单元，具有经济地质学的内涵。致密油甜点是致密油勘探开发的核心目标，具有十分重要的研究意义。由于形成致密油的沉积环境、储层岩性、生烃源岩和封闭条件的不同，造成致密油甜点成因复杂，类型多样，流体赋存与可动用性评价困难，致密油甜点的测井识别与评价面临挑战。

常规测井发展和应用历史时间长，技术成熟、探测信息覆盖范围较大，具有经济、有效、适用性好的技术优势，但致密油储层的评价难度远远高于常规储层（罗少成等，2014）。测井解释面临的难点主要体现在以下两个方面：① 致密油储层地质–岩石物理特征复杂，常规测井系列分辨能力低、信息量不足，需开展测井新技术、新方法试验及系列优选；② 目前致密油测井评价基本沿用了低渗透储层的思路，其适应性有待提升，需提出有针对性的测井评价内容、方法与标准。基于取心分析数据、地质和测井等数据对致密油储层进行相对完整的测井评价研究，是现今迫切需要探索和攻关的难点。从信息挖掘的理念研究解决致密油甜点常规测井识别与评价方法具有重要意义。

多井油气藏评价是油气藏勘探开发工程的重要组成部分。多井评价是建立在以井信息为基础之上的多井信息综合评价，研究多井信息的融合方法。多井信息综合、融合评价急需多学科交叉、联合研究。在油气藏地质认识过程中，充分挖掘井信息的潜力，运用"信息融合"理论，建立评价模型，可以获得准确、可信的油气藏知识。近十几年来不断发展起来的信息融合技术以其广阔的时空信息覆盖范围，强大的信息综合和提取能力，越来越成为信息处理领域的强有力工具，它所揭示的信息处理思想和方法论，可以很好地解决复杂油气藏系统的地质研究和评价认识难题。日渐完善的信息融合技术，启发了油气藏多井信息融合方法的研究，触发和引导了测井信息应用的创新和发展研究。以信息融合技术来综合有利于油气藏研究和认识的多井、多源信息，借鉴信息融合技术在其他领域中应用的成功经验，指导油气藏多井数据的收集、管理、共享、分析、综合和融合处理，建立油气藏多井信息融合评价方案，达到最终提高对油气藏的研究和认识水平，为油田勘探开发工作提供高效、准确、适用的油气藏科学知识。

针对致密油藏重点需要解决好三方面问题：一是储层品质，如何准确识别和评价致密油储层；二是烃源岩品质，如何通过源储配置研究，支撑寻找出致密油甜点分布区；三是完井品质，如何通过地应力与岩石力学测井评价研究，为钻完井和压裂设计优化提供支持。针对解决的重点问题，以及致密油储层与非储层测井信息差异相对微弱，甜点与非甜点识别与评价困难，提出重构测井评价参数体系，包括储层品质、烃源岩品质及完井品质评价在内的多项参数，采用常规测井信息聚焦、融合与甜点表征方法，创新形成以常规测井信息融合为核心的致密油甜点测井识别与评价技术，可较好地满足致密油勘探开发中的需求。

二、方法原理和技术流程

（一）多井信息融合技术

信息融合技术自 20 世纪 70 年代提出以来，经过不断发展完善，越来越成为信息处理领域的有力工具。自 20 世纪 80 年代以来我国也掀起了研究信息融合技术的热潮。作为一门新兴的技术，虽然信息融合技术理论上还需不断完善，但是其应用能力却经受了实践的考验，被证明是有效的。信息融合技术的最大优势在于它能合理协调多源数据，充分综合有用信息，提高在多变环境中正确决策的能力。

油气藏多井信息融合技术可以推动油气藏研究和认识水平的提高。首先，信息融合可以扩大多井信息系统处理信息的空间覆盖范围。因为多井信息源可以从不同的来源、不同的环境、不同的层次及不同的分辨率来观察同一个对象（油气藏），得到的关于对象的信息更加充分，这个特性对于多井评价是非常有意义的。众所周知，在油气藏系统中，多井数据是逐步增长和丰富的，在这种情况下，要进行多井评价，必须分阶段收集专家意见，分系统评价相关（相似）系统数据及不同场景下的多井数据等信息，使用信息融合技术中提供的丰富的定性-定量融合方法（如专家系统、模糊集理论）来得出可信结论，逐步认清油气藏的真实特征。由于有效综合多源信息，多井评价结果的可信度将比单纯依靠地球物理（如地震、测井）评价结果折合的方法高。

其次，多井信息融合还有强大的时间覆盖能力。利用不同时间点（段）的多井信息进行优化处理，可以综合利用油田勘探开发各阶段的多井信息，这些信息包括预探井、评价井、开发井、加密井等各阶段所有来自井信息的各种记录，如生产井的故障数据、维护修理记录及躺井报废记录等。信息融合评价系统可以以时间为定标尺度，配准历史数据与当时生产数据，使用合理的融合结构和算法，达到去除冗余、克服歧义，得到优化的一致性准确判别，达到提高油气藏认识的目的。

油气藏多井信息融合评价是充分利用各种时空条件下多井信息源的信息，进行关联、处理和综合，以获得关于油气藏更完整和更准确的判断和识别信息，从而进一步形成对油气藏认识的可靠评价或预测知识。

在地球科学研究中，一门学科的研究常常需要依赖其他学科的数据。科学数据已成为支持国家科技创新、经济繁荣、社会进步和国家安全的重要战略资源，有着极大的科学、经济和社会价值。对油气藏的研究，也同样需要广泛的信息支持和多学科交叉。

1. 数据综合与数据操作

多井数据共享的必要性是由油气藏科学研究本身的特点所决定的。油气藏科学研究的对象和问题通常以长时间、大尺度、大规模为特征，同时，又必须有井信息、储层信息、产层信息、渗流单元等小规模的地质研究认识。不仅需要在实验室中进行研究，而且更需要大范围、长时间系列的实地观测和研究。任何一个油气藏科研项目，只能取得一定空间范围和一定时间段的油气藏某个特定对象的观测资料和认识。为了全面了解油气藏的某种自然规律，就有获得其他科研项目（正在进行的和已经完成的）科学数据的必然要求。这种要求是互相的、多向的，这种要求也是油气藏科学发展所必需的。

随着综合性科学和交叉科学的发展，数据综合和数据互操作问题越来越成为现代科学技术数据领域的核心问题，这不仅仅表现在科学技术数据管理和信息技术方面，更涉及基础科学研究以至经济学等广泛的科学领域。随着数据资源在数据库数量方面和数据存储量方面的不断增大，随着数据使用人员的不断增加，数据综合和数据互操作成为当前研究领域和工业界十分重视的问题。在科学技术数据、信息、知识以及各种知识财富不断产生的今天，数据格式、数据标准、软件系统以及各种数据互操作方法之间的不相容成为科学技术数据领域一个非常棘手的问题。当前相关的解决方案正在打破传统领域之间的界限，希望找到一种跨领域、跨格式、跨平台的处理方法。

2. 数据处理与信息可视化

数据科学发展的重要特征之一是它与数据技术的发展紧密相关。可以说，数据技术是数据科学的孪生体，没有数据技术，数据科学无从谈起。现代科学研究，需要从数据层面提炼到信息层面，然后从信息层面提炼到知识层面，直至达到形成科学研究结论的目的。在大量的数据面前，如何将数据、信息、知识有效地贯串起来，是目前国际上重点研究的前沿问题。仅有简单的数据库的查询已经不能够满足科学研究的需要，新的技术方法和工具，包括数据获取、数据综合、数据分析、数据可视化、数据散发，以及信息和知识在数据基础上的提炼技术（信息融合）等都是当前科学研究所需要的，因此，主要数据处理技术的改进，以及这些技术如何通过工具或其他有效方式表达出来，这些结论如何实施才能够对科学家和工程师提供有力的支持等都是目前亟待解决且具有挑战性的问题。石油测井信息化网络应用平台研究，以井信息共享、显示、处理应用为目标进行设计，为多井信息融合提供软件平台工具。当然，多井信息融合及其评价方法研究还需要测井同行乃至油田各专业专家的共同参与和努力，以满足多井信息融合评价发展的需要。

（二）油气藏多井信息融合方法

从理论上分析，信息融合技术在油气藏储层地质评价领域具有广泛的适用性。多井信息融合的基本实现途径包括：融合同一时刻不同来源多井信息与同一油气藏不同时期信息，以及两种信息的综合处理。在实现多井信息融合评价的过程中，必须在上述思想的指导下，逐步确立该方法实现的准则及模型，并在此基础上设计优化的算法。这样可以充分保证算法的逻辑严密性和可扩充性，也便于问题的进一步研究，同时为多井信息融合理论体系的确定奠定了良好的基础。借鉴其他领域信息融合理论的研究结果，结合油气藏多井信息的特点，提出油气藏多井信息融合方法的准则、模型和实现途径。

1. 多井信息融合准则

针对油气藏工程背景的要求，可以首先确立多井信息融合的广义准则，即充分利用多井多源信息，进行优化组合，以获得对多井系统的一致性解释或描述，提高对多井油气藏系统评价的精度，缩短近似估计的置信下限，为多井油气藏系统评价提供更为准确、可靠的决策依据。在以上广义准则和主要研究方向的指导下，针对不同的融合对象和评价环境，又可以确立不同环境下的融合准则，用以指导相应方法的使用和融合模型的构造。主要融合准则如下。

（1）Bayes 准则。充分利用原有多井评价的方法，引入多源信息处理接口，以最小化代价函数为目标，在 Bayes 融合方法、人工神经网络融合方法等的指导下进行多井信息的充分组合。

（2）广义熵准则。基于熵理论，并进行扩展，如联合熵、模糊熵、最小交叉熵、分维熵等熵理论和方法，对信息汇集中的各种信息进行信息度量，以提供信息融合理论研究的基础手段。

（3）模糊积分准则（又称 Cugeno 准则）。利用模糊测度积分融合方法、专家系统方法等对模糊知识，如专家语言经验、不明确观测值、多井研究与认识等进行量化分析，使融合后的模糊积分值最大。该准则的目标是，使真实数据支持目标出现的可能性与经验期望值之间的吻合程度最好。

（4）最小信任区间准则。多井油气藏评价存在信任度决策判别问题，利用 D-S 证据理论进行信息融合，可获得新的评价决策。该准则以融合后决策的不确定性最小为目标，即融合后信任区间最短。

2. 多井信息融合模型

多井信息融合模型的建立是确定融合准则后算法研究的进一步扩展，它依赖融合准则所确立的方式和方法，要求在多井信息融合准则的基础上，根据多井系统评价及多井系统模型的特点，对多井信息融合系统进行建模。多井信息融合模型可以划分为信息源模型、融合中心模型、融合系统结构模型三个部分，各部分相互协调构成融合系统的有机整体。模型划分是为了在油气藏研究时，针对各部分独有的特点，有所重点地确立突破口。

（1）信息源模型。研究多井数据建模，以及不同环境下多井信息及模型的转换，对多井数据信息进行预处理及一致性检验。根据信息融合系统特点及后续融合工作对输入信息的要求，信息源建模时应遵循以下四个原则：①要充分描述数据的物理属性和环境特征，减小信息损失；②尽量以简洁的定量形式表述，以有利于一致性检验和数据配准；③含参数信息源模型的未知参数要易于通过观测样本提取；④信息源应依照后续融合中心要求建模。在以上原则指导下进行建模，将能够既保证算法的简洁直观，又保证信息的充分利用。

（2）融合中心数学模型。依照上述多井融合准则确定融合算法，将其以数学模型的形式表达，以描述融合节点的工作特性和运行机制；多井信息融合中心，依照其被融合信息和数据的加工深度，可分为原始数据融合（直接观察到的失效数据，如多井试验、生产记录等）、多井特征量融合（底层折入的可靠度，利用多井信息提取油气藏等特征量，同类油气藏的评价特征等）、评价决策融合（专家判断、已有油气藏评价决策等）三个层次。在实际研究中，可以借鉴信息融合在其他领域已有的应用成果与成功经验，从算法与建模入手，以信息源模型为基础，确定适宜的融合算法。融合系统的结构模型。对融合系统总体设计，要采取合理的结构，使之既能保证与多井模型、评价模型相协调，又有利于实现融合系统的高效性与准确性。

3. 多井信息融合方案

多井信息融合涉及多井数据收集，多井信息管理、共享、分析，多井信息融合和综合等多方面的相关内容。多井信息融合紧密依赖于油气藏勘探开发工程的实际背景，其工程性、交叉性、延续性强。多井信息融合评价方法要联系多井信息工程背景展开，而不能只停留在纯理论的推演上，要体现信息融合的层次性、阶段性、反复性、综合性、可靠性，努力实现精确认识油气藏的目的。在多井信息融合的方案中，采用"融合+综合"相结合方法。其基本思想是先对油气藏系统的各组成单元（可以开发层系、钻井时期、含水阶段等划分不同的多井组成单元），采用各种信息融合技术进行多井评价，然后再采用多级综合，对整个油气藏系统的多井信息进行综合评价。石油测井信息化网络平台研发的目标是实现油气藏多井信息的共享与融合（图5.32），为油气藏的研究和认识提供信息化处理工具。

多井信息融合必须解决好多井信息与油气藏信息的共享，借助日益发展的网络技术和数据库应用技术，通过开发油气藏信息共享软件应用平台来解决。在信息共享基础上，逐级优化信息资源，形成便于信息融合的数据、信息和知识。信息融合必须有融合点（层面），即在哪一个层面上进行融合，测井作为油气藏井信息的重要来源，无论其完备性、丰富性、时空性等都具备信息融合的标准信息源特征，信息融合的标准可以通过刻度和规划方法解决。多井信息融合模型的建立必须以油田实际背景和井信息为依据，可以在同一油气藏建立多个、多级融合单元，分别进行评价。综合多井信息融合评价单元或高级别单元再融合，进行油气藏系统级评价，达到精确认识油气藏特征的目的。

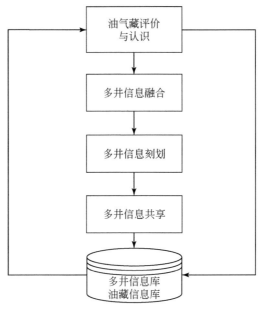

图 5.32　多井信息融合方案

（三）常规测井信息融合方法

测井技术历经 90 余年的发展，经历模拟、数字、数控、成像阶段，正向智能化测井发展。从测井成本、应用的普遍性考虑，常规测井以其成本较低、适用性强等优势仍将长期占据测井的主导地位，如何提高常规测井对各种复杂地质对象的分辨能力、提高测井信息密度是测井地质应用研究的重要内容。测井信息融合方法是为实现测井地质高信息密度、高分辨能力而提出的解决方法，常规测井信息融合主要包括测井信息融合地质目标选择、目标测井敏感性分析、测井信息聚焦与刻度变换、信息融合可视化四个部分。

1. 测井信息融合地质目标选择

岩性、物性、电性等九条常规测井曲线反映不同的物理参数，统称为常规测井信息，通过测井资料解释和评价可以把测井信息转化为地质信息，如孔隙度、渗透率、含水饱和度、岩性等，常规测井信息在各类油气储层评价中广泛应用。三条测井曲线能够较好地表征一种地质研究对象。例如，常规砂泥岩剖面的岩性可由自然电位、自然伽马、井径曲线给出确定性的评价；孔隙度可由声波时差、岩性密度、补偿中子测井给出确定的评价等。储层岩性、物性、含油气性、生烃源岩特性、岩石脆性、应力等都可作为测井信息融合研究的目标，针对不同的油气地质目标需要优选不同的测井系列，通过一定的方法或技术实现高质量的测井地质评价效果。致密油甜点也可以作为测井信息融合的目标加以研究，通过测井信息多属性融合方法给出确定性的甜点评价结果。

2. 测井敏感性分析

针对选定的研究目标，利用钻井取心分析资料、试油试采等静、动态资料确定目标特征，采用单因素分析、双因素分析、多元回归分析、统计分布与关联分析等敏感性分析方法，获得选定目标的敏感性测井曲线，考虑到三维数据的空间稳定性，优选三条测井曲线作为目标的敏感测井信息，利用三维融合体进行选定目标的评价具有确定性。应充分考虑测井资料的类型、径向探测深度和纵向分辨率的互补性，提高测井信息体的地质覆盖性，可作为敏感性分析选择测井曲线的基本原则。

3. 测井聚焦与刻度变换

为了提高选定研究目标的识别可靠性与评价效果，需要根据测井信息与目标的关系进行聚焦变化，确保优选的测井曲线变化趋势定性一致的指向目标。以孔隙度测井为例，随着储层孔隙度的增加，一般具有声波时差增大、岩石密度减小、补偿中子增加的特征，在聚焦变换中，要通过刻度变换将岩性密度变化规律调整为与孔隙度变化规律相一致。围绕选定的目标聚焦，通过测井刻度变换来实现数据空间到色彩图像转化，变换公式如下：

$$F（R、G、B）= 255×INT\{abs[（V-VS）／（VE-VS）]\}$$

式中，$F（R、G、B）$为测井转换 RGB 值；V 为测井值；VS 为测井刻度起始值；VE 为测井刻度结束值。

测井资料的聚焦变换可根据研究目标与测井资料的内在关系分析基础上，分别采用线性、指数、对数和统计分布的等概率刻度变换等变化模型实现。

4. 信息融合可视化

人眼对红色（R）、绿色（G）、蓝色（B）三原色光波敏感，正常人对色彩的视觉分辨能力可高达 100 万种以上，选择色彩表征三维信息空间有利于直观识别三维信息在空间位置上的变化。为了在二维平面内直观、准确地表征三维空间上的特征，选择 RGB 三原色正交表征技术，将三维空间位置特征值用 RGB 颜色值表达，RGB 三维空间里的任意点 RGB 唯一且确定，对应的颜色也是唯一确定的。将常规测井信息通过聚焦变化转化为对应的 RGB 值后，即可用 RGB 空间表征常规测井信息融合后的三维体，可分为 16777216 种 RGB 单元色，如图 5.33 所示 27 种单元色。为进一步表征融合信息体的空间位置，提取 RGB 矢量长度作为体曲线值，RGB 等效体积特征长度作为融合体质量曲线值，用于辅助定量分析。

人眼视锥细胞数量比值为红∶绿∶蓝＝40∶20∶1，表明人眼对蓝色敏感度低，对红色敏感度高，按照由近及远，视觉分辨变差原理，设置红色为近探测测井信息或高分辨测井信息，蓝色为远探测测井信息或低分辨能力测井信息。在储层识别方面，考虑三种测井信息的探测深度、纵向分辨率等，按照人眼感受三原色敏感度配置三原色融合次序为 AC（R）、RT（G）、GR（B），这样保证了岩性基础背景上更加关注储层的物性、含油性特征。根据不同的研究目的和研究者的习惯，设定不同的三元测井信息组合为一组融合方式，可用模板确定为融合模式，直接用模板处理整个研究区所有井的目的层段，实现统一标准，便于井的对比和评价。在三维融合颜色显示中，可增加一维信息作为融合成像的第四维信息，一组融合具有四维信息，多组融合与分级融合能够解决同时显示任意维度测井信息的需要，极大地提高了单位测井绘图上的信息密度。

利用计算机的显示系统或打印输出设备，将融合后的测井信息图像显示在彩色显示器上或打印到图纸上，即可实现常规测井信息的融合可视化，测井信息的融合可视化结果便于地质人员对地质研究目标进行直观分析和定量评价。

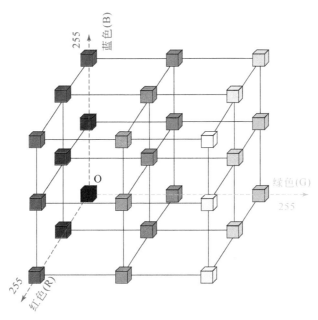

图 5.33 RGB 三维信息融合体示意图

三、生产实践效果

(一) 致密油甜点识别与评价

致密油的岩性、物性、含油性等非均质性强，常规测井有效信息减弱，甜点识别与评价面临严峻挑战。致密油的七性关系研究基本结论指明：岩性控制烃源岩特性、储层物性，进而控制储层含油性、电性、脆性及岩石力学参数等。烃源岩品质、储层品质和工程品质是三个相互关联、从不同方面反映致密油甜点特征的参数。综合三品质评价结果，可有效指导致密油甜点评价和甜点目标优选。在致密油开发过程中，致密油甜点评价和目标优选需要快速、直观、经济、有效，能够满足提高单井产量，同时降低单井成本的需要。因此，研究利用常规测井信息开展致密油甜点识别、评价和目标优选。

在致密油甜点测井敏感性信息分析和选取中，自然伽马以地层中相对稳定的天然放射性元素为测量对象，基本不受地层流体、井眼环境的影响，在碎屑岩沉积剖面中能够较好地识别和评价岩性、泥质含量等；声波时差能够反映近井眼岩石地层的纵波特征，在致密地层中，声波时差主要受岩石骨架声波特征控制，地层流体与井眼环境影响较小，与岩性、岩石力学特征相关性强；深电阻率能够反映井眼周围较深地层的岩性、流体特性、孔隙结构特性等。优选出声波时差（AC）、深电阻率（RT）、自然伽马（GR）三种致密油甜点敏感的测井曲线，利用 RGB 融合技术进行甜点识别与评价，优选致密油的开发目标。

吉木萨尔凹陷二叠系芦草沟组致密油为一套典型的源储一体型陆相致密油。地质研究表明，芦草沟组为咸化湖相混合沉积岩，由陆源碎屑、碳酸盐岩、火山灰和有机质等多种成分构成，岩性复杂，岩石类型多变，纵向划分为上、下两套甜点体，甜点体内部薄互层频繁，变化快，非均质性强。上甜点体内发育一套横向连续性较好，厚度大约6m，较为稳定的岩屑长石粉细砂岩，是该区致密油开发的主要目标；在岩屑长石粉细砂岩上部发育砂屑云岩、下部发育云屑砂岩，较不稳定，局部含油性好，具有一定的开发潜力。常规测井甜点信息响应偏弱，常规的测井甜点识别和评价难度大，勘探阶段，油田现场综合核磁、成像等测井技术研究，较好地解决了甜点评价问题，开发阶段，推广应用勘探阶段甜点测井系列及评价方式，面临成本、效果等多方面挑战。

以钻井取心岩性鉴定为依据，在岩心归位基础上提取常规测井曲线开展岩性敏感性交回分析，如图5.34所示，不同的岩性在常规测井曲线上有不同的差异，通过分析，确定了岩性敏感曲线为AC、DEN、CNL、RT；利用岩心含油性描述数据、岩心含油饱和度分析数据，在敏感性分析基础上，优选出AC、RT、GR为甜点敏感曲线。

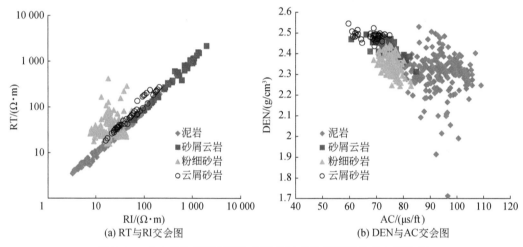

图5.34　吉木萨尔凹陷芦草沟组致密油优势岩性测井交会图分析

提取AC+DEN+CNL三条曲线进行融合，利用RT作为包络线进行岩性识别与划分；利用AC+RT+GR三条曲线进行融合，融合体曲线作为包罗线进行甜点识别与评价，利用融合体质曲线重叠法进行甜点分类。考虑到砂屑白云岩和云屑砂岩的视孔隙度与粉细砂岩对比明显降低，聚焦岩屑长石粉细砂岩的甜点测井信息融合不能在白云质岩上有效聚焦，采用岩性融合体曲线与甜点融合体曲线重叠确定含白云质成分储层段的甜点发育状况，如图5.35所示。

图5.35中的单井测井成果图分为9道，自左向右依次为深度、岩性、物性、电阻率、岩性融合、甜点融合、甜点分类（聚焦岩屑长石粉细砂岩）、甜点（云质岩类）、核磁孔隙度。岩性融合道中，泥岩显示为浅灰白色（顶部）、电阻率较低；岩屑长石粉细砂岩显示为浅绿白色、电阻率中等；砂屑云岩（J171井、J37井中上部）显示为暗色至黑色，电阻率高；云屑砂岩（J37井、J171井下部）显示暗色，电阻率较低；泥质烃源岩显示为粉紫色，高电阻。甜点融合道中顶部泥岩盖层显示为粉红色，体窄至中等，体越宽反映盖层封闭性越好；岩屑长石粉细砂岩显示为粉紫色，甜点甜度随宽度增加而增加，随颜色变浅

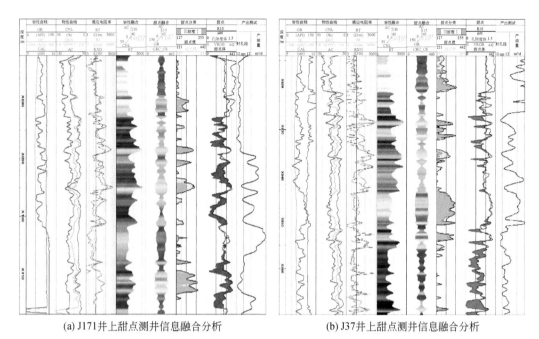

(a) J171井上甜点测井信息融合分析　　　　(b) J37井上甜点测井信息融合分析

图 5.35　吉木萨尔凹陷芦草沟组致密油岩性融合、甜点融合与甜点分类成果图

而提高；云质类甜点显示为颜色多变，宽度变窄，甜点叠合曲线显示有红色填充饱满；优质烃源岩显示为黄绿色，黄色生烃能力更强，宽度越宽排供烃能力越强。从直观可视化分析，J37 井岩屑长石粉细砂岩甜点较胖，甜点品质好，上部泥岩盖层较胖，封盖能力好，测试甜点压力系数为 1.32；J171 井岩屑长石粉细砂岩甜点偏瘦，甜点品质差，顶部泥岩偏瘦，封盖能力较弱，测试甜点压力系数为 1.27。

（二）应用实例

针对吉木萨尔凹陷芦草沟组致密油甜点特征，以上甜点岩屑长石粉细砂岩为主要聚焦对象，兼顾上下发育的砂屑云岩、云屑砂岩甜点，优选 AC、DEN、CNL 三条曲线作为岩性融合，RT 作为融合对象的包络线；优选 AC、RT、GR 三条曲线作为甜点信息融合，甜点融合体质量曲线（CRC-CS）为包络线，以甜点融合体、质曲线进行岩屑长石粉细砂岩甜点分类依据，以孔隙度体曲线、甜点体曲线叠合特征为依据评价白云质岩类的甜点属性，较好地解决了吉木萨尔凹陷芦草沟组致密油甜点的识别、评价和目标优选问题。

1. 致密油直井甜点识别与评价

J301 井位于 J31 井北部，芦草沟组上甜点体的I类区，气测显示异常明显，2749.88 ~ 2779.77m 钻井取心，收获岩心 29.89m，富含油级别 5.14m 为云质粉砂岩。原油气层综合解释油层 17m（2760 ~ 2777m），含油层 26m（2796 ~ 2822m）。

常规测井信息融合甜点识别与评价成果如图 5.36 所示，岩屑长石粉细砂岩段（2773 ~ 2778m）岩性较纯，物性好（核磁孔隙度大于 20%），若按孔隙度储层分类属于 I 类油层，但甜点融合显示该段偏瘦，甜点分类显示为 III 类以下，压汞孔隙结构 R10（进汞饱和度

10%对应的孔隙喉道半径，μm）显示粉细砂岩段喉道半径小于0.25μm，粉细砂岩段原油流动能力严重受限，不具有高产油能力；上部砂屑白云岩显示甜点体填充较为饱满，甜点品质好，具有高产油潜力；下部云屑砂岩含白云质较重，甜点比较发育；顶部泥岩盖层封闭能力好，储层压力较高；多套生烃源岩（黄色胖段）生排烃能力强，为临近储层提供了充足油源和充注压力。

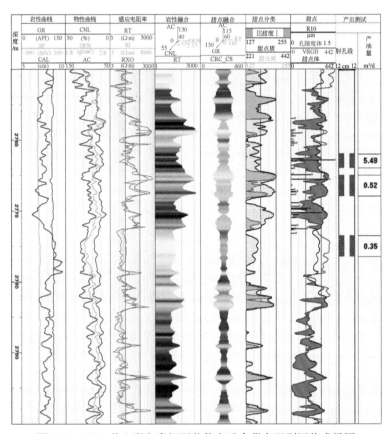

图5.36　J301井上甜点常规测井信息融合甜点识别评价成果图

该井进行射孔桥塞压裂一体化试油，分两次射孔，首先射孔下部一段（2773.5～2776.5m），套管压裂，液量为734 m³，陶粒为55 m³，测试破裂压裂为35 MPa，停泵压裂为28.9 MPa；第二次射孔上部两段（2762～2764m，2765～2768m），套管压裂，液量为713.5 m³，陶粒为31.5 m³，测试破裂压裂为38 MPa，停泵压裂为33.4 MPa。两段压裂的施工排量为5 m³/min，上部层段停泵压力高，显示吸收性好。为了落实各射孔段的产油能力，先后进行两次产出剖面测井，下部层段（2773.5～2776.5m）均显示产油微弱，上部为主力产油层。压力测试表明三个射孔段不连通，上部（2762～2764m，2765～2768m）关井恢复压力28.6 MPa，下部（2773.5～2776.5m）关井恢复压力25.98 MPa，综合测试结果表明上部储层品质好，下部岩屑长石粉细砂岩不具有进一步改造的必要，不具有甜点特征。原核磁测井解释的岩屑长石粉细砂岩段为Ⅰ类油层，解释结论偏高。由此表明，致密油甜点发育非均质性强，控制因素多，单一测井信息解释存在多解性、不确定性。静动态对比表明，常规测井信息融合甜点识别结果直观、准确、可靠。

2. 致密油水平井甜点识别与评价

JHW023 井是 2016 年部署在 J37 井区实施开发试验的两口水平井中的一口，位于 J37 井和 J31 井之间的 I 类含油区水平井。设计目标层位为芦草沟组上甜点岩屑长石粉细砂岩段，设计水平段长度为 1200m，采用旋转导向提速、探边工具精准跟踪，确保提高目标甜点的钻遇率，实钻水平段长度为 1246m，岩屑长石粉细砂岩钻遇长度为 1187.5m，原测井解释油层钻遇率为 100%，I 类油层钻遇率为 96%。与勘探阶段高产井 J172H 水平井的储层、压裂和产量参数对比见表 5.11，储层压裂参数和产量等主要指标均超越 J172H 井。

表 5.11　JHW023 井与 J172H 井储层、压裂和产量参数对比表

井号	油层厚度/m	油饱和度/%	水平段长/m	一类油层/m	段间距/m	压裂液量/m³	加砂量/m³	成功段数/m	最大排量/(m³/min)	300 天累产油/t	备注
J172H	5	65	1172	886	78	16038	1798	15	7	8156	体积压裂
JHW023	16	70	1246	1188	46	37408	2480	27	14	13581	细分切割

JHW023 井常规测井信息融合甜点识别与评价成果如图 5.37 所示，岩性融合、甜点融合与井眼轨迹综合分析显示，井眼基本在岩屑长石粉细砂岩中穿行，局部靠近或钻入云质岩中（岩性融合中的暗黑色段，甜点融合中的细绿–细蓝色段），甜点体与孔隙度体叠合填充色段为临近或钻入云质岩段；甜点聚焦融合分类显示，甜点连续性较好，总钻遇甜点 1196.6m，甜点钻遇率为 95%；目标甜点岩屑长石粉细砂岩达到 II 类以上优质甜点段长度为 596.6m，钻遇率为 47.35%；J172H 井目标甜点岩屑长石粉细砂岩优质甜点的钻遇长度为 796m，钻遇率为 65.7%；对比 JHW023 井与 J172H 井甜点品质，J172H 井甜点品质略优于 JHW023 井；因此，从目标甜点岩屑长石粉细砂岩的优质甜点钻遇情况看，JHW023 井略低于 J172H 井，如果同等压裂工艺和压裂规模，预计 JHW023 井产量将略低于 J172H 井。

JHW023 井采用密集切割、大液量、大排量、多粒径组合大砂量逆混合压裂工艺，实施压裂 27 级、79 簇，入井液量为 37407.9 m³，施工排量为 14 m³/min，支撑剂陶粒为 2480 m³。段间距 46m，缝间距 15m，大幅度提升裂缝数量，实现了改造层段叠加，增加了裂缝相互干扰程度，达到了大排量开启多缝、增加裂缝复杂程度、充分改造致密油储层的目的，压裂参数和压裂效果获得突破。

闷井 57 天，开井当天即见油，初期产油突破 50 t/d，峰值产油量 88.3 t/d，第一年自喷生产，累产油超过 15000t。原油取样分析，地面原油密度为 0.8864~0.8871 g/cm³，含蜡量为 14.3%，凝固点为 28℃。对于闷井的效果有多方面的解释，如闷井发挥了致密储层的渗吸交换作用；闷井为微裂缝的开启和闭锁提供了充分的机会，提高了储层的储能等；闷井有利于改造层段温度恢复达到储层析蜡温度以上，因此大幅度减少了冷伤害储层结蜡而影响的产能。

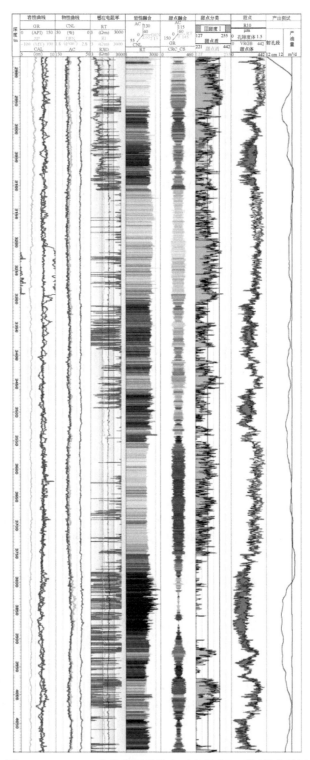

图 5.37　JHW023 井常规测井信息融合甜点识别评价成果图

如果 JHW023 井钻遇的甜点品质超过 J172H 井，那么 JHW023 井与 J172H 井的初期产量比值和峰值产量比值应该高于压裂级数等比值（表 5.12）。JHW023 井实际压后初期稳定产量远不及压裂改造的规模提升，由此表明 JHW023 井的储层地质品质应该略低于 J172H 井；300 天累产油比值较初期产油量、峰值产油量比值显著提升，表明大规模细分切割压裂工艺对储层改造的更加充分，有效改造的体积规模更大。钻井轨迹跟踪调整历史、压裂参数及效果对比分析，JHW023 井常规测井信息融合甜点识别与评价结果和实际静动态特征更加符合。

表 5.12 JHW023 井与 J172H 井产能因素关键参数对比分析表

| JHW023 井/J172H 井 | | | | | | | | | | |
油层厚	油饱和度	级数	入井液量	支撑剂	加砂强度	排量	改造段长	峰值产油	初期	300 天产油
3.20	1.08	1.8	2.33	1.38	1.37	2.00	1.01	1.28	1.07	1.67

致密油常规测井信息融合甜点识别与评价方法在鄂尔多斯盆地长 7 致密油、松辽盆地扶余致密油、三塘湖盆地芦草沟组致密油等国内主要致密油区进行了应用，应用结果表明，效果良好，能够快速、直观、准确地反映致密油的甜点特征，对于致密油甜点的目标优选、压裂层段优选和射孔簇位置优化具有重要指导意义。

四、结论

常规测井包含丰富的致密油甜点信息，能够在不同的方面反映甜点品质，但由于致密油的孔隙度、饱和度、渗透率大幅下降，常规测井甜点信息弱化，识别与评价存在困难。采用甜点敏感性分析方法，优选常规测井致密油甜点敏感的测井资料，通过信息聚焦、信息变换、信息融合、可视化与定量化表征，能够直观地给出甜点识别与评价结果；陆相致密油常规测井中的声波、电阻率、自然伽马对甜点反应敏感，在油田测井系列中具有高覆盖性，优先选择为致密油甜点信息融合的测井组合；利用岩性融合、甜点融合、甜点分类等可以给出致密油甜点的定性和定量评价结果，致密油甜点融合中的甜点改造后产油能力强，是改造的优选目标，必须进行充分改造。非甜点改造后产油能力弱或不产油，储层改造中可简化或暂不改造。致密油甜点常规测井信息融合技术在直井、水平井中均可适用，多个致密油区的应用分析表明，静动态符合率高，在致密油气勘探开发中具有广泛推广的应用价值。

第四节 致密油效益开发动态判别指数评价新方法

全球致密油资源丰富，技术可采资源量巨大。据美国 EIA 对全球致密油资源的评估结果，全球致密油资源量为 6.75×10^{12} bbl，技术可采资源量为 3.35×10^{11} bbl，中国陆相致密油资源量为 6.64×10^{11} bbl，技术可采资源量为 3.20×10^{10} bbl。当前油价持续低迷，致密油的效益开发性下降，致密油"甜点"的品质成为关注的焦点，但目前对致密油"甜点"

的品质评价缺乏统一的标准和系统的研究方法。为表征致密油"甜点"的效益开发性，开展了致密油"甜点"品质评价与对比，提出了致密油效益开发动态判别指数概念，为筛选可实现经济效益开发的致密油目标区提供一种新方法。

一、致密油"甜点"

致密油"甜点"是指在现有经济技术条件下，具有实际开发效益的致密油地质单元。致密油"甜点"应包含两层含义，即地质学上的优势储层和开发上的效益开发。因此，致密油"甜点"是一个相对的、动态变化的地质储集体（区域）。可效益开发的致密油"甜点"的大小受单井综合成本、单井最终可采油量和市场油价综合控制。以北美致密油为例，当井口油价为 30 美元/bbl 时，根据单井最终产油量（EUR）测算的 Bakken 致密油效益"甜点"仅占技术可采面积的 1%，Permian 盆地 Spraberry Wolfcamp 致密油"甜点"面积小于 2%，图 5.38 中绿色面积为对应油价下可效益开发的"甜点"，蓝色区域为非效益开发区域。

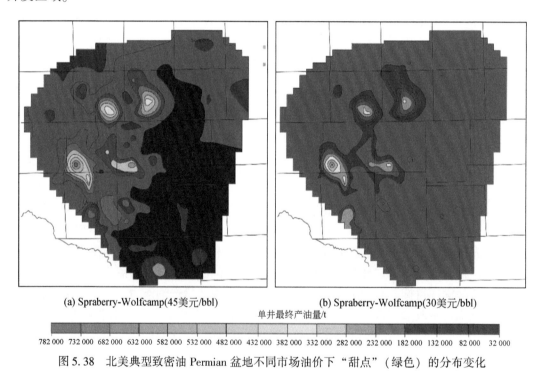

(a) Spraberry-Wolfcamp(45美元/bbl)　　　　　(b) Spraberry-Wolfcamp(30美元/bbl)

单井最终产油量/t

782 000　732 000　682 000　632 000　582 000　532 000　482 000　432 000　382 000　332 000　282 000　232 000　182 000　132 000　82 000　32 000

图 5.38　北美典型致密油 Permian 盆地不同市场油价下"甜点"（绿色）的分布变化

二、效益开发动态判别指数评价技术

（一）效益开发动态判别指数内涵

致密油效益开发动态判别指数是指现有经济技术条件下单井投资与产油收益的比值，

是致密油品质的特征指标。以致密油开发企业确定的内部收益率下限作为参考标准，用致密油开发实际收益与内部收益率下限标准的比值计算，确定效益开发动态判别指数。致密油效益开发动态判别指数采用井口盈亏平衡油价（总投资与总产出价值相等）和市场油价进行评价，效益开发动态判别指数能有效地反映致密油的效益开发特征。

（二）效益开发动态判别指数计算模型

致密油"甜点"是否具备效益开发条件，可以通过效益开发动态判别指数进行评估，具体计算公式如下：

$$TSSS = \left[\left(MP_{oil} - WHBE_{oil} \right) / WHBE_{oil} \right] / LIRR$$

式中，TSSS 为致密油效益开发动态判别指数；$WHBE_{oil}$ 为井口盈亏平衡油价（美元/bbl）；MP_{oil} 为市场交易油价（美元/bbl）；LIRR 为致密油开发者确定的内部收益率下限（%）。

1. 单井盈亏平衡油价

致密油开发的盈亏平衡油价是一个十分复杂的经济评价指标，概念上具有一定的局限性，不同的评估系统给出的评估结果相差很大。以美国 Bakken 致密油为例，其盈亏平衡油价为 42~85 美元/bbl。而美国致密油开发的盈亏平衡油价约为 70 美元/bbl。为了便于对比各致密油区的品质，采用单井井口盈亏平衡油价替换盈亏平衡油价，以免引入多种不确定性因素影响结果的准确性。

单井井口盈亏平衡油价计算公式如下：

$$WHBE_{oil} = 1000 \times TCOST_{well} / EUR$$

式中，$WHBE_{oil}$ 为单井井口盈亏平衡油价（美元/bbl）；$TCOST_{well}$ 为单井投资成本（10^6 美元）；EUR 为单井估算最终可采油量（10^3 bbl）。

单井投资成本包括建井基础成本，钻井、完井成本，生产操作成本，可按选定的开发井型的实际资本支出成本核算，统计平均值作为区块单井投资成本。一个致密油区经过前期勘探、评价和开发先导试验，钻完井技术优选后，单井投资成本基本确定。随着技术的不断进步，钻完井效率不断提高，单井总投资成本可能显著下降，产能和"甜点"的效益开发动态判别指数也可能明显提高，但考虑后续投入开发的资源品质可能下降，因此，在一定阶段内可视作单井井口盈亏平衡油价相对稳定。

2. 单井 EUR 确定

致密油通常利用水平井多级压裂开发技术进行开发，单井 EUR 的评价方法较多，主要有产量递减率分析法、生产历史拟合预测法等。根据区域地质特征，采用实际生产历史达到 3 年以上井的生产数据进行分析，预测得出的 EUR 更为可靠。单井 EUR 评价方法存在一定的不确定性，利用实际生产井数据进行必要的动态标定可以有效提高 EUR 评价的准确度。如根据实际生产时间超过 3 年的生产井的初始 30 天产油量与 EUR 的关系建立基本的评估模型，可利用开发井初始 30 天产油量得到开发井的 EUR；利用具有较长生产历史的开发试验井或典型井的生产递减曲线建立致密油开发产量递减模型，计算致密油开发井的 EUR（图 5.39）。

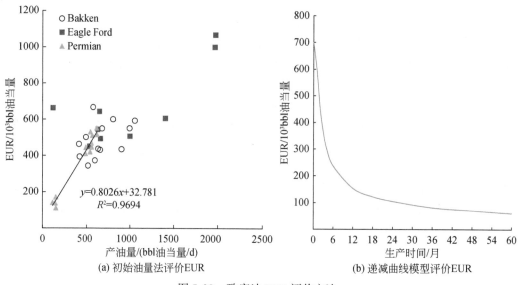

(a) 初始油量法评价EUR   (b) 递减曲线模型评价EUR

图 5.39 致密油 EUR 评价方法

3. 开发区单井 EUR 统计分布

根据致密油开发试验区或开发区单井生产特征，利用递减分析法等 EUR 评价方法可以确定出单井废弃时的累计产油量。通过单井 EUR 排序统计分析，可确定开发区的 EUR 分布，计算出 EUR 平均值和概率统计中值。图 5.40 为美国 Eagle Ford 致密油产区按县分区统计 EUR 分布情况。

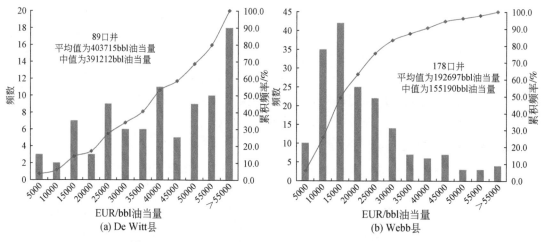

(a) De Witt 县   (b) Webb 县

图 5.40 Eagle Ford 致密油区以县为单元统计 EUR 分布

当 EUR 呈近正态分布时，单井 EUR 平均值与概率统计中值近似相等；当 EUR 呈偏态分布时，平均值与概率统计中值差异较大。对于一个连续型致密油盆地或区块，当井的分布能够覆盖整个区块时，EUR 平均值能够较好地代表实际产油量；对于非连续型致密油盆地，需要确定区域分类，按照分类统计的 EUR 平均值来确定各类型区域致密油的 EUR 分布。EUR 的区域代表性随统计井数的增加而增加。

三、效益开发动态判别指数评价图版及其应用

（一）效益开发动态判别指数评价图版

采用效益开发动态判别指数评价模型，分别设定单井井口平衡油价为 30 美元/bbl、40 美元/bbl、60 美元/bbl、80 美元/bbl、100 美元/bbl、120 美元/bbl、140 美元/bbl，开发者内部收益率下限为 10%，运用效益开发动态判别指数评价模型计算"甜点"效益开发动态判别指数。以市场油价为横轴，效益开发动态判别指数为纵轴，单井井口盈亏平衡油价为基线制作出致密油效益开发动态判别指数评价图版，如图 5.41 所示，随着内部收益率要求的提高，致密油效益开发动态判别指数下降。

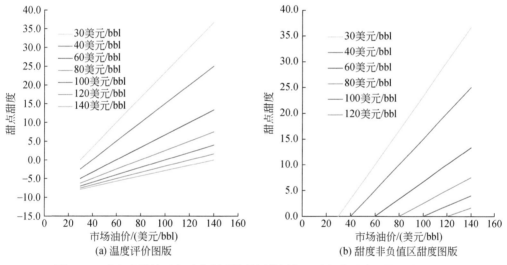

图 5.41　致密油效益开发动态判别指数评价图版（内部收益率下限设为 10%）

（二）效益开发动态判别指数图版的应用

致密油效益开发动态判别指数越大，则致密油品质越好，开发价值越大，投入开发后，抗油价波动风险能力越强。利用实际静动态资料评价单井 EUR，计算井口盈亏平衡油价，根据井口盈亏平衡油价、市场油价和开发约定的内部收益率下限计算出效益开发动态判别指数，利用开发井单井 EUR 对效益开发动态判别指数的控制做出效益开发动态判别指数等值线分布图，可作为开发井位的优选依据。根据致密油开发规律和盈亏平衡效益开发动态判别指数可建立一般性效益开发动态判别指数四级标准：效益开发动态判别指数小于 5 时，为潜在潜力区，不宜扩大开发试验规模；效益开发动态判别指数为 5～25 时，可扩大开发先导试验，部分优质"甜点"可以投入开发；效益开发动态判别指数为 25～50 时，具备规模开发能力；效益开发动态判别指数大于 50 时，可以整体投入开发。

(三) 应用实例分析

根据致密油开发区的有关文献，北美典型致密油开发区井口平衡油价统计结果见表5.13。由致密油单井投资成本分析，中国陆相致密油典型油区单井投资差异较大，新疆某致密油区块投资最高约 9.6×10^6 美元/井，鄂尔多斯盆地某致密油区块单井投资居中约 4.2×10^6 美元/井，松辽盆地某致密油区块投资较低，约 2.5×10^6 美元/井。

表 5.13　北美典型致密油区单井投资与井口盈亏平衡油价统计

致密油区	单井投资/ (10^6 美元/井)			EUR/ (10^3 bbl 油当量/井)			$WHBE_{oil}$/ (10^6 美元/bbl)
	最小	最大	平均	最小	最大	平均	
Bakken	5.0	10.3	8.2	334	667	488	16.8
Eagle Ford	5.8	9.9	7.6	450	1067	663	11.5
Permian	1.2	8.2	4.8	110	551	357	13.4

表5.14为北美三大主力致密油区 Bakken、Eagle Ford、Permian 和中国准噶尔盆地、鄂尔多斯盆地、松辽盆地典型致密油开发先导试验区致密油"甜点"效益开发动态判别指数对比评价。

表 5.14　部分典型致密油"甜点"效益开发动态判别指数评价成果

致密油区	$WHBE_{Oil}$/ (美元/bbl)	不同市场油价 (40~90 美元/bbl) 下致密油效益开发动态判别指数					
		40	50	60	70	80	90
准噶尔盆地	57	−3	−1	1	2	4	6
松辽盆地	35	1	4	7	10	13	16
鄂尔多斯盆地	21	9	14	19	24	29	33
Permian	13	20	27	35	42	50	57
Eagle Ford	11	25	34	42	51	60	69
Bakken	17	14	20	26	32	38	44

由表5.14看出，北美致密油整体上效益开发动态判别指数较好，其中，Eagle Ford 致密油效益开发动态判别指数最好，油价在70美元/bbl以上的效益开发动态判别指数大于50，可以整体开发；油价在40~60美元/bbl的效益开发动态判别指数为25~50，可规模开发；而最早成功开发的 Bakken 致密油，油价在50美元/bbl以下的效益开发动态判别指数小于25，可部分开发。例如，市场油价为50美元/bbl时，以美国为代表的北美致密油效益开发动态判别指数不足以支持持续性效益开发。

中国鄂尔多斯盆地致密油效益开发动态判别指数较好，当市场油价回升到120美元/bbl以上时可以整体开发；当市场油价在70美元/bbl以上时可以规模开发；当市场油价在

70 美元/bbl 以下时部分优质 "甜点" 具有效益开发价值，区域开发先导试验仍可进行。准噶尔盆地致密油效益开发动态判别指数显示目前不具备规模效益开发的条件，但由于其资源量较大，"甜点" 体较为稳定，下步可降低单井成本、提高 EUR 技术来改善致密油效益开发动态判别指数，通过技术进步助推规模效益开发。

根据致密油效益开发动态判别指数图版（图 5.42）可知，随着 "甜点" 井口平衡油价降低，效益开发动态判别指数增加（斜率增大），效益开发动态判别指数越高的致密油，其 "甜点" 对市场油价越敏感。致密油品质越差，效益开发动态判别指数越低，效益开发动态判别指数对市场油价越不敏感，达到效益开发的难度越大。从上面的 6 个致密油区效益开发动态判别指数评价实例来看，效益开发动态判别指数最好的区域是 Eagle Ford、Permian，其次为 Bakken，我国鄂尔多斯盆地、松辽盆地、准噶尔盆地致密油的效益开发动态判别指数较差。在低油价（低于 60 美元/bbl）及目前开发环境和技术条件下，中国陆相致密油开发受投资成本与最终累计产油量的制约，井口平衡油价偏高，效益开发动态判别指数较差，实现效益规模开发困难较大。可通过技术创新，有效降低开发成本来实现规模效益开发。

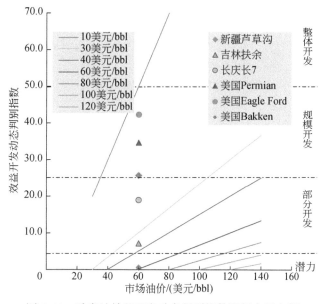

图 5.42　致密油效益开发动态判别指数图版应用实例

四、结论

（1）综合考虑致密油的地质、产能、成本、油价因素，用效益开发动态判别指数评价致密油 "甜点" 品质，能快速给出致密油 "甜点" 的品质优劣排序，可作为致密油效益开发的重要参考指标，便于致密油开发区块的优选和决策。

（2）利用较少的勘探、评价井投资与生产数据快速给出 "甜点" 效益开发动态判别指数评价结果，更直接地反映致密油 "甜点" 的效益开发品质。

（3）依据效益开发动态判别指数评价结果，可适时选择合理的效益开发动态判别指数的致密油区投入开发试验或产能建设，确保致密油效益开发目标的实现。

（4）致密油"甜点"效益开发动态判别指数是一项动态指标，随着致密油开发技术的持续改进、单井产能显著增加和油价变化等因素而变化，利用"甜点"效益开发动态判别指数图版可以快速评价给定条件下致密油目标区的效益开发动态判别指数。

参 考 文 献

鲍海娟, 刘旭, 周五丽, 等 . 2016. 吉木萨尔凹陷致密油有利区预测及潜力分析 [J]. 特种油气藏, 23 (5): 38-42.

曹莉苹 . 2015. 渝东北 CK 地区页岩气地质调查测井评价技术研究 [D]. 成都: 成都理工大学.

曹宇, 张超谟, 张占松, 等 . 2014. 裂缝型储层电成像测井响应三维数值模拟 [J]. 岩性油气藏, 26 (1): 92-95.

陈福利, 童敏, 等 . 2017. 致密油甜点甜度评价方法研究 [J]. 特种油气藏, 24 (2): 12-17.

陈莹, 谭茂金 . 2003. 利用测井技术识别和探测裂缝 [J]. 测井技术, S1: 11-14.

董双波, 柯式镇, 张红静, 等 . 2013. 利用常规测井资料识别裂缝方法研究 [J]. 测井技术, 37 (4): 380-384.

杜金虎, 等 . 2016. 中国陆相致密油 [M]. 北京: 石油工业出版社, 106-142.

冯胜斌, 牛小兵, 刘飞, 等 . 2013. 鄂尔多斯盆地长 7 致密油储层储集空间特征及其意义 [J]. 中南大学学报: 自然科学版, 44 (11): 4574-4580.

高峰, 司马力强, 闫建平, 等 . 2013. 川东北大安寨段致密储层测井识别岩性技术研究 [J]. 石油天然气学报, 35 (4): 92-95.

公言杰, 柳少波, 朱如凯, 等 . 2015. 致密油流动孔隙度下限——高压压汞技术在松辽盆地南部白垩系泉四段的应用 [J]. 石油勘探与开发, 42 (5): 681-688.

公言杰, 柳少波, 赵孟军, 等 . 2016. 核磁共振与高压压汞实验联合表征致密油储层微观孔喉分布特征 [J]. 石油实验地质, 38 (3): 389-394.

郭公建, 谷长春 . 2005. 水驱油孔隙动用规律的核磁共振实验研究 [J]. 西安石油大学学报 (自然科学版), 20 (5): 45-48.

贺洪举 . 1999. 利用 FMI 成像测井分析井旁构造形态 [J]. 天然气工业, 19 (3): 94-95.

洪有密 . 1998. 测井原理及综合解释 [M]. 青岛: 中国石油大学出版社, 159.

黄隆基, 首祥云, 王瑞平, 等 . 1995. 自然伽马能谱测井原理及应用 [M]. 北京: 石油工业出版社.

靳军, 向宝力, 杨召, 等 . 2015. 实验分析技术在吉木萨尔凹陷致密储层研究中的应用 [J]. 岩性油气藏, 27 (3): 18-25.

赖锦, 王贵文, 郑新华, 等 . 2015. 油基泥浆微电阻率扫描成像测井裂缝识别与评价方法 [J]. 油气地质与采收率, 22 (46): 47-54.

李海波, 郭和坤, 刘强, 等 . 2014. 致密油储层水驱油核磁共振实验研究 [J]. 中南大学学报 (自然科学版), 45 (12): 4370-4376.

李海波, 郭和坤, 杨正明, 等 . 2015. 鄂尔多斯盆地陕北地区三叠系长 7 致密油赋存空间 [J]. 石油勘探与开发, 42 (3): 396-400.

李华彬 . 2017. 井径测井在煤田测井中的应用分析 [J]. 资源信息与工程, 32 (1): 60.

李建良, 葛祥, 张筠 . 2006. 成像测井新技术在川西须二段储层评价中的应用 [J]. 天然气工业, (7): 49-51.

李婷婷，王钊，马世忠，等 . 2015. 地震属性融合方法综述［J］. 地球物理学进展，30（1）：378-385.

李晓晖 . 2017. 自然电位与自然伽马测井曲线在砂泥岩中的测井响应特征［J］. 石化技术，24（2）：145.

陆敬安，伍忠良，关晓春，等 . 2004. 成像测井中的裂缝自动识别方法［J］. 测井技术，28（2）：115-117.

罗少成，成志刚，林伟川，等 . 2014. 致密油储层常规测井系列适应性评价研究 . 复杂油气藏，000（003），28-31.

罗少成，陈玉林，任敬祥，等 . 2016. 基于储层流体替换的低渗透油藏水淹级别评价技术［J］. 长江大学学报（自科版），13（2）：35-40.

欧阳健，修立军，石玉江，等 . 2009. 测井低对比度油层饱和度评价与分布研究及应用［J］. 中国石油勘探，14（1）：38 ~ 52.

屈乐，孙卫，杜环虹，等 . 2014. 基于 CT 扫描的三维数字岩心孔隙结构表征方法及应用：以莫北油田 116 井区三工河组为例［J］. 现代地质，28（1）：190-196.

首祥云，康晓泉，姜艳玲，等 . 2003. 成像测井中的裂缝图象识别与处理 . 中国图象图形学报，8（A 版）：647-651.

孙加华，肖洪伟，么忠文，等 . 2006. 声电成像测井技术在储层裂缝识别中的应用［J］. 大庆石油地质与开发，25（3）：100-102.

孙炜，李玉凤，付建伟，等 . 2014. 测井及地震裂缝识别研究进展［J］. 地球物理学进展，29（3）：1231-1242.

唐诚 . 2013. 储层裂缝表征及预测研究进展［J］. 科技导报，31（21）：74-79.

童亨茂 . 2006. 成像测井资料在构造裂缝预测和评价中的应用［J］. 天然气工业，26（9）：58-61.

王珂，戴俊生，王俊鹏，等 . 2016. 塔里木盆地克深 2 气田储层构造裂缝定量预测［J］. 大地构造与成矿学，40（6）：1123-1135.

王明磊，张遂安，张福东，等 . 2015. 鄂尔多斯盆地延长组长 7 段致密油微观赋存形式定量研究［J］. 石油勘探与开发，42（6）：757-762.

王树松 . 1996. 消除测井资料中井眼引起的噪声［J］. 测井科技，4：27-30.

王允诚，等 . 1992. 裂缝性致密油气储集层［M］. 北京：地质出版社 .

王志章 . 1999. 裂缝性油藏描述与预测［M］. 北京：石油工业出版社 .

吴浩，牛小兵，张春林，等 . 2015. 鄂尔多斯盆地陇东地区长 7 段致密油储层可动流体赋存特征及影响因素［J］. 地质科技情报，34（3）：120-125.

吴鹏程，陈一健，杨琳，等 . 2007. 成像测井技术研究现状及应用［J］. 天然气勘探与开发，30（2）：36-40.

夏晓敏，何柳，吴俊 . 2014. 川东北元坝地区须家河组四段致密砂岩气藏层理缝成因及成像测井识别［J］. 化工管理，5：18.

肖丽，范宜仁 . 2003. 利用成像测井资料标定常规测井资料裂隙发育参数的方法研究［J］. 吉林大学学报（地球科学版），33（3）：559-563.

肖秋生，朱巨义 . 2009. 岩样核磁共振分析方法及其在油田勘探中的应用［J］. 石油实验地质，31（1）：97-100.

谢冰，白利，赵艾琳，等 . 2017. Sonic Scanner 声波扫描测井在碳酸盐岩储层裂缝有效性评价中的应用：以四川盆地震旦系为例［J］. 岩性油气藏，29（4）：117-123.

闫建平，蔡进功，首祥云，等 . 2009. 成像测井图像中的裂缝信息智能拾取方法［J］. 天然气工业，29（3）：51-53.

闫林，冉启全，高阳，等.2017. 新疆芦草沟组致密油赋存形式及可动用性评价 [J]. 油气藏评价与开发，7 (6)：20-25.

严启团，马成华，单秀琴，等.2001. 环境扫描电镜在我国油气工业中的应用研究 [J]. 电子显微学报，20 (3)：224-231.

严启团，谢增业，李剑.2003. 应用环境扫描电镜实现烃源岩生排烃过程的可视化新技术 [J]. 石油实验地质，25 (2)：202-205.

杨峰，宁正福，孔德涛，等.2013. 高压压汞法和氮气吸附法分析页岩孔隙结构 [J]. 天然气地球科学，24 (3)：450-455.

杨智，侯连华，陶士振，等.2015. 致密油与页岩油形成条件与"甜点区"评价 [J]. 石油勘探与开发，42 (5)：555-565.

尹帅，丁文龙，王濡岳，等.2015. 陆相致密砂岩及泥页岩储层纵横波速比与岩石物理参数的关系及表征方法 [J]. 油气地质与采收率，22 (3)：22-28.

于丽芳，杨志军，周永章，等.2008. 扫描电镜和环境扫描电镜在地学领域的应用综述 [J]. 中山大学研究生学刊（自然科学、医学版），29 (1)：54-61.

喻建，杨孝，李斌，等.2014. 致密油储层可动流体饱和度计算方法—以合水地区长 7 致密油储层为例 [J]. 石油实验地质，36 (6)：767-779.

张宝辉.2013. 红外与可见光图像融合系统及应用研究 [D]. 南京：南京理工大学.

张光辉.2011. 油气储层测井裂缝识别方法研究及软件研制 [D]. 成都：成都理工大学.

张林晔，包友书，李钜源，等.2014. 湖相页岩油可动性：以渤海湾盆地济阳坳陷东营凹陷为例 [J]. 石油勘探与开发，41 (6)：641-649.

张宪芝.2017. 测井资料致密油储层油藏描述方法 [J]. 化工管理，24：49.

张亚奇，马世忠，高阳，等.2016. 咸化湖相高分辨率层序地层特征与致密油储层分布规律：以吉木萨尔凹陷 A 区芦草沟组为例 [J]. 现代地质，30 (5)：1096-1114.

赵碧华.1989. 用 CT 扫描技术观察油层岩心的孔隙结构 [J]. 西南石油学院学报，11 (2)：57-64.

赵碧华.1990. 用 CT 扫描技术研究油气层岩石特征 [J]. 西南石油学院学报，12 (1)：3-6.

赵青.2003. 常规测井识别裂缝在塔河油田中的应用 [J]. 新疆地质，21 (3)：379-380.

周尚文，薛华庆，郭伟，等.2015. 基于低场核磁共振技术的储层可动油饱和度测试新方法 [J]. 波谱学杂志，32 (3)：489-498.

周正龙，王贵文，冉治，等.2016. 致密油储集层岩性岩相测井识别方法：以鄂尔多斯盆地合水地区三叠系延长组长 7 段为例 [J]. 石油勘探与开发，43 (1)：61-68.

邹才能，朱如凯，白斌，等.2011. 中国油气储层中纳米孔首次发现及其科学价值 [J]. 岩石学报，27 (6)：1857-1864.

Stigliano H, Singh V, Yemez I, et al. 2016. Establishing minimum economic field size and analyzing its role in exploration-project risks assessment: a practical approach [J]. The Leading Edge, 35 (2): 180-189.

第六章　致密油储层甜点分布模式与表征技术的应用

本书围绕"陆相致密油储层甜点成因机理及分布规律"这一关系致密油有效开发的核心问题，基于对准噶尔盆地吉木萨尔凹陷芦草沟组致密油、鄂尔多斯盆地延长组长 7 致密油、松辽盆地扶余致密油等典型陆相致密油为主的持续研究，在致密油储层沉积特征与模式、致密油储层储集空间特征与形成机理、致密油储层裂缝成因机理与分布特征、致密油富集规律及甜点分布模式等方面取得了深入的理论认识，并形成了以致密油拟油藏条件可流动性实验评价、致密油天然裂缝表征及预测、致密油测井多信息融合甜点识别评价、致密油效益开发动态判别指数评价等方法为核心的致密油储层甜点表征方法与技术。这些理论认识和表征技术在新疆、长庆、吉林等油田致密油开发区块应用后，取得了良好效果，有力地支撑了这些油田区块的致密油开发实践，同时对国内其他致密油开发区块也具有重要的借鉴意义。

第一节　陆相致密油主要类型

中国致密油藏主要为陆相致密油藏，从致密油储层的岩石类型、源储配置关系、制约开发的主要因素等角度，可对致密油进行分类。

不同区块致密油储层由于构造背景和沉积环境的差异，导致储层岩石类型较多，有学者将我国致密油按照储层岩石类型的不同，分为湖相碳酸盐岩、陆相砂岩、裂缝性泥灰岩、火山岩四类致密油，其中陆相砂岩致密油为主体，约占 70%，以鄂尔多斯盆地延长组长 7 致密油为代表，其次是湖相碳酸盐岩，如准噶尔盆地二叠系芦草沟组致密油，裂缝性泥灰岩、火山岩类致密油目前较少。

源储配置关系是控制致密油纵向宏观差异化含油的重要因素，基于源储配置关系，前人将陆相致密油分为源上型、源内型、源下型三种类型。其中源内型致密油储层与源岩互层或紧邻，油源相对充足、充注强度大、运移距离短，因此致密油层段含油饱和度普遍较高，如准噶尔盆地吉木萨尔凹陷二叠系芦草沟组致密油，其次是源上型，源下型较差。

陆相致密油除了储层岩石类型、源储配置等静态要素的差异外，对于有效开发而言，各地区致密油也具有鲜明的特点。从制约开发的主要地质因素考虑，鄂尔多斯盆地延长组长 7 致密油、松辽盆地扶余致密油、准噶尔盆地芦草沟组致密油（页岩油）分别属于低压型、低充注型、低流度型致密油（表 6.1）。明确制约开发的主要地质因素，有利于聚焦技术攻关重点方向，形成特色技术，并支撑制定有针对性的开发技术对策。

表 6.1　陆相致密油主要类型

类型	典型盆地	典型层位	典型特点	成因
低压型致密油	鄂尔多斯盆地	三叠系延长组长 7	油层压力低，压力系数 0.75 ~ 0.85，属异常低压	构造抬升造成油藏温度降低、压力降低；储层后期孔隙反弹扩大
低充注型致密油	松辽盆地	白垩系泉头组扶余油层	原始含油饱和度低（<55%），油井投产即产水（1.0 ~ 3.5t/d）	源下型（上生下储）致密油，油藏充注程度低，油层含水饱和度高
低流度型致密油	准噶尔盆地	二叠系芦草沟组	原油密度大（0.87 ~ 0.92g/cm³）、黏度高（39.2 ~ 500mPa·s）	镜质组反射率 R_o 为 0.8 ~ 1.0，源岩为低成熟-成熟演化阶段

第二节　芦草沟组致密油储层主要特征

准噶尔盆地吉木萨尔凹陷芦草沟组致密油（页岩油）与国内外典型致密油（页岩油）相比，咸化湖多源同期混合沉积背景决定了储层岩石类型多样，历经三大成岩作用及两期成岩改造导致储层孔隙结构复杂，而两期成藏且烃源岩成熟度较低造成了原油高黏度。储层岩石类型多样、原油高黏度、低流度特点极为鲜明。

一、具有咸化湖多源同期混合沉积背景

芦草沟组致密油储层岩石碎屑粒径普遍较细，粉细砂、泥质及碳酸盐富集层多呈混合互层，多为过渡性岩类，通过岩心观察及岩石薄片镜下观察，可识别岩性达 50 余种，纵向上岩性变化频繁，单层厚度多为数十厘米级，且薄互层分布。储层岩石类型的复杂性给储层识别及预测带来了巨大挑战，如致密油储层甜点分布于凹陷什么部位？哪种沉积相中有利于储层甜点的形成？如何建立科学合理的沉积模式指导储层甜点预测？

研究过程中，采用碳氧稳定同位素系数法、锶钡比值法确定了吉木萨尔凹陷芦草沟组整体处于较高盐度的沉积环境，依据岩石学特征、沉积结构构造、薄片矿物鉴定等手段提出了芦草沟组致密油处于陆源碎屑、碳酸盐岩及火山灰三源混合沉积背景，基于岩心观察岩石类型变化及组合、ECS 测井及测井岩性识别结果，建立了渐变式原地混合、渐变式母源混合、复合式相缘混合、突变式原地混合等四种混合沉积类型，进而以现代咸化湖沉积为指导，确定了芦草沟组致密油沉积微相类型，其中芦一段 2 砂组（$P_2l_1^2$）为湖泊-三角洲沉积体系，发育远砂坝、席状砂、砂质滩、灰质滩、浅湖泥、湖泊火山降落 6 种微相，芦二段 2 砂组（$P_2l_2^2$）为湖泊-滨岸沉积体系，发育云砂坪、云泥坪、砂质坝、砂质滩、潟湖、水下砂堤、浅湖泥等 7 种微相类型，最终建立了陆相致密油咸化湖多源同期混合沉积模式。明确提出了处于凹陷斜坡部位的芦一段 2 砂组（$P_2l_1^2$）滨岸带-滨湖带优质储层发育，芦二段 2 砂组（$P_2l_2^2$）滨湖带-周期蒸发带优质储层发育，其中砂质坝、云砂坪、远砂坝、湖泊火山降落等沉积微相有利于形成储层物性甜点，为沉积模式指导确定开发有利区和进行储层预测奠定了基础。

二、历经三大成岩作用及两期成岩改造

由于岩相及后期成岩改造的复杂性，芦草沟组致密油储层发育原生孔隙和次生孔隙两大类 8 种类型，具体包括残余粒间孔、粒内溶孔、粒间溶孔、生物体腔孔、有机质孔、晶间孔、铸模孔、复合孔；发育 5 种喉道类型，分别是管状型、片状型、管束状型、缩颈型、孔隙缩小型。与国内外其他典型致密油储层相比，芦草沟组致密油储层喉道更为细微，具有较大的孔喉比值，那么是如何形成大孔喉比的孔隙结构？主控因素是什么？储渗能力相对强的储层如何分布？这些对于物性甜点的识别与预测尤为重要。

研究过程中，通过镜下自生矿物鉴定、地层水化验、颗粒接触关系、烃源岩地球化学测试等方式确定了芦草沟组致密油储层成岩期属于碱性、封闭的成岩环境，处于中成岩 A 期后期，以压实、胶结、溶蚀三类成岩作用为主，其中压实作用、碳酸盐胶结是减孔的主要因素，黏土矿物胶结是减渗的主要因素，溶蚀作用改善了储层储渗能力。基于包裹体测温、碳氧同位素测定、扫描电镜矿物胶结充填关系观察等方式，明确了芦草沟组致密油经历了两期碳酸盐胶结、一期硅质胶结、两期黏土矿物胶结、两期溶蚀，压实、胶结作用强于且早于溶蚀作用是储层致密的根本原因。与成藏演化结合研究表明，芦草沟组致密油大规模充注前储层已接近致密，后期边致密边成藏。依据沉积环境、成岩条件、成岩类型及强度、成岩矿物及孔隙特征，划分为凝灰质-长石溶蚀孔相、混合胶结-溶蚀孔相、绿泥石薄膜-粒间孔相、碳酸盐胶结相、混合胶结致密相 5 种成岩相，其中凝灰质-长石溶蚀孔相、混合胶结-溶蚀孔相内储层储渗能力强，孔隙大、喉道较粗，是物性甜点发育的有利区域。

三、原油具高黏度特点且空间差异化分布

国内外对致密油的内涵有着不同的解释和定位，但有一些共识，其中之一是普遍认为致密油与常规油藏相比具有密度更小、气油比更高、品质更好的特征。但芦草沟组致密油与国内外其他典型致密油相比，其原油高黏度特点极为突出，50℃条件下原油黏度高达 $50 \sim 125 mPa \cdot s$。此外芦草沟组致密油从宏观到微观均表现出了强烈的差异化含油特点。那么如何客观评价油藏条件下该类高黏度致密油的可动用性，如何深化差异化含油的分布规律认识，指导开发有利区的优选、井位优化部署、水平井轨迹设计等，已成为制约该地区致密油有效开发的关键因素之一。

研究过程中，形成了致密油拟油藏条件下可流动性实验评价方法，在常温压条件下用核磁离心法获取样品可动流体饱和度等参数，首次借助高温高压核磁设备，进行了不同温度、不同压力条件下，以及拟油藏温度压力条件下致密油可流动性的实验评价。实验结果表明，可动流体饱和度对温度敏感，随温度升高，可动流体饱和度增大，且物性越好、增大的绝对值越大（详见第五章），这一可流动性随温度变化规律的认识对开发实践将起到积极的指导作用，如对于埋藏较浅、地层温度较低、原油黏度较高的致密油层，应尽可能避免或减弱冷伤害，而且应探索化学加热增温降黏等开发方式。

对于差异化含油规律的认识，首先从微观测试、岩心观察、测井解释、动态分析等方面综合确定我国陆相致密油（页岩油）具有岩性控制物性、物性决定含油性的总体规律。差异化含油的主要控制因素宏观上受沉积相、成岩相控制，局部有效储层物性（尤其是渗透率）的差异决定了含油性的差异。对于准噶尔盆地吉木萨尔凹陷芦草沟组致密油（页岩油），以烃源岩、储集岩及源储配置三方面因素共同控制着致密油空间差异化含油的理论认识为基础，建立了芦草沟组致密油（页岩油）差异化含油分布模式，揭示在凹陷斜坡中部区域，优质烃源岩和混合沉积区远砂坝、砂质坝、云砂坪等优势微相紧密耦合，形成了致密油相对富集区。

第三节 开发有利区的评价与预测

致密油储层甜点成因机制、分布模式与表征技术研究的目的就是在认识清楚致密油相对优质储层的形成机理、分布规律的基础上，快速准确地进行甜点（优质储层）单井识别与评价、空间分布预测，以及开发有利区分级定量评价，为致密油高效开发奠定地质基础。

研究过程中形成的致密油测井多信息融合甜点识别与评价方法，为快速高效识别与评价单井甜点（优质储层）发育情况及发育程度提供了新手段；形成的致密油"层次递进、融合聚焦"甜点分布预测方法，较好地预测了储层甜点的空间分布；形成的致密油效益开发动态判别指数评价新方法，为致密油开发有利区的分级定量评价提供了方法指导。

一、单井储层甜点识别与评价

致密油测井多信息融合甜点识别与评价方法（详见第五章），针对陆相致密油储层岩性复杂，非均质性强，特殊测井费用高，常规测井响应特征弱化，单一测井信息多解性强的挑战，综合考虑致密油储层、流体、工程因素，基于 RGB 三原色融合基本原理，采用线性、对数、统计等多种可选标准化方式，通过多种测井信息融合，有效提高了测井识别分辨率，实现了评价结果可视化显示，较好地解决了致密油储层电测曲线微差、弱响应的问题，可快速直观地确定甜点及源储组合，在直井和水平井甜点识别与评价中均取得了良好的应用实效。

在芦草沟组致密油储层评价中，解释结果与目前的地质认识基本一致，与生产动态特征匹配程度较高。以 J30 井为例，该井常规测井及核磁测井解释结果表明，主力层位 $P_2l_2^2$ 段长石岩屑粉细砂岩（图 6.1 第 8 层）储层物性好、流体可流动性好，$P_2l_2^2$ 下部（图 6.1 第 5 层）储层物性较差、流体可流动性差。采用测井多信息融合方法可直观地看出，长石岩屑粉细砂岩（图 6.1 第 8 层）岩性不纯且变化快，储层品质及含油性一般，而 $P_2l_2^2$ 下部（图 6.1 第 5 层）储层岩性多变，但储层品质及含油性较好，这一解释结果从试油结果得到证实，第 8 层产液、产油能力一般，而往往被人忽视的 $P_2l_2^2$ 下部第 5 层却具有较高的产油能力。说明致密油测井多信息融合甜点识别与评价方法不仅可以快速准确地认识主力层储层品质及含油产油能力，同时也可对其他含油层潜力进行分析评价。

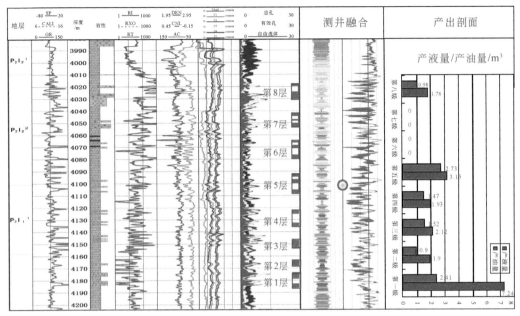

图 6.1 J30 井芦草沟组致密油常规测井、多信息融合测井解释结果与试油结果对比图

致密油测井多信息融合甜点识别与评价方法在水平井中的应用可快速评价优质储层的发育程度，指导压裂优化设计。例如，在芦草沟组致密油现有水平井中，选取了储层/油层钻遇率最高，初期产量最高，开发效果最好的 JHW023 井，较好的吉 172-H 井，一般的 JHW017 井，将测井多信息融合甜点识别与评价解释结果与初期开发效果进行对比，JHW023 优质储层发育程度高（最后一列，绿色充填部分）且连续分布，后期密切割压裂后，获得了初期最高日产 88.3t，第一年累产 15100t 的高产；吉 172-H 井优质储层发育程度较高，但相对分散，压裂规模较 JHW023 井弱，获得了初期最高日产 69t，第一年累产 8882t 的高产；而 JHW017 井优质储层发育程度低且零散分布，含油不饱满，虽然水平段长度较上述两口井长 500m 且后期经过大规模压裂改造，但初期及一年累产较低（图 6.2）。

二、储层甜点的空间分布

依据前述芦草沟组致密油咸化湖多源同期混合沉积模式及储层甜点分布模式，处于凹陷斜坡部位的混合沉积区，有利沉积微相、成岩相叠合区，奠定了储层甜点发育的基础。在单井甜点识别与评价基础上，应用调谐相位谱等多属性定性预测与波阻抗等参数定量预测的方法对吉木萨尔凹陷芦草沟组致密油储层厚度、含油性等进行了预测，结果（图 6.3）证实在吉木萨尔凹陷斜坡部位储层发育程度高，大致呈南北向带状分布。应用基于曲率计算的叠后裂缝预测技术、基于 S 变换的不连续性检测技术等手段对工区裂缝发育情况进行了预测，从结果看（图 6.4），工区裂缝发育呈现整体发育程度较低，局部较发育的特点，上甜点在吉 172-H 井及其东侧，吉 37—吉 31 井区裂缝发育程度较高。优质储层

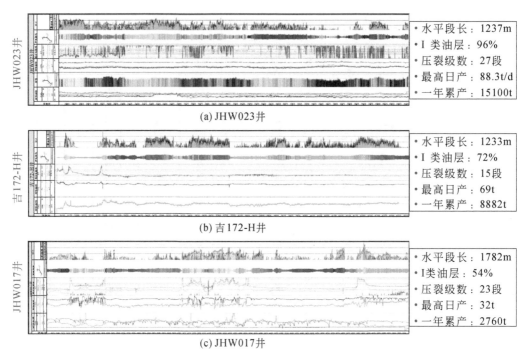

图 6.2 芦草沟组致密油水平井多信息融合测井解释结果与开发效果对比图

与裂缝发育区的叠合区是开发的有利区，部署的水平井经过大规模体积压裂后，均取得了高的初产和累产，从生产动态、开发效果的角度验证了所建立的甜点分布模式的实用性。

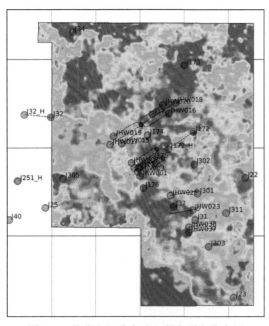

图 6.3 芦草沟组致密油上甜点厚度分布图

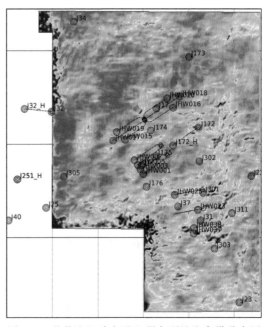

图 6.4 芦草沟组致密油上甜点裂缝发育带分布图

三、开发有利区分级评价

对于致密油开发而言，可效益开发的甜点分布范围是受单井综合成本、单井最终可采油量和市场油价综合控制的，在油价稳定的情况下，会随着单井综合成本的降低、最终可采油量的增大而增大。

前述致密油效益开发动态判别指数评价新方法（第五章），将产量、油价、成本一体化考虑，采用现有经济技术条件下单井投资与产油收益的比值，以企业内部收益率下限作为参考标准，用开发实际收益与内部收益率下限标准的比值确定效益开发动态判别指数，并通过分级，即可对已完钻井开发效益进行评价，还可以指导不同经济技术条件下开发部署。

第四节　致密油开发优化与设计

致密油藏开发整体处于起步发展阶段，由于该类油藏储层的强非均质性、渗流机理和开发特征的复杂性，加之国内外没有成熟的理论、配套的技术和成功的经验可以借鉴，因此该类油藏的有效开发面临诸多挑战。前述致密油储层甜点成因及分布规律，表征结果为致密油开发优化与设计提供了有力支持。

（一）开发层系

吉木萨尔凹陷芦草沟组致密油发育上下两套甜点区。上甜点储层中 $P_2l_2^2$ 段为长石岩屑粉细砂岩（图6.5），主要发育 I 类油层，且在整个吉木萨尔凹陷连片发育，厚度相对稳定，储层物性较好，流体可流动性好，是研究区主力开发层位。

生产资料统计结果表明（图6.6），油井的峰值产量、累产油等与岩屑长石粉细砂岩钻遇长度具有较好的正相关性，岩屑长石粉细砂岩钻遇长度是油井产能及效益开发的主控因素之一。该段储层品质较好且发育稳定，具有一定的厚度，上下隔层稳定发育，具备了作为一套开发层系的条件。

（二）井型优选

陆相致密油储层类型多，砂体形态、规模、叠置关系复杂，需要选择不同井型以适应储层特点。对于连续性较好的单层致密油，以采用单分支长井段水平井为主；对于连续性较好的多层致密油，可采用多分支水平井实现纵向多层同时动用；对于较为分散的致密油，可采用复杂结构的水平井，通过"一井多体"，实现多个有利砂体的有效动用；对于分散型或者断层发育、构造形态急剧变化等致密油，可采用高效直井或大斜度井以实现贯穿纵向及侧向多套油层的目的。

结合吉木萨尔凹陷芦草沟组致密油储层单层厚度较小、平面较连续的特点，确定了目标区主体采用水平井开发，针对上下甜点体发育多套油层的现实，探索不同油层水平井交错布井、密切割压裂、立体开发。

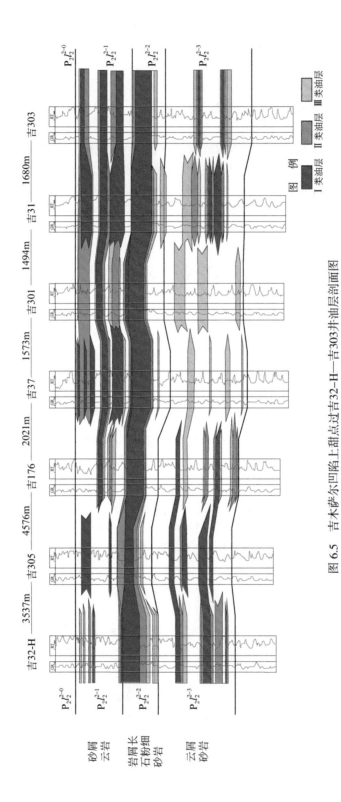

图 6.5　吉木萨尔凹陷上甜点过吉32-H—吉303井油层剖面图

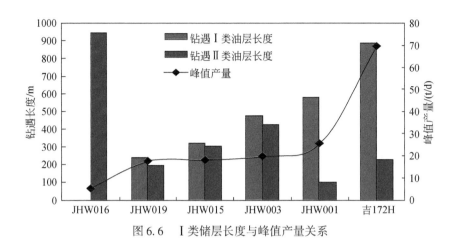

图 6.6　Ⅰ类储层长度与峰值产量关系

（三）井距优化

致密油井距大小需要综合储层物性、流体性质、压裂缝半长等多个参数来共同确定。

对于储层物性及流体性质较好、流度较高的致密油，井距需要同时考虑压裂缝长度和基质泄流半径，一般采用缝外基质接替型井距。其最大优势就是能充分发挥储层基质的渗流能力，扩大渗流面积和井控储量。

对于分布稳定、连续性较好，但储层物性条件和油品性质较差、基质渗流能力有限的致密储层，通常采用裂缝接触型井距。其特点是通过相邻井压裂缝的对接接触，能减少或消除井间泄油空白区，实现井网对储量的有效控制，从而提高采收率。

对于储层厚度较大、储量丰度较高，但储层物性条件和油品性质差、基质渗流能力弱、可压性较差的致密油，适应性较强的是裂缝交错型井距。其优势是通过邻井交错布缝，能增加主裂缝远端微裂缝的密度、缩小基质岩块的体积，从而改善 SRV 内基质的流动能力，增强产油能力。

对于储层厚度大、储量丰度高，但基质物性条件及渗流能力均较差的致密油，可以尝试小缝长密集布缝型井距。该方法改变以往大缝间距、大缝长的做法，通过缩短井距和增加改造段数来加大段内裂缝密度；同时，降低裂缝平面延伸长度，加大裂缝纵向沟通厚度可显著提高垂向动用效果和采收率。

吉木萨尔凹陷芦草沟组致密油具有储层累积厚度较大、储量丰度较高、低流度（地层原油黏度 20mPa·s）的特点，裂缝接触型井距具有较好适应性。井距过大时，由于该储层的启动压力梯度较大，井间基质储量达不到充分动用，井间压力场沟通不充分；井距过小时，容易造成明显的井间干扰，另外钻井数量大，开发成本高，难以取得理想的经济效益。

综合以上考虑，在致密油储层评价与预测基础上，推荐吉木萨尔凹陷芦草沟组致密油采用裂缝交错型井距，Ⅰ类区井距 280m，Ⅱ类区井距 240m，Ⅲ类区井距 200m。

(四) 水平段长度

在相同地质和工艺技术条件下，水平井投产效果受水平井方向、水平段长度、钻井轨迹共同影响。水平井的方向应沿着砂体展布方向并垂直或斜交天然裂缝及地层最大主应力方向以获得较高的储层钻遇率、裂缝钻遇率和较好的压裂改造效果；水平段长度需要综合考虑砂体规模、储层条件、工艺技术水平等因素，根据延长水平段经济效益情况和投入产出比来最终确定；水平井轨迹需要根据致密油储层规模及连续性、物性及含油性、天然裂缝发育程度、可压性等进行优化，通过提高有效储层的钻遇比例来获得最大的单井产量和井控储量。

水平井长度优化需要考虑储层条件。延长水平段长度的目的是增加水平井与储层的接触面积，提高单井产量和井控储量，而在其中起决定作用的是水平段中有效储层段的长度。

水平井长度优化需要考虑工艺技术水平。水平井钻井技术近年来取得了长足的发展，但由于储层中天然裂缝、地应力和储层敏感性等的影响，钻井过程中会随着水平段长度的增加而加大井壁坍塌、卡钻等风险。同时，相比较短的水平段，长水平段还要面临更大的压裂改造难度。

水平井长度优化需要考虑经济性。随着水平段长度延长，在增加单井产量的同时，钻井周期、成本和压裂费用也会快速攀升。因此，水平段的合理长度需要综合考虑投入产出比，通过水平段长度的优化获得最佳的开发效果和效益。北美通过数十年的实践，目前致密油优选的水平段长度多介于 $1500 \sim 2000m$。

考虑吉木萨尔凹陷芦草沟组致密油储层的发育分布特征、钻井设计、采油工艺要求、经济因素及产量变化规律，优化水平段长度为 $1200 \sim 1800m$。

(五) 开发方式

致密油开发方式有衰竭式开发、准自然能量、重复压裂、注水吞吐、注水开发、CO_2 吞吐及 CO_2 驱。目前致密油开发的主要方式是水平井体积压裂衰竭式开发，采取"初期高产，快速收回投资"的建产模式，在长庆、大庆、吉林等致密油实现了规模建产。但是衰竭式开发递减快，第一年递减率多在 35% 以上，后期产量低；另外衰竭式开发的采收率较低。

长庆、吉林等油田积极探索了注水补充能量开发技术，能有效降低递减，但适应性较差。主要原因是：体积压裂形成复杂缝网，注水开发易水窜，见水风险大，建立驱替系统难。长庆、吐哈、吉林等油田进行了注水吞吐实验，结果表明注水吞吐具有一定的水驱和吞吐双重效果，但注水吞吐 $3 \sim 4$ 个轮次后，日产量及累产量的提高幅度明显降低。此外，长庆、吉林等油田还探索了 CO_2 驱补充能量开发技术，其技术的适应性及效果有待进一步观察和评价。

吉木萨尔凹陷芦草沟组致密油属于低流度型致密油，地下原油黏度较大，导致原油流度较低。需探索新的开发方式，采用降低原油黏度、提高流动性的新技术，提高单井产量和累产量。目前，较适合的开发方式为注 CO_2 吞吐。通过实验和数模方法研究表明，各种开发方式的适应性上，CO_2吞吐>功能纳米材料吞吐>气水交替吞吐>注水吞吐。采用注CO_2吞吐非混相驱，可以将原油黏度由10cp降到2~3cp，初期产量和累产均有明显提高。

依据吉木萨尔凹陷芦草沟组致密油储层的甜点空间分布特点、原油品质及目前的经济技术现状，为充分提高资源利用率和采收率，应采用不同开发阶段区别对待，分别采用有针对性的开发方式。开发初期采用准自然能量开发方式，水平井+密切割压裂开发，采用平面垂向交错井网，相邻水平井拉链式压裂；开发中后期采用CO_2吞吐+重复压裂作为接替开发方式。CO_2体系既可降低原油黏度又能补充地层能量，考虑CO_2气源与经济因素，纳米功能材料作为备选体系。另外还需进一步探索降低原油黏度的新技术，比如采用增能压裂液等化学加热方法降低原油黏度；采用电加热的方法降低原油黏度等等。

参 考 文 献

陈福利, 童敏, 闫林, 等. 2017. 致密油"甜点"甜度评价方法研究 [J]. 特种油气藏, 24 (2): 12-17.

代全齐, 罗群, 张晨, 等. 2016. 基于核磁共振新参数的致密油砂岩储层孔隙结构特征——以鄂尔多斯盆地延长组7段为例 [J]. 石油学报, 37 (7): 887-897.

郭俊锋, 闫林. 2017. 致密油储层水平井物性参数测井解释研究——以长庆油田W464井区长72致密油水平井为例 [J]. 石油地质与工程, 31 (1): 76-79, 83.

林旺, 范洪富, 王志平, 等. 2018. 致密油藏体积压裂水平井产量预测研究 [J]. 油气地质与采收率, 25 (6): 107-113.

林旺, 范洪富, 车树芹, 等. 2019. 启动压力梯度对致密油藏水平井裂缝参数的影响 [J]. 中国矿业, 28 (5): 125-130.

罗群, 魏浩元, 刘冬冬, 等. 2017. 层理缝在致密油成藏富集中的意义、研究进展及其趋势 [J]. 石油实验地质, 39 (1): 1-7.

马克, 侯加根, 刘钰铭, 等. 2017. 吉木萨尔凹陷二叠系芦草沟组咸化湖混合沉积模式 [J]. 石油学报, 38 (6): 636-648.

马克, 刘钰铭, 侯加根, 等. 2019. 陆相咸化湖混合沉积致密储集层致密化机理——以吉木萨尔凹陷二叠系芦草沟组为例 [J]. 新疆石油地质, 40 (3): 253-261.

闫林. 2017. 新疆芦草沟组致密油微观赋存形式及可动用性定量研究 [C] //西安石油大学、西南石油大学、陕西省石油学会. 油气田勘探与开发国际会议 (IFEDC 2017) 论文集.

闫林, 冉启全, 高阳, 等. 2017. 吉木萨尔凹陷芦草沟组致密油储层溶蚀孔隙特征及成因机理 [J]. 岩性油气藏, 29 (3): 27-33.

闫林, 冉启全, 高阳, 等. 2017. 新疆芦草沟组致密油赋存形式及可动用性评价 [J]. 油气藏评价与开发, 7 (6): 20-25, 33.

闫林, 袁大伟, 陈福利, 等. 2019. 陆相致密油藏差异化含油控制因素及分布模式 [J]. 新疆石油地质, 40 (3): 262-268.

袁青, 罗群, 李楠, 等. 2016. 齐家南地区高台子油层致密油成藏模式 [J]. 特种油气藏, 23 (1): 54-57, 153.

Wang K, Liu H, Yan L, et al. 2019. An adaptive preconditioning strategy to speed up parallel reservoir simulations [C] //SPE reservoir simulatio conference.

Wang K, Luo J, Yan L, et al. 2019. Artificial neural network accelerated flash calculation for compositional simulations [C] //SPE reservoir simulatio conference.

Zhang C, Zhu D, Luo Q, et al. 2017. Major factors controlling fracture development in the Middle Permian Lucaogou Formation tight oil reservoir, Junggar Basin, NW China [J]. Journal of Asian Earth Sciences, 146: 279-295.